빅데이터를 활용한

인공지능 개발 Ⅰ

빅데이터를 활용한
통계분석

빅데이터를 활용한 인공지능 개발 I – 빅데이터를 활용한 통계분석

펴낸날 | 2019년 7월 20일 초판 1쇄
지은이 | 송주영 · 송태민
만들어 펴낸이 | 정우진 강진영
펴낸곳 | 서울시 마포구 토정로 222 한국출판콘텐츠센터 420호
편집부 | (02) 3272-8863
영업부 | (02) 3272-8865
팩 스 | (02) 717-7725
홈페이지 | www.bullsbook.co.kr
이메일 | bullsbook@hanmail.net
등 록 | 제22-243호(2000년 9월 18일)

ISBN 979-11-86821-38-1 93310

교재 검토용 도서의 증정을 원하시는 교수님은
출판사 홈페이지에 글을 남겨 주시면 검토 후 책을 보내드리겠습니다.

이 도서의 국립중앙도서관 출판시도서목록(CIP)은 서지정보유통지원시스템 홈페이지(http://seoji.nl.go.kr)와
국가자료공동목록시스템(http://www.nl.go.kr/kolisnet)에서 이용하실 수 있습니다.
(CIP제어번호: CIP2019026608)

이 저서는 2016년 대한민국 교육부와 한국연구재단의 지원[과제명: 한국형 학교폭력 모형의 재정립을 위한 빅데이터 분석 및 국제비교 연구(NRF-2016S1A5A2A03925702)]과 서울시의 지원(과제명: 머신러닝 기반 지역사회 건강조사를 활용한 서울시 권역별 비만격차 분석)을 받아 수행된 연구임.

빅데이터를 활용한

인공지능 개발 Ⅰ

빅데이터를 활용한 통계분석

송주영 · 송태민 지음

빅데이터를 활용한 인공지능 개발
Artificial Intelligence Development Using Big Data

빅데이터는 데이터 형식이 복잡하고 방대할 뿐만 아니라 그 생성속도가 매우 빨라 기존의 데이터 처리방식이 아닌 새로운 관리 및 분석 방법을 필요로 한다. 이에 따라 방대한 데이터를 수집·관리하면서 복잡하고 다양한 사회현상을 분석할 수 있는 능력을 지닌 데이터 사이언티스트의 역할은 그 중요성이 더해가고 있다.

그동안 우리 주변의 사회현상을 예측하기 위해 모집단을 대표할 수 있는 표본을 추출하여 표본에서 생산된 통계량으로 모집단의 모수를 추정해 왔다. 모집단을 추정하기 위해 표본을 대상으로 예측하는 방법은 기존의 이론모형이나 연구자가 결정한 모형에 근거하여 예측하기 때문에 제한된 결과만 알 수 있고, 다양한 변인 간의 관계를 파악하는 데는 한계가 있다. 특히 빅데이터 시대에는 해당 주제와 연관된 모든 데이터를 대상으로 하기 때문에 표본으로 모수를 추정하기 위해 준비된 모형을 적용하고 추정하는 가설검정의 절차가 생략될 수도 있다. 따라서 빅데이터를 학습하여 모형(인공지능)을 개발하는 머신러닝 방법이 다양한 변인들의 관계를 보다 정확히 예측할 수 있다. 머신러닝으로 인공지능을 개발하기 위해서는 다양한 분야에서 데이터의 잡음이 제거된 양질의 학습데이터가 생산되어야 한다.

저자들은 그동안 급속히 변화하는 사회현상을 예측하여 선제적으로 대응하기 위해 정형화된 빅데이터와 소셜 빅데이터를 활용한 연구에 노력을 경주해 왔다. 이 책 역시 그러한 연구의 결과로, 실제로 공공 빅데이터를 분석하여 미래를 예측하기 위한 인공지능을 개발하고 활용하기 위한 전 과정을 자세히 담았다.

이러한 점에서 이 책은 몇 가지 특징을 지닌다.

첫째, 이 책의 내용은 2권으로 구성되어 있다. 제1권은 빅데이터를 활용하여 인공지능을 개발하기 위해 필요한 지식인 통계분석의 전 과정을 설명한 《빅데이터를 활용한 통계분석》이고, 제2권은 인공지능을 개발하기 위해 머신러닝 예측모델링의 전 과정을 설명한 《머신러닝을 활용한 인공지능 개발》이다.

둘째, 제1권의 통계분석에는 오픈소스 프로그램인 R과 SPSS를 비교하여 설명하였다.

셋째, 제2권의 머신러닝 모델링은 오픈소스 프로그램인 R을 사용하였다.

이 책의 내용을 소개하면 다음과 같다.

제1권에서는 빅데이터 분석 프로그램인 R과 SPSS의 설치 및 활용 방법을 소개하고 빅데이터 분석을 위해 데이터 사이언티스트가 습득해야 할 과학적 연구설계와 통계분석에 관해 기술하였다.

제2권에서는 인공지능 개발을 위해 머신러닝 학습데이터를 생성하는 과정을 소개하고 머신러닝 개념과 모델링 그리고 인공지능의 개발과 활용에 대한 전 과정을 기술하였다.

이 책을 저술하는 데는 많은 주변 분들의 도움이 컸다. 먼저 본서의 출간을 가능하게 해주신 도서출판 황소걸음에게 감사의 인사를 드린다. 그리고 책의 집필 과정에 참고한 서적과 논문의 저자들에게도 감사드린다.

끝으로 빅데이터 분석을 통하여 급속히 변화하는 사회현상을 예측하고 창조적인 결과물을 이끌어내고자 하는 모든 분들에게 이 책이 실질적인 도움이 되기를 바란다. 나아가 머신러닝을 활용한 빅데이터 분석을 통하여 관련 분야의 인공지능 개발 및 학문적 발전에 일조할 수 있기를 진심으로 희망한다.

2019년 7월

송주영·송태민 드림

차례

2장

R과 SPSS 설치 및 활용

R 프로그램(이하 R)은 통계분석과 시각화 등을 위해 개발된 오픈소스 프로그램(소스코드 공개를 통해 누구나 코드를 무료로 이용하고 수정·재배포할 수 있는 소프트웨어)이다. R은 1976년 벨연구소(Bell Laboratories)에서 개발한 S언어에서 파생된 오픈소스 언어로, 뉴질랜드 오클랜드대학교(University of Auckland)의 로버트 젠틀맨(Robert Gentleman)과 로스 이하카(Ross Ihaka)에 의해 1995년에 소스가 공개된 이후 현재까지 'R development core team'에 의해 지속적으로 개선되고 있다. 대화방식(interactive) 모드로 실행되기 때문에 실행 결과를 바로 확인할 수 있으며, 분석에 사용한 명령어(script)를 다른 분석에 재사용할 수 있는 오브젝트 기반 객체지향적(object-oriented) 언어이다.

R은 특정 기능을 달성하는 명령문의 집합인 패키지와 함수의 개발에 용이하여 통계학자들 사이에서 통계소프트웨어 개발과 자료 분석에 널리 사용된다. 오늘날 CRAN(Comprehensive R Archive Network)을 통하여 많은 전문가들이 개발한 패키지와 함수를 공개함으로써 그 활용가능성을 지속적으로 높이고 있다.

1.1 R 설치

R 프로젝트 홈페이지(http://www.r-project.org)에서 다운로드 받으면 누구나 R을 설치해 사용할 수 있다. 특히 R의 그래프나 시각화를 이용하려면 현재 윈도 운영체제(OS)에 적합한(32비트 혹은 64비트) 자바 프로그램을 설치하여야 한다. R과 자바의 설치 절차는 다음과 같다.

1 본 장의 일부 내용은 '송주영·송태민(2018). 빅데이터를 활용한 범죄예측. pp49-81'에서 발췌한 내용임을 밝힌다.

1. R 프로젝트의 홈페이지에서 R-3.5.2-win.exe을 다운로드 받아 실행시킨다.

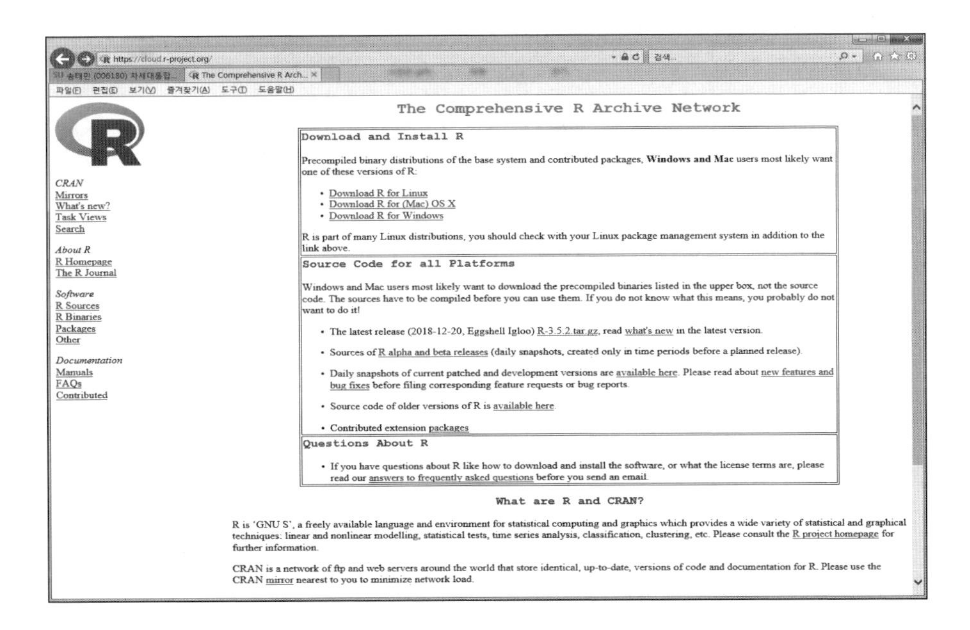

2. 설치 언어로 'English'를 선택한 후 **[확인]** 버튼을 누른다.

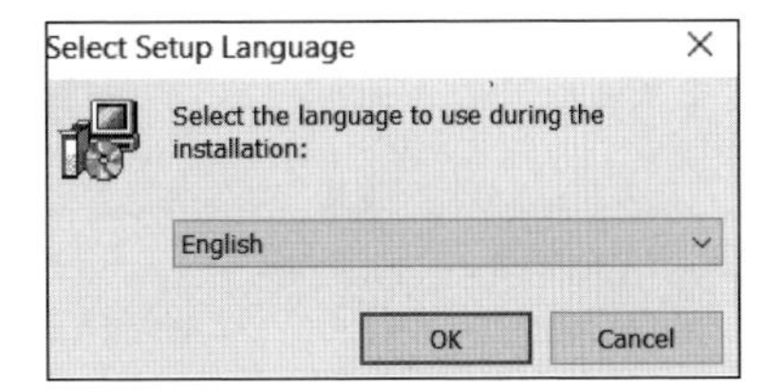

3. 설치 정보가 나타나면 계속 [Next]를 누른다. R 프로그램을 설치할 위치를 설정한다.

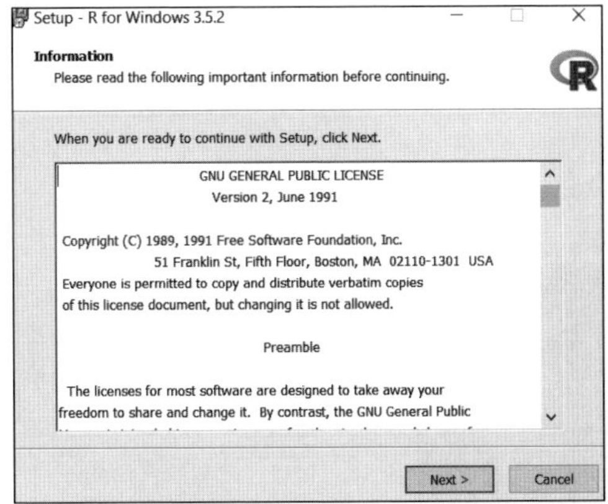

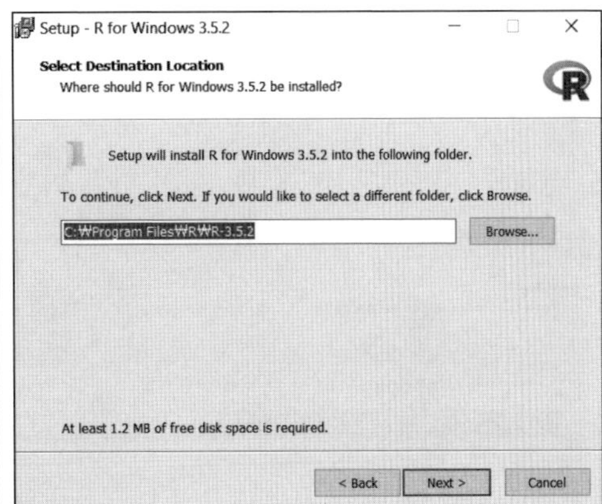

4. 설치할 해당 PC의 운영체제에 맞는 구성요소를 설치한 후 [Next]를 누른다. 스타트업 옵션은 'No(accept defaults)'를 선택하고 [Next]를 누른다.

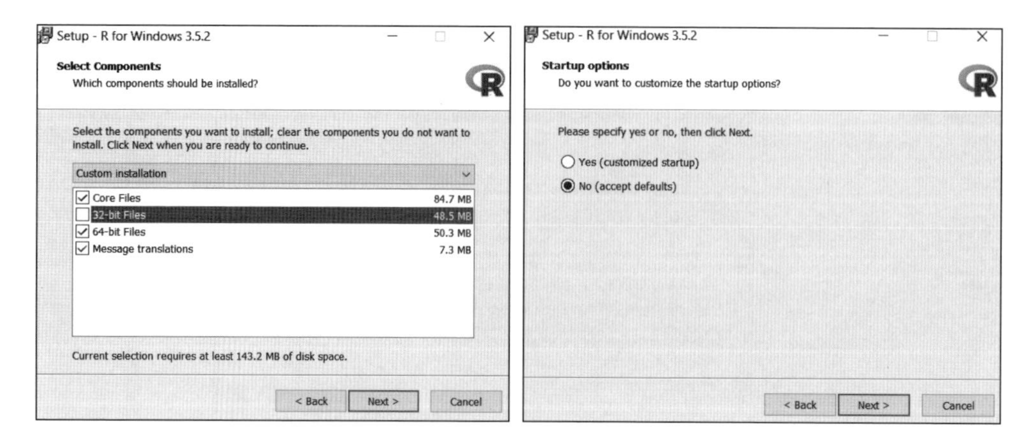

5. R의 시작메뉴 폴더를 선택한 후 [Next]를 누른다. 설치 추가사항을 지정하고 'Create a desktop shortcut'를 선택하고 [Next]를 누른다.

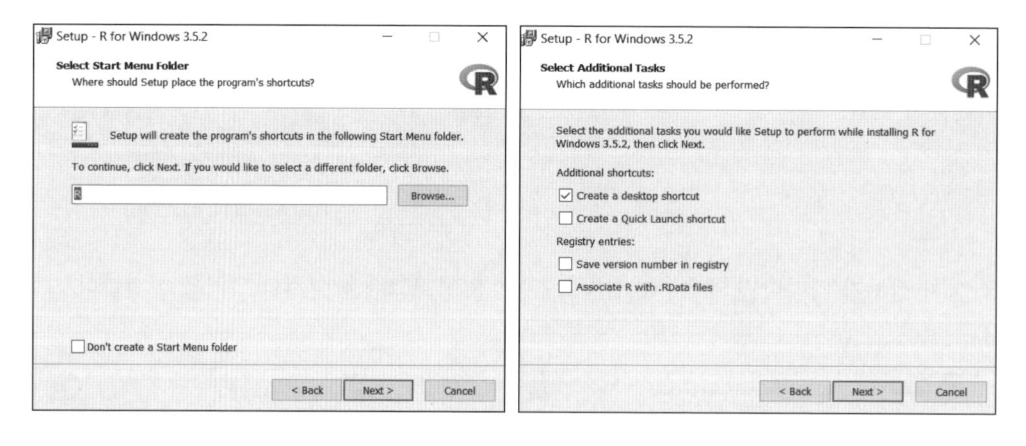

6. 설치 중 화면이 나타난 후, 설치 완료 화면이 나타나면 [Finish]를 누른다.

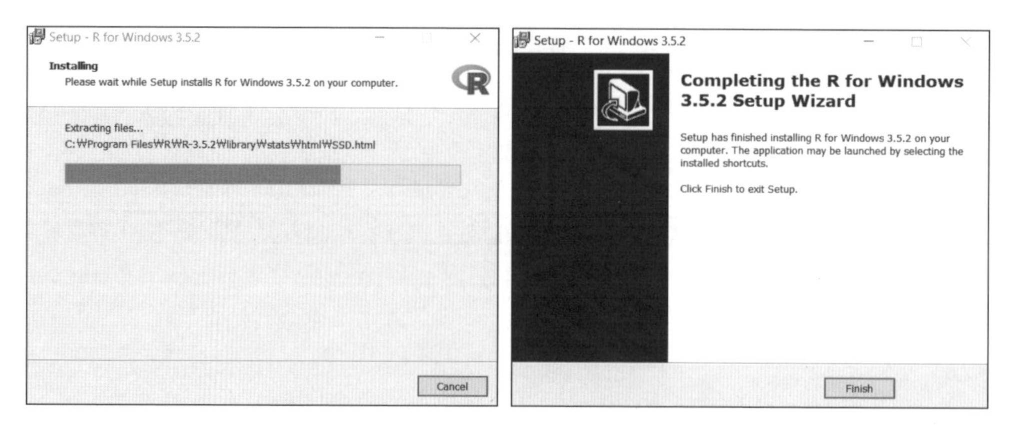

7. 구글에서 자바 프로그램(jdk se development)을 검색한 후, 다운로드 홈페이지에서 해당 PC에 맞는 jdk 파일을 다운로드하여 jdk-8u40-windows-x64를 실행시킨다.

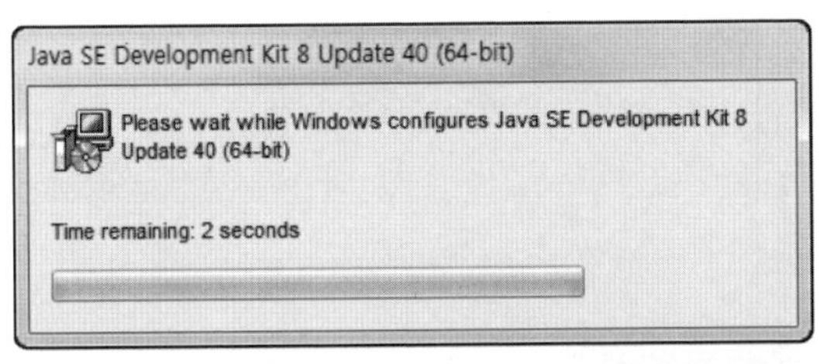

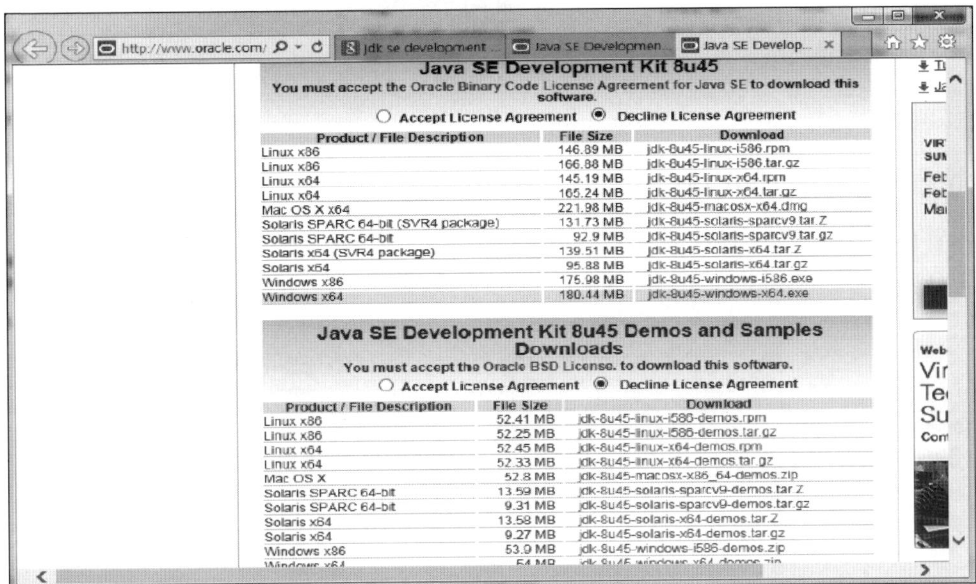

8. 자바 설치 화면이 나타나면 [Next]를 누른다. 설치 구성요소를 선택한 후(기본항목 선택), [Next]를 누른다.

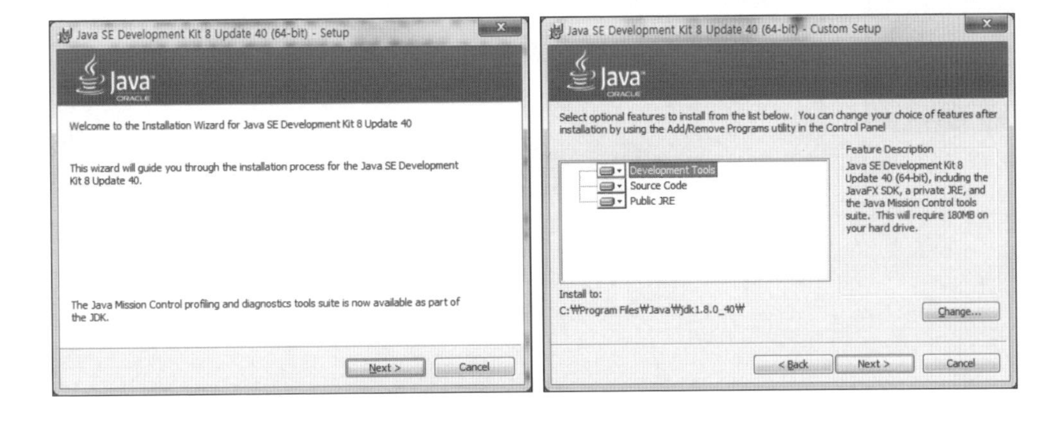

9. 자바 프로그램의 설치가 완료된 후 [Close]를 선택하여 자바 설치를 종료한다.

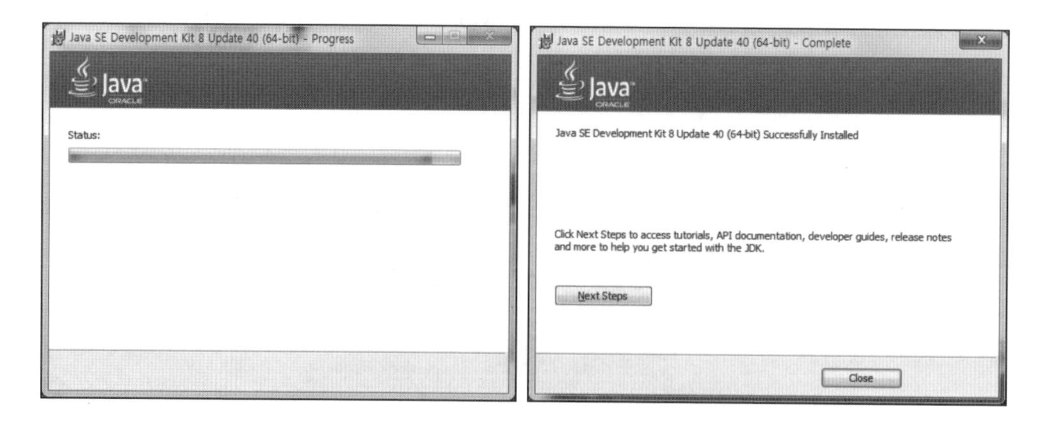

10. 설치를 마친 후 윈도에서 **[시작]** → **[모든 프로그램]** → [R]을 클릭하거나 바탕화면에 설치된 R 아이콘을 클릭하면 실행된다. 프로그램을 종료할 때는 화면의 종료(×)나 'q()'를 입력한다.

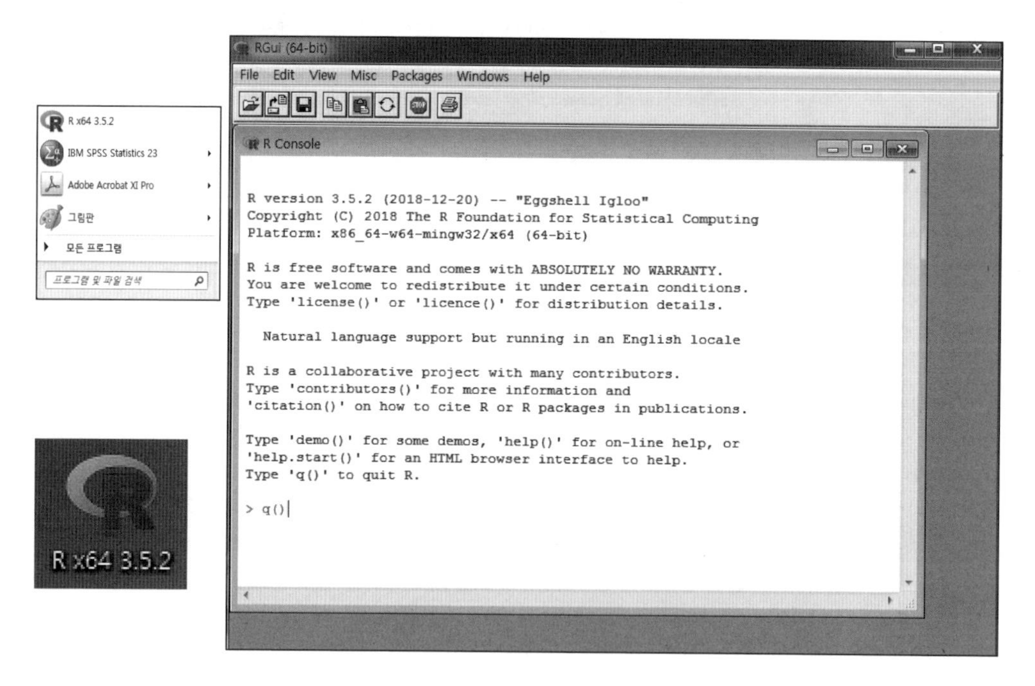

11. R Console **환경 설정**: [Edit → GUI preferences]를 선택한 후, [Rgui Configuration Editor] 화면에서 변경한다.

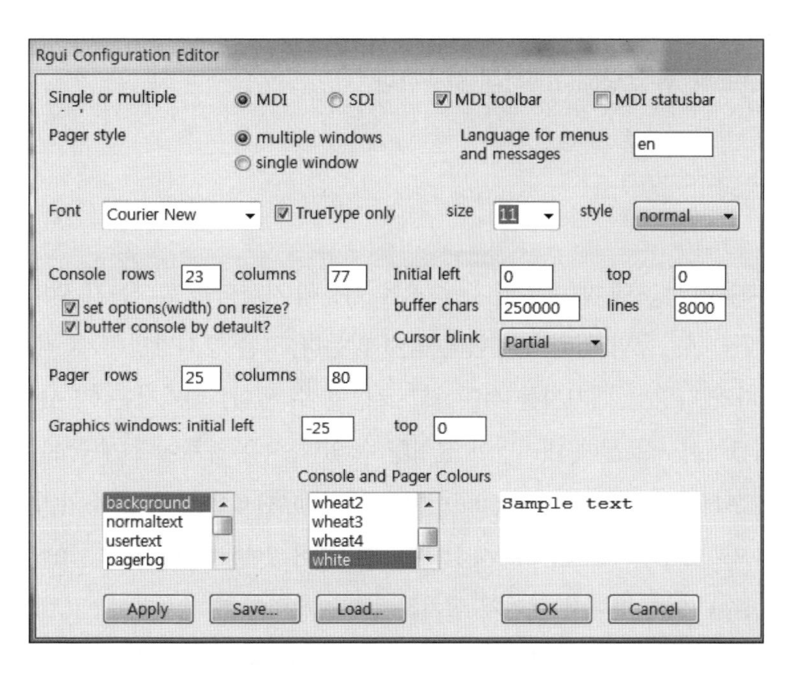

Tip: Rconsole의 영문 변경 방법

① 워드패드 등의 텍스트 편집기를 관리자 권한으로 실행하여 아래 파일을 연다.

C:\Program Files\R\R-3.5.2\etc\Rconsole

② 아래와 같이 파일 내용을 변경한다.

(상략)

Language for messages

language = en

(하략)

③ R-3.5.2를 재실행하면 영문 Rconsole이 출력된다.

1.2 R 활용

R은 명령어(script) 입력 방식(command based)의 소프트웨어로, 분석에 필요한 다양한 패키지(package)를 설치(install)한 후 로딩(library)하여 사용한다.

1) 패키지 설치 및 로딩

R은 오픈소스이기 때문에 배포에 제한이 없다. 즉 R을 이용해 자산화를 한다든지 새로운 솔루션을 제작해 제공하는 등의 행위에 제한을 받지 않는다. R은 분석방법(통계분석, 머신러닝, 시각화 등)에 따라 다양한 패키지를 설치하고 로딩할 수 있다. 패키지는 CRAN(www.r-project.org) 사이트에서 자유롭게 내려받아 설치할 수 있다. R은 자체에서 제공하는 기본 패키지가 있고 CRAN에서 제공하는 13,600여 개(2019. 1.30. 현재 13,626개 등록)의 추가 패키지(패키지를 처음으로 추가 설치할 경우 반드시 인터넷이 연결되어 있어야 한다)가 있다. R에서 install.packages( ) 함수나 메뉴바에서 패키지 설치하기를 이용하면 홈페이지의 CRAN 미러로부터 패키지를 설치할 수 있다. 미러 사이트(mirrors site)는 한 사이트에 많은 트래픽이 몰리는 것을 방지하기 위해 동일한 내용을 복사하여 여러 곳에 분산시킨 사이트를 말한다. 2019년 1월 30일 현재 '0-Cloud'를 포함하여 49개국에 162개 미러 사이트가 운영중이다. 한국은 3개의 미러 사이트를 할당받아 사용할 수 있다.

(1) script 예(비만에 영향을 미치는 요인에 대한 워드클라우드 작성)

> setwd("c:/MachineLearning_ArtificialIntelligence"): 작업용 디렉터리를 지정한다.

> install.packages('wordcloud'): 워드클라우드를 처리하는 패키지를 설치한다.

> library(wordcloud): 워드클라우드 처리 패키지를 로딩한다.

> key=c('generalhouse','apartment','onegeneration','twogeneration','threegeneration',
'basic_recipient_yes','income_299under','income_300499','income_500over',
'age_1939','age_4059','age_60over','male','female','arthritis_yes',
'breakfast_yes','chronic_disease_yes','drinking_lessthan_twicemonth',
'drinking_morethan_twicemonth','household_one_person',
'household_two_person','household_threeover_person','stress_yes',

'depression_yes','salty_food_donteat', 'salty_food_eat','obesity_awareness_yes','weight_control_yes','intense_physical_activity_yes','moderate_physical_activity_yes','flexibility_exercise_yes','strength_exercise_yes','walking_yes','subjective_health_level_poor','subjective_health_level_good','current_smoking_yes','economic_activity_yes','marital_status_spouse','marital_status_divorce','marital_status_single')

- 비만에 영향을 미치는 요인의 키워드를 key벡터에 할당한다.

> freq=c(6047,3071,2856,5371,891,376,5280,2258,1461,2810,3492,2816,4014,5104,1132,7620,3136,2418,4203,919,2511,5688,2574,1056,6784,2334,3696,5601,1055,1554,2344,957,7327,5495,3622,1757,5475,5693,1386,1592)

- 비만에 영향을 미치는 요인의 키워드의 빈도를 freq벡터에 할당한다.

> library(RColorBrewer): 컬러를 출력하는 패키지를 로딩한다.

> palete=brewer.pal(9,"Set1")

- RColorBrewer의 9가지 글자 색상을 palete 변수에 할당한다.

> wordcloud(key,freq,scale=c(4,1),rot.per=.20,min.freq=100,random.order=F,random.color=T,colors=palete): 워드클라우드를 출력한다.

> savePlot("obesity_wordcloud",type="tif")

- 결과를 tif 형식의 그림 파일로 저장한다.

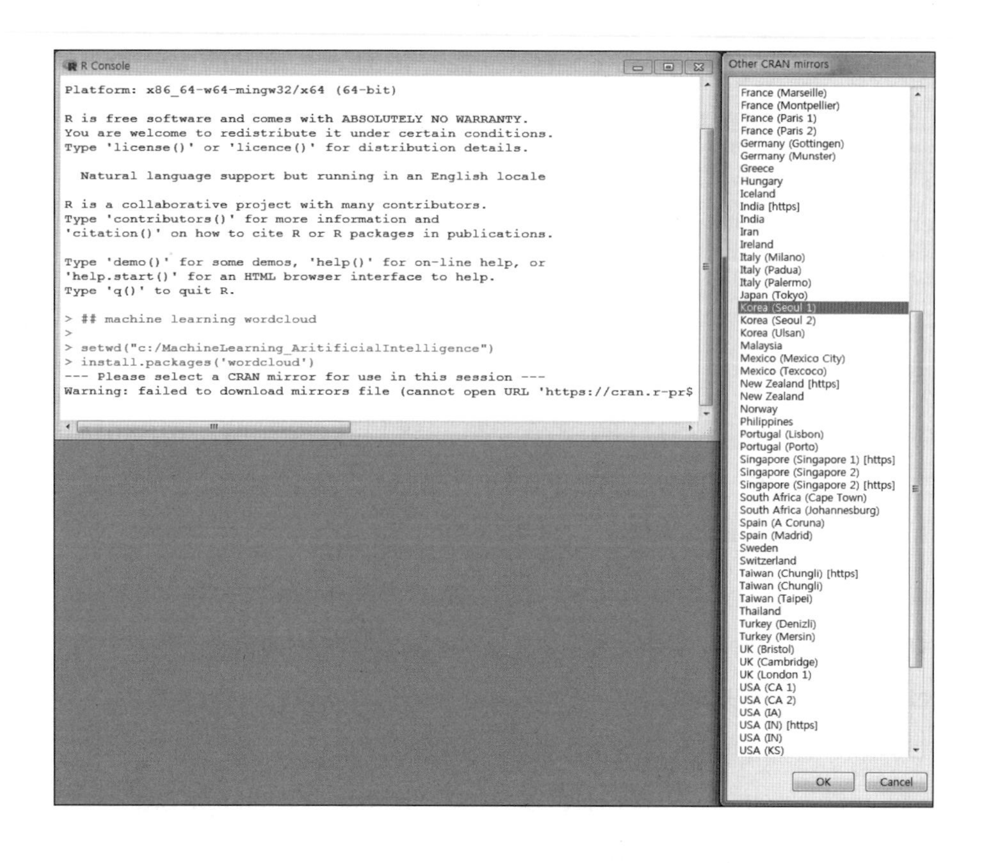


```
R Console
> setwd("c:/MachineLearning_ArtificialIntelligence")
> install.packages('wordcloud')
--- Please select a CRAN mirror for use in this session ---
trying URL 'https://cloud.r-project.org/bin/windows/contrib/3.5/wordcloud_2.6.zip'
Content type 'application/zip' length 596330 bytes (582 KB)
downloaded 582 KB

package 'wordcloud' successfully unpacked and MD5 sums checked

The downloaded binary packages are in
        C:\Users\Administrator\AppData\Local\Temp\RtmpwdCl1c\downloaded_packages
> library(wordcloud)
Loading required package: RColorBrewer
> ## machine learning wordcloud
>
> setwd("c:/MachineLearning_ArtificialIntelligence")
> install.packages('wordcloud')
Warning: package 'wordcloud' is in use and will not be installed
> library(wordcloud)
>
> key=c('generalhouse','apartment','onegeneration','twogeneration','threegeneration',
+  'basic_recipient_yes','income_299under','income_300499','income_500over',
+  'age_1939','age_4059','age_60over','male','female','arthritis_yes',
+  'breakfast_yes','chronic_disease_yes','drinking_lessthan_twicemonth',
+  'drinking_morethan_twicemonth','household_one_person','household_two_person',
+  'household_threeover_person','stress_yes','depression_yes','salty_food_donteat',
+  'salty_food_eat','obesity_awareness_yes','weight_control_yes',
+  'intense_physical_activity_yes','moderate_physical_activity_yes',
+  'flexibility_exercise_yes','strength_exercise_yes','walking_yes',
+  'subjective_health_level_poor','subjective_health_level_good',
+  'current_smoking_yes','economic_activity_yes','marital_status_spouse',
+  'marital_status_divorce','marital_status_single')
>
> freq=c(6047,3071,2856,5371,891,376,5280,2258,1461,2810,3492,2816,4014,
+  5104,1132,7620,3136,2418,4203,919,2511,5688,2574,1056,6784,2334,3696,
+  5601,1055,1554,2344,957,7327,5495,3622,1757,5475,5693,1386,1592)
>
> library(RColorBrewer)
> palete=brewer.pal(9,"Set1")
> wordcloud(key,freq,scale=c(4,1),rot.per=.20,min.freq=100,random.order=F,
+  random.color=T,colors=palete)
There were 14 warnings (use warnings() to see them)
> savePlot("obesity_wordcloud",type="tif")
> |
```

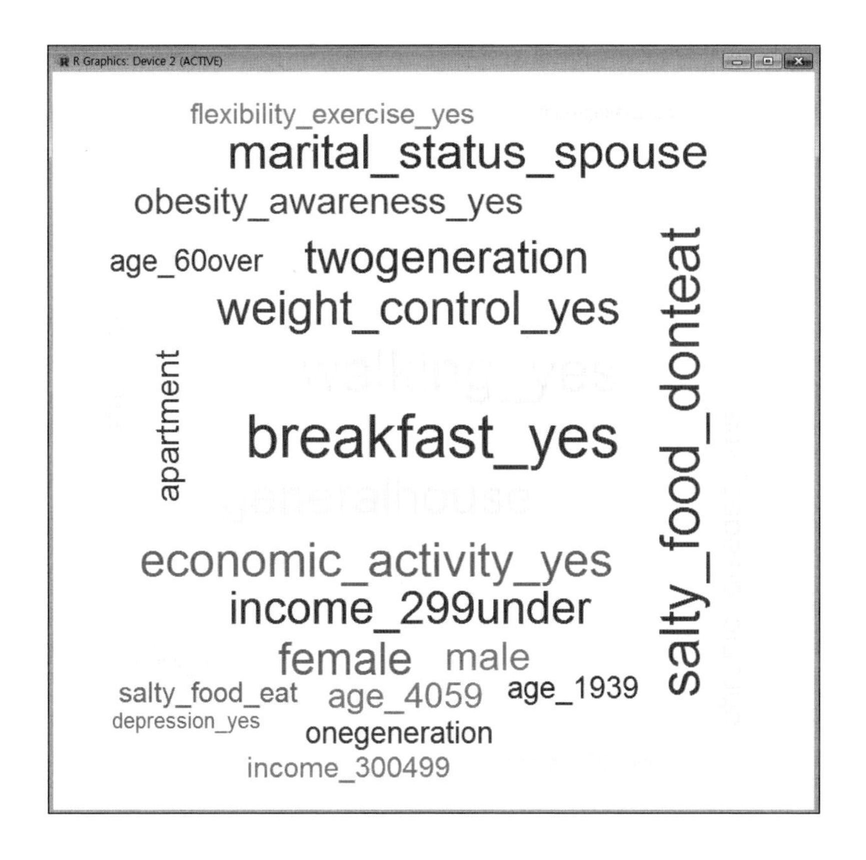

2) 값의 할당 및 연산

① R은 윈도의 바탕화면에 설치된 R을 실행시킨 후, 초기 화면에 나타난 기호(prompt) '>' 다음 열(column)에 명령어를 입력한 후 Enter 키를 선택하면 실행된다.

② R에서 실행한 결과(값)를 객체 혹은 변수에 저장하는 것을 할당이라고 하며, R에서 값의 할당은 '='(본서에서 사용) 또는 '<−'를 사용한다.

③ R 명령어가 길 때 다음 행의 연결은 '+'를 사용한다.

④ 여러 개 명령어의 연결은 ';'을 사용한다.

⑤ R에서 변수를 사용할 때 아래와 같은 규칙이 있다.

- 대소문자를 구분하여 변수를 지정해야 한다.
- 변수명은 영문자, 숫자, 마침표(.), 언더바(_)를 사용할 수 있지만 첫글자는 숫자나 언더바를 사용할 수 없다(숫자가 변수로 사용될 경우 자동으로 첫 글자에 'X'가 추가된다).
- R 시스템에서 사용하는 예약어(if, else, NULL, NA, in 등)는 변수명으로 사용할 수 없다.

⑥ 함수(function)는 인수 형태의 값을 입력하고 계산된 결괏값을 리턴하는 명령어의 집합으로 R은 함수를 이용하여 프로그램을 간결하게 작성할 수 있다.

⑦ R에서는 연산자[+, − , *, /, %%(나머지), ^(거듭제곱) 등]나 R의 내장함수[sin(), exp(), log(), sqrt(), mean() 등]를 사용하여 연산할 수 있다.

■ **연산자를 이용한 수식의 저장**

> pie=3.1415: pie에 3.1415를 할당한다.

> x=20: x에 20을 할당한다.

> y=2*pie+x^2: y에 2×pie+x^2의 결괏값을 할당한다.

> y: y의 값을 화면에 출력한다.

■ **내장함수를 이용한 수식의 저장**

> x=c(75, 80, 73, 65, 75, 83, 73, 82, 75, 72): x에 10개의 벡터값(체중)을 할당한다.

> mean(x): x의 평균을 화면에 출력한다.

> sd(x): x의 표준편차를 화면에 출력한다.

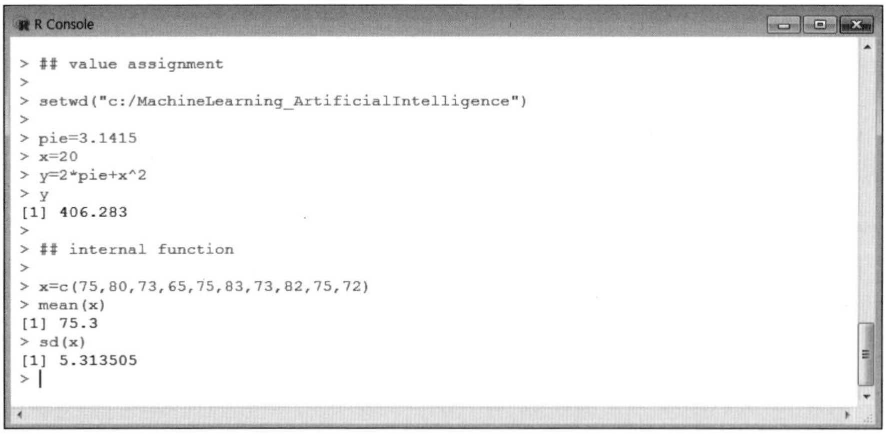

```
R Console
> ## value assignment
>
> setwd("c:/MachineLearning_ArtificialIntelligence")
>
> pie=3.1415
> x=20
> y=2*pie+x^2
> y
[1] 406.283
>
> ## internal function
>
> x=c(75,80,73,65,75,83,73,82,75,72)
> mean(x)
[1] 75.3
> sd(x)
[1] 5.313505
> |
```

⑧ R에서 이전에 수행했던 작업을 다시 실행하기 위해서는 위 방향키를 사용하면 된다.

⑨ R 프로그램의 종료는 화면의 종료(X)나 'q()'를 입력한다.

3) R의 기본 데이터형

① R에서 사용하는 모든 객체(함수, 데이터 등)를 저장할 디렉터리를 지정한 후[예: > setwd("c:/MachineLearning_ArtificialIntelligence")] 진행한다.

② R에서 사용하는 기본 데이터형은 다음과 같다.

- 숫자형: 산술 연산자[+, -, *, /, %%(나머지), ^(거듭제곱) 등]를 사용해 결과를 산출한다.
  [예: > x=sqrt(50*(100^2))]
- 문자형: 문자열 형태로 홑따옴표(' ')나 쌍따옴표(" ")로 묶어 사용한다.
  [예: > v_name='machine learning modeling']
- NA형: 값이 결정되지 않아 값이 정해지지 않을 경우 사용한다.
  [예: > x=mean(c(75, 80, 73, 65, 75, 83, 73, 82, 75, NA))]
- Factor형: 문자 형태의 데이터를 숫자 형태로 변환할 때 사용한다.
  [예: > x=c('a', 'b', 'c', 'd'); x_f=factor(x)]
- 날짜와 시간형: 특정 기간과 특정 시간을 분석할 때 사용한다.
  [예: > x=('2019-1-15')-as.Date('2018-1-15'))]

```
R Console
> ## basic data type
>
> setwd("c:/MachineLearning_ArtificialIntelligence")
>
> x=sqrt(50*(100^2))
> x
[1] 707.1068
> v_name='machine learning modeling'
> v_name
[1] "machine learning modeling"
> x=mean(c(75,80,73,65,75,83,73,82,75,NA))
> x
[1] NA
> x=c('a', 'b', 'c', 'd')
> x_f=factor(x)
> x_f
[1] a b c d
Levels: a b c d
> x=(as.Date('2019-1-15')-as.Date('2018-1-15'))
> x
Time difference of 365 days
> |
```

4) R의 자료구조

R에서는 벡터, 행렬, 배열, 리스트 형태의 자료구조로 데이터를 관리하고 있다.

(1) 벡터(vector)

벡터는 R에서 기본이 되는 자료구조로 여러 개의 데이터를 모아 함께 저장하는 데이터 객체를 의미한다. R에서의 벡터는 c() 함수를 사용한다.

> x=c(75, 80, 73, 65, 75, 83, 73, 82, 75, 72)

- 10명의 체중을 벡터로 변수 x에 할당한다.

> y=c(5, 2, 3, 2, 5, 3, 2, 5, 7, 4): 10명의 체중 감소량을 벡터로 변수 y에 할당한다.

> d=x - y: 벡터 x에서 벡터 y를 뺀 후, 벡터 d에 할당한다.

> d: 벡터 d의 값을 화면에 출력한다.

> e= x[4] - y[4]: 벡터 x의 네 번째 요소 값(65)에서 벡터 y의 네 번째 요소 값(2)을 뺀 후, 변수 e에 할당한다.

> e: 변수 e의 값을 화면에 출력한다.

```
R Console
> ## data structure c(numeric) type assignment
>
> x=c(75,80,73,65,75,83,73,82,75,72)
> y=c(5,2,3,2,5,3,2,5,7,4)
> d=x - y
> d
 [1] 70 78 70 63 70 80 71 77 68 68
> e= x[4]-y[4]
> e
[1] 63
> |
```

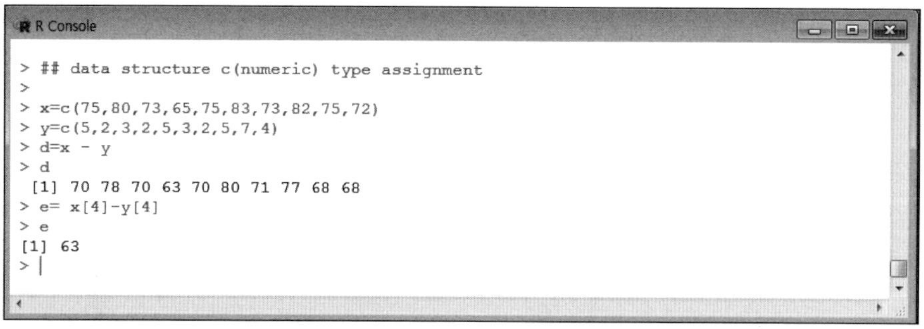

■ **백터 데이터 관리**

- 문자형 백터 데이터 관리

> x=c('Stress', 'Drinking', 'CurrentSmoking', 'SaltyFood','Walking', 'Arthritis', 'ChronicDisease') : 벡터 x에 문자 데이터를 할당한다.

> x[5]: 벡터 x의 다섯 번째 요소 값을 화면에 출력한다.

```
R Console
> ## data structure c(string) data type  assignment
>
> x=c('Stress', 'Drinking', 'CurrentSmoking', 'SaltyFood',
+      'Walking', 'Arthritis', 'ChronicDisease')
> x[5]
[1] "Walking"
> |
```

• 벡터에 연속적 데이터 할당: seq() 함수나 ':'을 사용한다.

> x=seq(10, 150, 10): 10부터 150까지 수를 출력하되 10씩 증가하여 벡터 x에 할당한다.

> x=30:50: 30부터 50까지 수를 출력하되 1씩 증가하여 벡터 x에 할당한다.

```
R Console
> ## sequencial data assignment
>
> x=seq(10, 150, 10)
> x
 [1]  10  20  30  40  50  60  70  80  90 100 110 120 130 140 150
> x=30:50
> x
 [1] 30 31 32 33 34 35 36 37 38 39 40 41 42 43 44 45 46 47 48 49 50
> |
```

(2) 행렬(matrix)

행렬은 이차원 자료구조인 행과 열을 추가적으로 가지는 벡터로, 데이터 관리를 위해 matrix() 함수를 사용한다.

> x_matrix=matrix(c(75, 80, 73, 65, 75, 83, 73, 82, 75, 72, 77, 76), nrow=4, ncol=3): 12명의 체중을 4행과 3열의 matrix 형태로 x_matrix에 할당한다.

> x_matrix: x_matrix의 값을 화면에 출력한다.

> x_matrix[2,1]: x_matrix의 2행 1열의 요소 값을 화면에 출력한다.

```
R Console
> ## data structure matrix() data type assignment
>
> x_matrix=matrix(c(75,80,73,65,75,83,73,82,75,72,77,76), nrow=4, ncol=3)
> x_matrix
     [,1] [,2] [,3]
[1,]   75   75   75
[2,]   80   83   72
[3,]   73   73   77
[4,]   65   82   76
> x_matrix[2,1]
[1] 80
> |
```

(3) 배열(array)

배열은 3차원 이상의 차원을 가지며 행렬을 다차원으로 확장한 자료구조로, 데이터 관리를 위해 array() 함수를 사용한다.

> x=c(75, 80, 73, 65, 75, 83, 73, 82, 75, 72, 77, 76)

- 12명의 체중을 벡터 x에 할당한다.

> x_array=array(x, dim=c(3, 3, 3)): 벡터 x를 3차원 구조로 x_array 변수로 할당한다.

> x_array: array 변수인 x_array의 값을 화면에 출력한다.

> x_array[2,2,1]: x_array의 [2,2,1] 요소 값을 화면에 출력한다.

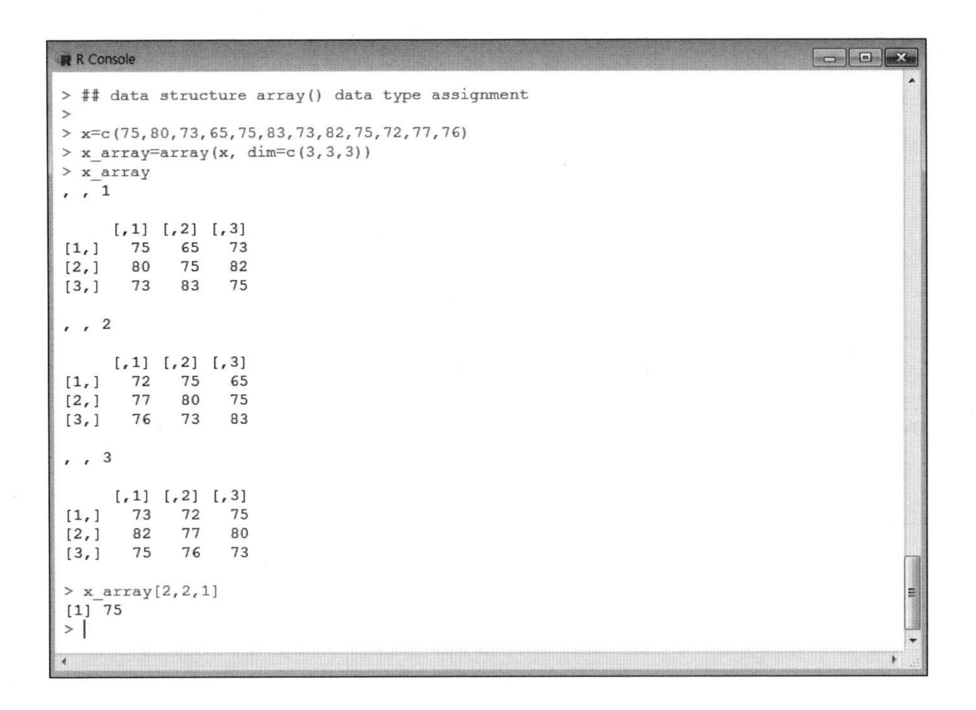

(4) 리스트(list)

리스트는 (주소, 값) 형태로 데이터 형을 지정할 수 있는 행렬이나 배열의 일종이다.

> x_address=list(name='Pennsylvania State University Schuylkill, Criminal Justice', address='200 University Drive, Schuylkill Haven, PA 17972', homepage='http://www.sl.psu.edu/'): 주소를 list형의 x_address 변수에 할당한다.

> x_address: x_address 변수의 값을 화면에 출력한다.

> x_address=list(name="Sahmyook university, department of health management",

address='815, Hwarang-ro, Nowon-gu, Seoul, 01795, KOREA',

homepage='https://www.syu.ac.kr/')

> x_address

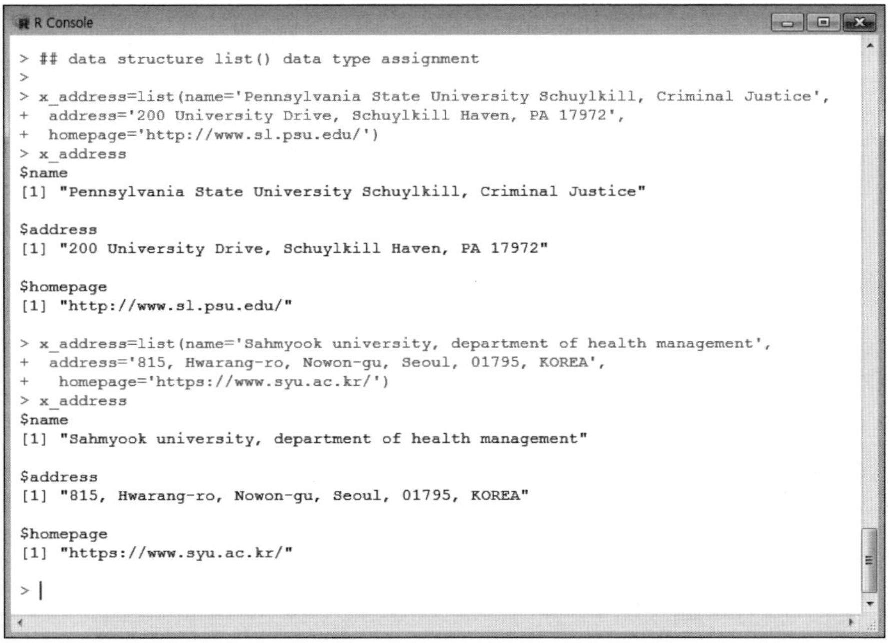

```
R Console
> ## data structure list() data type assignment
>
> x_address=list(name='Pennsylvania State University Schuylkill, Criminal Justice',
+  address='200 University Drive, Schuylkill Haven, PA 17972',
+  homepage='http://www.sl.psu.edu/')
> x_address
$name
[1] "Pennsylvania State University Schuylkill, Criminal Justice"

$address
[1] "200 University Drive, Schuylkill Haven, PA 17972"

$homepage
[1] "http://www.sl.psu.edu/"

> x_address=list(name='Sahmyook university, department of health management',
+  address='815, Hwarang-ro, Nowon-gu, Seoul, 01795, KOREA',
+   homepage='https://www.syu.ac.kr/')
> x_address
$name
[1] "Sahmyook university, department of health management"

$address
[1] "815, Hwarang-ro, Nowon-gu, Seoul, 01795, KOREA"

$homepage
[1] "https://www.syu.ac.kr/"

> |
```

5) R의 함수 사용

R에서 제공하는 함수를 사용할 수 있지만 사용자는 function()을 사용하여 새로운 함수를 생성할 수 있다. R에서는 다음과 같은 기본적인 형식으로 사용자가 원하는 함수를 정의하여 사용할 수 있다.

```
함수명 = function(인수, 인수, ...) {
        계산식 또는 실행 프로그램
        return(계산 결과 또는 반환 값)
                             }
```

예제 1 신뢰수준과 표본오차를 이용하여 표본의 크기 구하기

– 공식 : $n=(\pm Z)^2 \times P(1-P)/(SE)^2$

건강행태를 분석하기 위하여 $p=.5$ 수준을 가진 신뢰수준 95%($Z=1.96$)에서 표본오차 3%로 전화조사를 실시할 경우 적당한 표본의 크기를 구하는 함수(SZ)를 작성하라.

```
R Console
> ## sample size
>
> SZ=function(p, z, s) {
+   n=z^2*p*(1-p)/s^2
+   return(n)
+                       }
> SZ(0.5, 1.96, 0.03)
[1] 1067.111
> |
```

예제 2 표준점수 구하기

표준점수는 관측값이 평균으로부터 떨어진 정도를 나타내는 측도로, 이를 통해 자료의 상대적 위치를 찾을 수 있다(관측값의 표준점수 합계는 0이다).

– 공식: $z_i=(x_i-\bar{x})/s_x$

10명의 체중을 측정한 후 표준점수를 구하는 함수(ZC)를 작성하라.

```
R Console
> ## Z score
>
> ZC=function(d) {
+   m=mean(d)
+   s=sd(d)
+   z=(d-m)/s
+   return(z)
+                 }
> d=c(72, 65, 77, 80, 73, 75, 64, 85, 70, 77)
> ZC(d)
 [1] -0.2778931 -1.3585885  0.4940322  0.9571874 -0.1235080  0.1852621 -1.5129736
 [8]  1.7291126 -0.5866632  0.4940322
> ZC_sum=sum(ZC(d))
> ZC_sum
[1] 4.551914e-15
> |
```

6) R 기본 프로그램(조건문과 반복문)

R에서는 실행의 흐름을 선택하는 조건문과 같은 문장을 여러 번 반복하는 반복문이 있다.

- 조건문의 사용 형식은 다음과 같다.
  - 연산자[같다(==), 다르다(!=), 크거나 같다(>=), 크다(>), 작거나 같다(<=), 작다(<)]를 사용하

여 조건식을 작성한다.

```
if(조건식) {
〈조건이 참일 때 실행되는 계산식〉
          }
else {
〈조건이 거짓일 때 실행되는 계산식〉
     }
```

예제 3 조건문 사용

10명의 체중을 저장한 벡터 x에 대해 '1'일 경우 평균을 출력하고, '1'이 아닐 경우 표준편차를 출력하는 함수(F)를 작성하라.

```
R Console
> ## conditional statement
>
> x=c(75, 78, 80, 67, 72, 86, 62, 90, 84, 70)
> F=function(a){
+   if(a==1) { result=mean(x)
+              return(result)
+             }
+   else {
+              result=sd(x)
+              return(result)
+        }
+              }
> F(1)
[1] 76.4
> F(5)
[1] 8.871928
> |
```

• 반복문의 사용 형식은 다음과 같다.
  - for 반복문에 사용되는 '횟수'는 '벡터 데이터'나 'n: 반복횟수'를 나타낸다.

```
for(루프변수 in 횟수) {
  실행문
                    }
```

예제 4 반복문 사용

1에서 정해진 숫자까지의 합을 구하는 함수(F)를 작성하라.

```
R Console
> ## iteration statement
>
> F=function(a){
+   result=0
+   for(i in 1:a){
+   result=result+i
+             }
+   return(result)
+           }
> F(100)
[1] 5050
> F(50000)
[1] 1250025000
> F(2019)
[1] 2039190
> |
```

7) R 데이터 프레임의 변수 이용방법

R에서 통계분석을 위한 변수 이용방법은 다음과 같다.

(1) '데이터$변수'의 활용

> install.packages('foreign')

> library(foreign)

> setwd("c:/MachineLearning_ArtificialIntelligence")

> Learning_data1=read.spss(file='obesity_sample1.sav',
use.value.labels=T,use.missings=T,to.data.frame=T)

- Learning_data1에 'cobesity_sample1.sav'을 할당한다.

> Learning_data2=read.spss(file='obesity_sample2.sav',
use.value.labels=T,use.missings=T,to.data.frame=T)

- Learning_data2에 'cobesity_sample2.sav'을 할당한다.

> sd(Learning_data1$Obesity)/mean(Learning_data1$Obesity)

- Learning_data1 데이터 프레임의 Obesity 변수를 이용하여 변이계수를 구한다.

(2) attach(데이터) 함수의 활용

> attach(Learning_data2): attach 함수는 실행 데이터를 '데이터' 인수로 고정시킨다.

> sd(Obesity)/mean(Obesity)

- '데이터$변수'의 활용과 달리 attach 실행 후 변수만 이용하여 변이계수를 구할 수 있다.

(3) with(데이터, 명령어) 함수의 활용

> with(Learning_data1,sd(Obesity)/mean(Obesity))

- attach 함수를 사용하지 않고 with( ) 함수로 해당 데이터 프레임의 변수를 이용하여 명령어를 실행할 수 있다.

```
R Console
> # variable usage($, attach, with)
>
> install.packages('foreign')
trying URL 'https://cloud.r-project.org/bin/windows/contrib/3.5/foreign_0.8-71.zip'
Content type 'application/zip' length 324221 bytes (316 KB)
downloaded 316 KB

package 'foreign' successfully unpacked and MD5 sums checked

The downloaded binary packages are in
        C:\Users\Administrator\AppData\Local\Temp\RtmpwdCl1c\downloaded_packages
> library(foreign)
> setwd("c:/MachineLearning_ArtificialIntelligence")
> Learning_data1=read.spss(file='obesity_sample1.sav',
+  use.value.labels=T,use.missings=T,to.data.frame=T)
> Learning_data2=read.spss(file='obesity_sample2.sav',
+  use.value.labels=T,use.missings=T,to.data.frame=T)
>
> sd(Learning_data1$Obesity)/mean(Learning_data1$Obesity)
[1] 0.1363448
> attach(Learning_data2)
> sd(Obesity)/mean(Obesity)
[1] 0.1382091
> with(Learning_data1,sd(Obesity)/mean(Obesity))
[1] 0.1363448
> |
```

8) R 데이터 프레임 작성

R에서는 다양한 형태의 데이터 프레임을 작성할 수 있다. R에서 가장 많이 사용되는 데이터 프레임은 행과 열이 있는 이차원의 행렬(matrix) 구조이다. 데이터 프레임은 데이터셋으로 부르기도 하며 열은 변수, 행은 레코드로 명명하기도 한다.

(1) 벡터로부터 데이터 프레임 작성

data.frame() 함수를 사용한다.

> V0=1:10: 1~10의 수치를 V0벡터에 할당한다.

> V1=c(2, 2, 3, 2, 4, 1, 2, 2, 3, 2): 10개의 수치를 V1벡터에 할당한다.

> V2=c(2, 5, 1, 3, 5, 4, 2, 4, 1, 3): 10개의 수치를 V2벡터에 할당한다.

> V3=c(1, 0, 0, 1, 0, 1, 0, 0, 0, 0): 10개의 수치를 V3벡터에 할당한다.

> V4=c(3, 3, 3, 2, 4, 3, 4, 3, 4, 4): 10개의 수치를 V4벡터에 할당한다.

> V5=c(3, 2, 5, 7, 6, 1, 7, 7, 5, 5): 10개의 수치를 V5벡터에 할당한다.

> V6=c(1, 0, 0, 1, 0, 0, 1, 0, 0, 1): 10개의 수치를 V6벡터에 할당한다.

> V7=c(1, 0, 1, 0, 0, 1, 0, 0, 0, 0): 10개의 수치를 V7벡터에 할당한다.

> obesity_factor=data.frame(ID=V0,Stress=V1,Drinking=V2,CurrentSmoking=V3, SaltyFood=V4,Walking=V5,Arthritis=V6,ChronicDisease=V7)

- 8개의(V0~V7) 벡터를 obesity_factor 데이터 프레임 객체에 할당한다.

> obesity_factor: obesity_factor 데이터 프레임의 값을 화면에 출력한다.

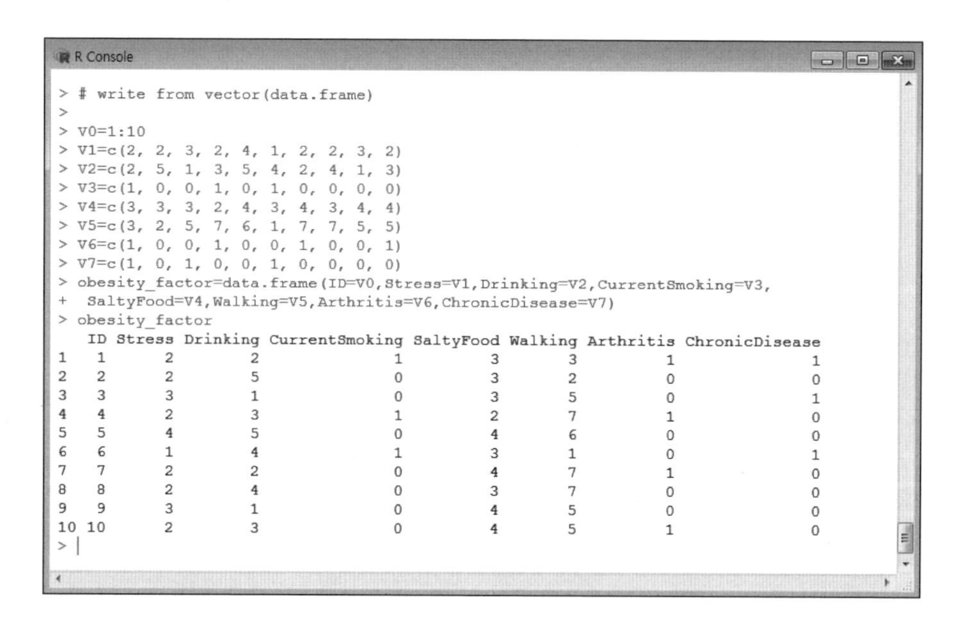

```
R Console
> # write from vector(data.frame)
>
> V0=1:10
> V1=c(2, 2, 3, 2, 4, 1, 2, 2, 3, 2)
> V2=c(2, 5, 1, 3, 5, 4, 2, 4, 1, 3)
> V3=c(1, 0, 0, 1, 0, 1, 0, 0, 0, 0)
> V4=c(3, 3, 3, 2, 4, 3, 4, 3, 4, 4)
> V5=c(3, 2, 5, 7, 6, 1, 7, 7, 5, 5)
> V6=c(1, 0, 0, 1, 0, 0, 1, 0, 0, 1)
> V7=c(1, 0, 1, 0, 0, 1, 0, 0, 0, 0)
> obesity_factor=data.frame(ID=V0,Stress=V1,Drinking=V2,CurrentSmoking=V3,
+  SaltyFood=V4,Walking=V5,Arthritis=V6,ChronicDisease=V7)
> obesity_factor
   ID Stress Drinking CurrentSmoking SaltyFood Walking Arthritis ChronicDisease
1   1      2        2              1         3       3         1              1
2   2      2        5              0         3       2         0              0
3   3      3        1              0         3       5         0              1
4   4      2        3              1         2       7         1              0
5   5      4        5              0         4       6         0              0
6   6      1        4              1         3       1         0              1
7   7      2        2              0         4       7         1              0
8   8      2        4              0         3       7         0              0
9   9      3        1              0         4       5         0              0
10 10      2        3              0         4       5         1              0
> |
```

(2) 텍스트 파일로부터 데이터 프레임 작성

read.table() 함수를 사용한다.

> setwd("c:/MachineLearning_ArtificialIntelligence"): 작업용 디렉터리를 지정한다.

> obesity_factor=read.table(file="obesity_data_frame.txt",header=T)

- obesity_factor 객체에 'obesity_data_frame.txt' 파일을 데이터 프레임으로 할당한다.

> obesity_factor: obesity_factor 객체의 값을 화면에 출력한다.

```
> # write from text(read.table)
>
> setwd("c:/MachineLearning_ArtificialIntelligence")
> obesity_factor=read.table(file="obesity_data_frame.txt",header=T)
> obesity_factor
   ID Stress Drinking CurrentSmoking SaltyFood Walking Arthritis ChronicDisease
1   1      2        2              1         3       3         1              1
2   2      2        5              0         3       2         0              0
3   3      3        1              0         3       5         0              1
4   4      2        3              1         2       7         1              0
5   5      4        5              0         4       6         0              0
6   6      1        4              1         3       1         0              1
7   7      2        2              0         4       7         1              0
8   8      2        4              0         3       7         0              0
9   9      3        1              0         4       5         0              0
10 10      2        3              0         4       5         1              1
> |
```

(3) 엑셀 파일로부터 데이터 프레임 작성

read_excel() 함수를 사용한다.

> install.packages('readxl'): 엑셀 파일을 읽어들이는 패키지를 설치한다.

> library(readxl): readxl 패키지를 로딩한다.

> setwd("c:/MachineLearning_ArtificialIntelligence"): 작업용 디렉터리를 지정한다.

> obesity_factor=read_excel("obesity_data_frame.xls",sheet="obesity_data_frame", col_names=T)

- obesity_factor 객체에 'obesity_data_frame.xls'를 데이터 프레임으로 할당한다.
- sheet="obesity_data_frame" : 읽어들일 Sheet의 이름을 지정한다.
- col_names=T : 첫 번째 행(row)을 열(column)의 이름으로 사용할 경우 지정한다.

> obesity_factor: obesity_factor 객체의 값을 화면에 출력한다.

```
> # write from xls file(read_excel)
>
> install.packages('readxl')
Warning: package 'readxl' is in use and will not be installed
> library(readxl)
> setwd("c:/MachineLearning_ArtificialIntelligence")
> obesity_factor=read_excel("obesity_data_frame.xls",sheet="obesity_data_frame",col_names=T)
> obesity_factor
# A tibble: 10 x 8
      ID Stress Drinking CurrentSmoking SaltyFood Walking Arthritis
   <dbl>  <dbl>    <dbl>          <dbl>     <dbl>   <dbl>     <dbl>
 1     1      2        2              1         3       3         1
 2     2      2        5              0         3       2         0
 3     3      3        1              0         3       5         0
 4     4      2        3              1         2       7         1
 5     5      4        5              0         4       6         0
 6     6      1        4              1         3       1         0
 7     7      2        2              0         4       7         1
 8     8      2        4              0         3       7         0
 9     9      3        1              0         4       5         0
10    10      2        3              0         4       5         1
# ... with 1 more variable: ChronicDisease <dbl>
>
```

(4) SPSS 파일로부터 데이터 프레임 작성

read.spss() 함수를 사용한다.

\> install.packages('foreign')

- SPSS나 SAS 등 R 이외의 통계소프트웨어에서 작성한 외부 데이터를 읽어들이는 패키지를 설치한다.

\> library(foreign): foreign 패키지를 로딩한다.

\> setwd("c:/MachineLearning_ArtificialIntelligence"): 작업용 디렉터리를 지정한다.

\> obesity_factor=read.spss(file='obesity_dataframe.sav', use.value.labels=T,use.missings=T,to.data.frame=T)

- obesity_factor 객체에 'obesity_dataframe.sav'를 데이터 프레임으로 할당한다.
- file=' ' : 데이터를 읽어들일 외부의 데이터 파일을 정의한다.
- use.value.labels=T : 외부 데이터의 변수값에 정의된 레이블(label)을 R의 데이터 프레임의 변수 레이블로 정의한다.
- use.missings=T : 외부 데이터 변수에 사용된 결측치의 포함 여부를 정의한다.
- to.data.frame=T : 데이터 프레임으로 생성 여부를 정의한다.

\> obesity_factor: obesity_factor 객체의 값을 화면에 출력한다.

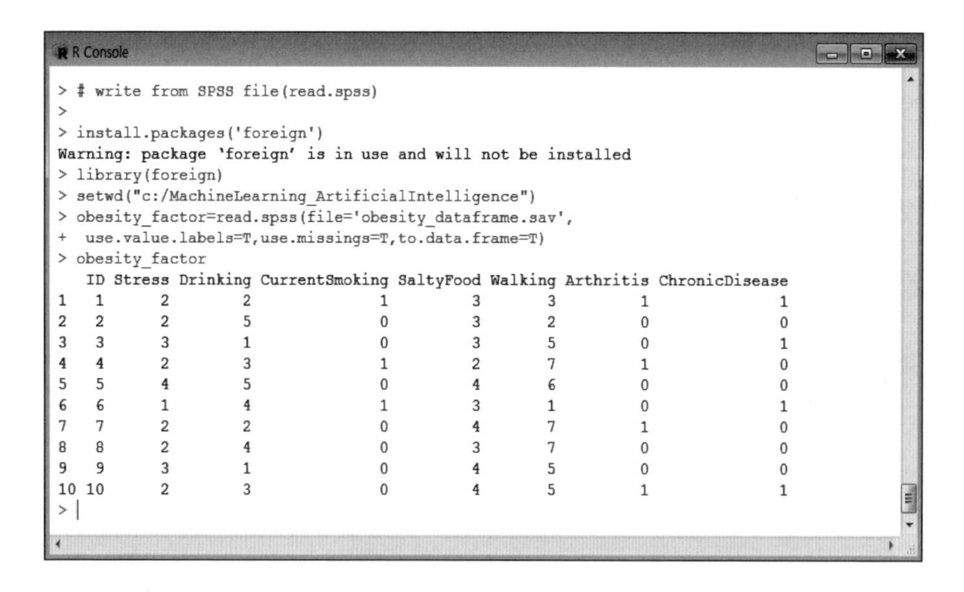

(5) 텍스트 파일로부터 데이터 프레임 출력하기

write.matrix() 함수를 사용한다.

> setwd("c:/MachineLearning_ArtificialIntelligence"): 작업용 디렉터리를 지정한다.

> obesity_factor=read.table(file="obesity_data_frame.txt",header=T)

- obesity_factor 객체에 'obesity_data_frame.txt'를 데이터 프레임으로 할당한다.

> obesity_factor: obesity_factor 객체의 값을 화면에 출력한다.

> library(MASS): write.matrix( ) 함수를 사용하기 위한 패키지를 로딩한다.

> write.matrix(obesity_factor, "obesity_data_frame_w.txt")

- obesity_factor 객체를 'obesity_data_frame_w.txt' 파일에 출력한다.

> obesity_factor_w= read.table('obesity_data_frame_w.txt',header=T)

- 'obesity_data_frame_w.txt' 파일을 읽어와서 obesity_factor_w 객체에 저장한다.

> obesity_factor_w: obesity_factor_w 객체의 값을 화면에 출력한다.

R Console

```
> ## write data frame from text data(write.matrix)
>
> setwd("c:/MachineLearning_ArtificialIntelligence")
> obesity_factor=read.table(file="obesity_data_frame.txt",header=T)
> obesity_factor
   ID Stress Drinking CurrentSmoking SaltyFood Walking Arthritis ChronicDisease
1   1      2        2              1         3       3         1              1
2   2      2        5              0         3       2         0              0
3   3      3        1              0         3       5         0              1
4   4      2        3              1         2       7         1              0
5   5      4        5              0         4       6         0              0
6   6      1        4              1         3       1         0              1
7   7      2        2              0         4       7         1              0
8   8      2        4              0         3       7         0              0
9   9      3        1              0         4       5         0              0
10 10      2        3              0         4       5         1              1
> library(MASS)
> write.matrix(obesity_factor, "obesity_data_frame_w.txt")
> obesity_factor_w= read.table('obesity_data_frame_w.txt',header=T)
> obesity_factor_w
   ID Stress Drinking CurrentSmoking SaltyFood Walking Arthritis ChronicDisease
1   1      2        2              1         3       3         1              1
2   2      2        5              0         3       2         0              0
3   3      3        1              0         3       5         0              1
4   4      2        3              1         2       7         1              0
5   5      4        5              0         4       6         0              0
6   6      1        4              1         3       1         0              1
7   7      2        2              0         4       7         1              0
8   8      2        4              0         3       7         0              0
9   9      3        1              0         4       5         0              0
10 10      2        3              0         4       5         1              1
> |
```

(6) 파일 합치기[변수(column) 합치기]

write.matrix()와 cbind() 함수를 사용한다.

> library(MASS): write.matrix( ) 함수를 사용하기 위한 패키지를 로딩한다.

> setwd("c:/MachineLearning_ArtificialIntelligence"): 작업용 디렉터리를 지정한다.

> obesity_factor=read.table(file="obesity_data_frame.txt",header=T)

- obesity_factor 객체에 'obesity_data_frame.txt'를 데이터 프레임으로 할당한다.

> obesity_factor_1=read.table(file="obesity_data_frame_1.txt",header=T)

- obesity_factor_1 객체에 'obesity_data_frame_1.txt'를 데이터 프레임으로 할당한다.

> obesity_factor: obesity_factor 객체의 값을 화면에 출력한다.

> obesity_factor_1: obesity_factor_1 객체의 값을 화면에 출력한다.

> obesity_factor_ac=cbind(obesity_factor,obesity_factor_1$FlexibilityExercise)

- obesity_factor과 obesity_factor_1의 정해진 변수(FlexibilityExercise)를 합쳐 obesity_factor_ac에 저장한다.

> obesity_factor_ac: obesity_factor_ac 객체의 값을 화면에 출력한다.

> obesity_factor_ac=cbind(obesity_factor,obesity_factor_1)

- obesity_factor과 obesity_factor_1의 전체 변수를 합쳐 obesity_factor_ac에 저장한다.

> write.matrix(obesity_factor_ac, "obesity_factor_ac.txt")

- obesity_factor_ac 객체를 'obesity_factor_ac.txt' 파일에 출력한다.

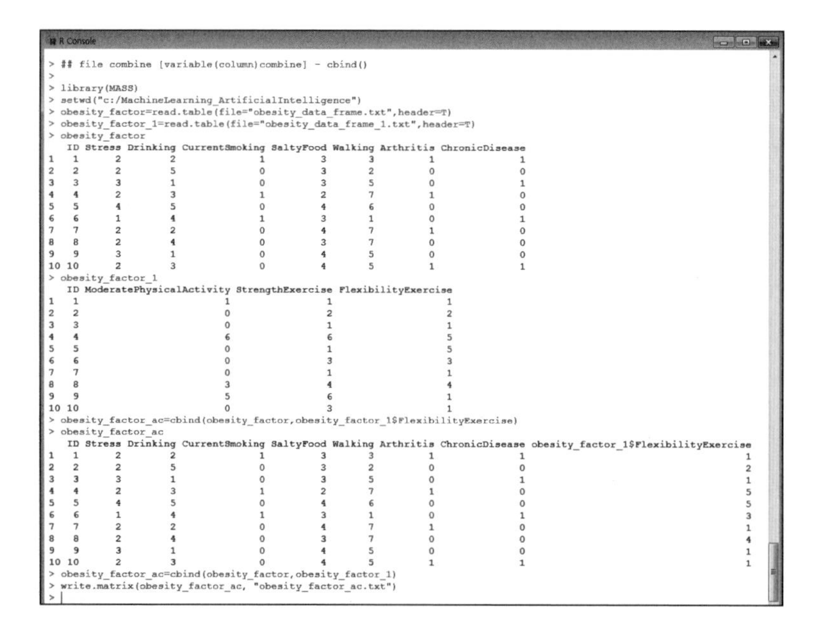

```
R Console
> ## file combine [variable(column)combine] - cbind()
>
> library(MASS)
> setwd("c:/MachineLearning_ArtificialIntelligence")
> obesity_factor=read.table(file="obesity_data_frame.txt",header=T)
> obesity_factor_1=read.table(file="obesity_data_frame_1.txt",header=T)
> obesity_factor
   ID Stress Drinking CurrentSmoking SaltyFood Walking Arthritis ChronicDisease
1   1      2        2              1         3       3         1              1
2   2      2        5              0         3       2         0              0
3   3      3        1              0         3       5         0              1
4   4      2        3              1         2       7         1              0
5   5      4        5              0         4       6         0              0
6   6      1        4              1         3       1         0              1
7   7      2        2              0         4       7         1              0
8   8      2        4              0         3       7         0              0
9   9      3        1              0         4       5         0              0
10 10      2        3              0         4       5         1              1
> obesity_factor_1
   ID ModeratePhysicalActivity StrengthExercise FlexibilityExercise
1   1                        1                1                   1
2   2                        0                2                   2
3   3                        0                1                   1
4   4                        6                6                   5
5   5                        0                1                   5
6   6                        0                3                   3
7   7                        0                1                   1
8   8                        3                4                   4
9   9                        5                6                   1
10 10                        0                3                   1
> obesity_factor_ac=cbind(obesity_factor,obesity_factor_1$FlexibilityExercise)
> obesity_factor_ac
   ID Stress Drinking CurrentSmoking SaltyFood Walking Arthritis ChronicDisease obesity_factor_1$FlexibilityExercise
1   1      2        2              1         3       3         1              1                                    1
2   2      2        5              0         3       2         0              0                                    2
3   3      3        1              0         3       5         0              1                                    1
4   4      2        3              1         2       7         1              0                                    5
5   5      4        5              0         4       6         0              0                                    5
6   6      1        4              1         3       1         0              1                                    3
7   7      2        2              0         4       7         1              0                                    1
8   8      2        4              0         3       7         0              0                                    4
9   9      3        1              0         4       5         0              0                                    1
10 10      2        3              0         4       5         1              1                                    1
> obesity_factor_ac=cbind(obesity_factor,obesity_factor_1)
> write.matrix(obesity_factor_ac, "obesity_factor_ac.txt")
>
```

(7) 파일 합치기[Record(row) 합치기]

write.matrix()와 rbind() 함수를 사용한다.

> library(MASS)

> setwd("c:/MachineLearning_ArtificialIntelligence")

> obesity_factor=read.table(file="obesity_data_frame.txt",header=T)

> obesity_factor_2=read.table(file="obesity_data_frame_2.txt",header=T)

> obesity_factor_ar=rbind(obesity_factor,obesity_factor_2)

- obesity_factor 데이터 파일에 obesity_factor_2의 record를 추가하여 obesity_factor_ar에 저장한다.

> obesity_factor_ar

> write.matrix(obesity_factor_ar, "obesity_factor_ar.txt")

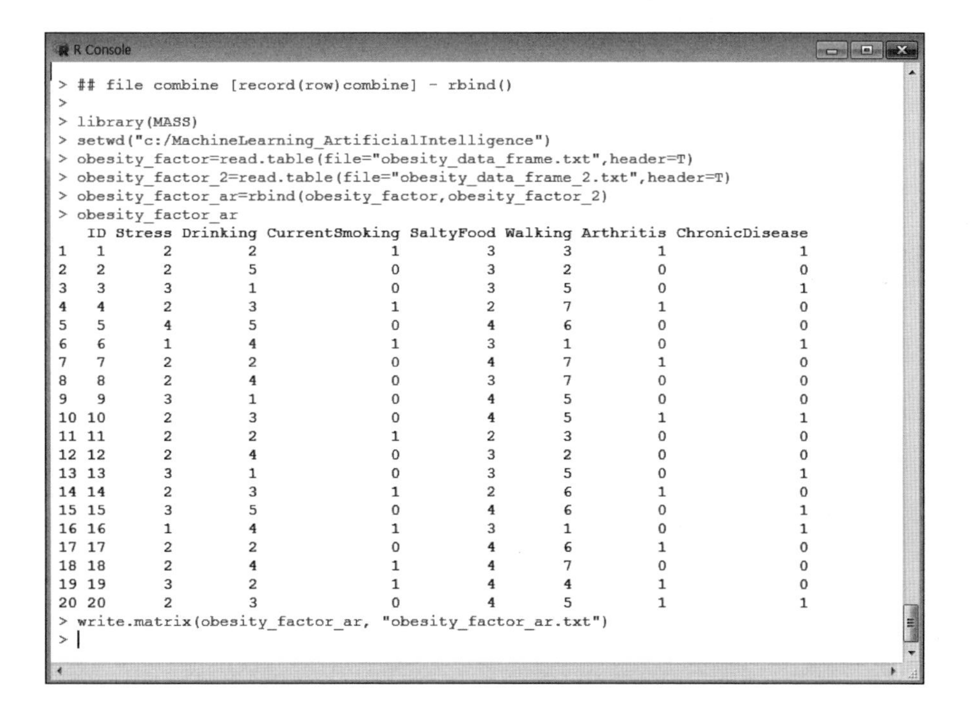

```
R Console
> ## file combine [record(row)combine] - rbind()
>
> library(MASS)
> setwd("c:/MachineLearning_ArtificialIntelligence")
> obesity_factor=read.table(file="obesity_data_frame.txt",header=T)
> obesity_factor_2=read.table(file="obesity_data_frame_2.txt",header=T)
> obesity_factor_ar=rbind(obesity_factor,obesity_factor_2)
> obesity_factor_ar
   ID Stress Drinking CurrentSmoking SaltyFood Walking Arthritis ChronicDisease
1   1      2        2              1         3       3         1              1
2   2      2        5              0         3       2         0              0
3   3      3        1              0         3       5         0              1
4   4      2        3              1         2       7         1              0
5   5      4        5              0         4       6         0              0
6   6      1        4              1         3       1         0              1
7   7      2        2              0         4       7         1              0
8   8      2        4              0         3       7         0              0
9   9      3        1              0         4       5         0              0
10 10      2        3              0         4       5         1              1
11 11      2        2              1         2       3         0              0
12 12      2        4              0         3       2         0              0
13 13      3        1              0         3       5         0              1
14 14      2        3              1         2       6         1              0
15 15      3        5              0         4       6         0              1
16 16      1        4              1         3       1         0              1
17 17      2        2              0         4       6         1              0
18 18      2        4              1         4       7         0              0
19 19      3        2              1         4       4         1              0
20 20      2        3              0         4       5         1              1
> write.matrix(obesity_factor_ar, "obesity_factor_ar.txt")
> |
```

(8) 파일 Merge[동일한 ID 합치기]

write.matrix()와 merge() 함수를 사용한다.

> library(MASS)

> setwd("c:/MachineLearning_ArtificialIntelligence")

> obesity_factor=read.table(file="obesity_data_frame.txt",header=T)

> obesity_factor_3=read.table(file="obesity_data_frame_3.txt",header=T)

> obesity_factor_m=merge(obesity_factor,obesity_factor_3,by='ID') # id unique

- 동일한 ID를 가진 obesity_factor 데이터와 obesity_factor_3 데이터를 Merge하여 obesity_factor_m에 저장한다.

> obesity_factor_m

> write.matrix(obesity_factor_m, "obesity_factor_m.txt")

- 동일한 ID(3, 4, 5, 7, 8, 9)만 Merge된 것을 알 수 있다.

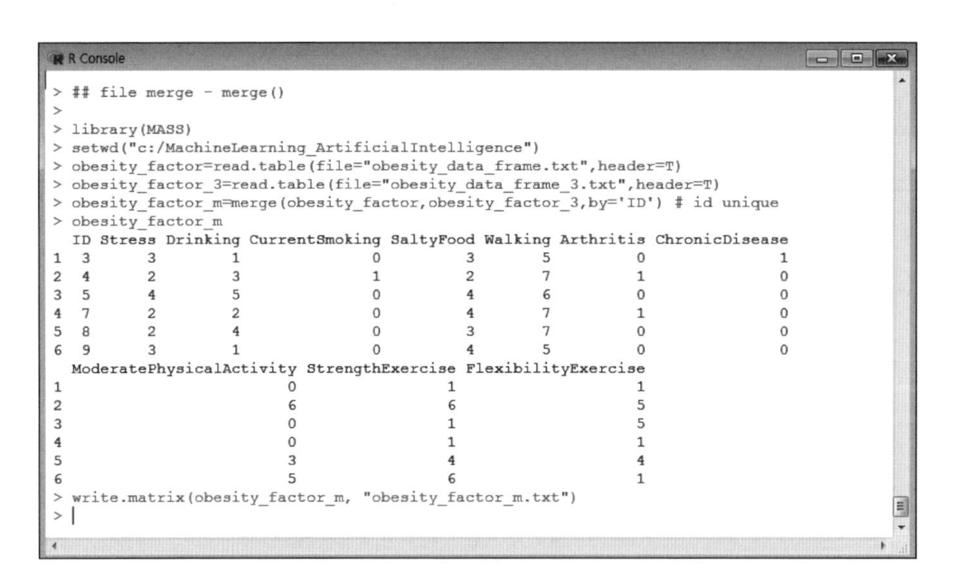

```
R Console
> ## file merge - merge()
>
> library(MASS)
> setwd("c:/MachineLearning_ArtificialIntelligence")
> obesity_factor=read.table(file="obesity_data_frame.txt",header=T)
> obesity_factor_3=read.table(file="obesity_data_frame_3.txt",header=T)
> obesity_factor_m=merge(obesity_factor,obesity_factor_3,by='ID') # id unique
> obesity_factor_m
  ID Stress Drinking CurrentSmoking SaltyFood Walking Arthritis ChronicDisease
1  3      3        1              0         3       5         0              1
2  4      2        3              1         2       7         1              0
3  5      4        5              0         4       6         0              0
4  7      2        2              0         4       7         1              0
5  8      2        4              0         3       7         0              0
6  9      3        1              0         4       5         0              0
  ModeratePhysicalActivity StrengthExercise FlexibilityExercise
1                        0                1                   1
2                        6                6                   5
3                        0                1                   5
4                        0                1                   1
5                        3                4                   4
6                        5                6                   1
> write.matrix(obesity_factor_m, "obesity_factor_m.txt")
> |
```

9) 변수 및 관찰치 선택

■ **변수의 선택**

> library(MASS)

> setwd("c:/MachineLearning_ArtificialIntelligence")

> obesity_factor=read.table(file="obesity_data_frame.txt",header=T)

> obesity_factor

> attach(obesity_factor)

> obesity_factor_v=data.frame(ID,Stress,SaltyFood,ChronicDisease)

- obesity_factor에서 정해진 변수(ID,Stress,SaltyFood,ChronicDisease)만 선택하여 obesity_factor_v에 저장한다.

> obesity_factor_v

> write.matrix(obesity_factor_v, "obesity_factor_vw.txt")

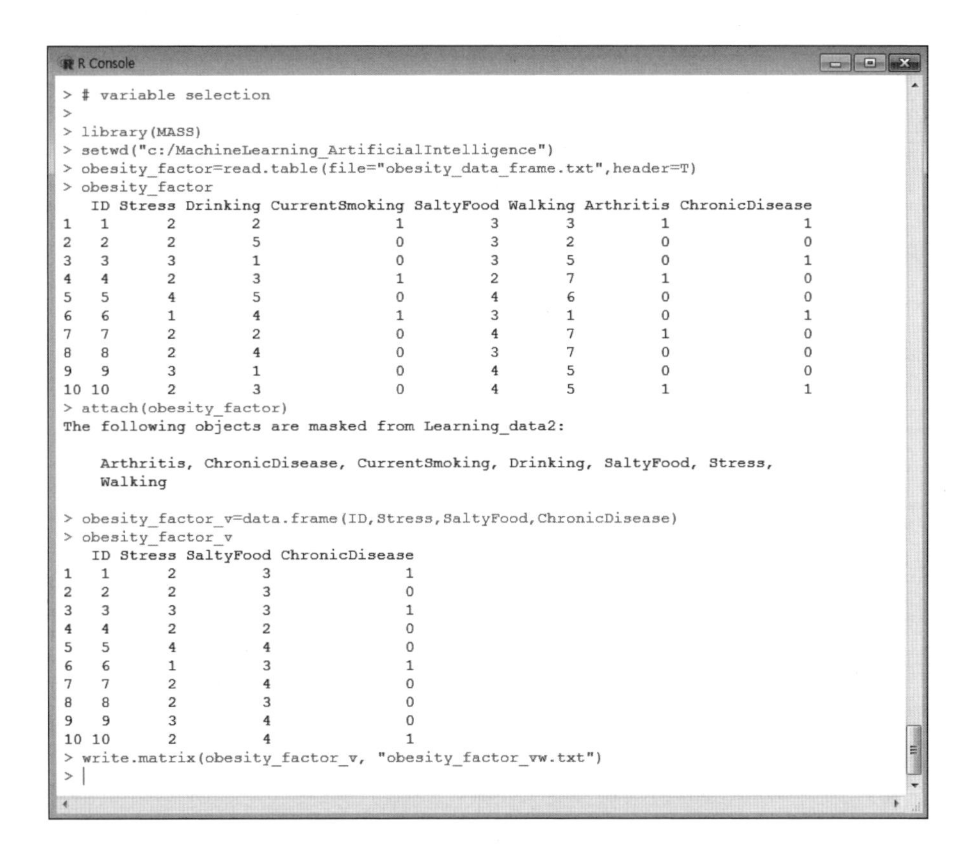

```
R Console
> # variable selection
>
> library(MASS)
> setwd("c:/MachineLearning_ArtificialIntelligence")
> obesity_factor=read.table(file="obesity_data_frame.txt",header=T)
> obesity_factor
   ID Stress Drinking CurrentSmoking SaltyFood Walking Arthritis ChronicDisease
1   1      2        2              1         3       3         1              1
2   2      2        5              0         3       2         0              0
3   3      3        1              0         3       5         0              1
4   4      2        3              1         2       7         1              0
5   5      4        5              0         4       6         0              0
6   6      1        4              1         3       1         0              1
7   7      2        2              0         4       7         1              0
8   8      2        4              0         3       7         0              0
9   9      3        1              0         4       5         0              0
10 10      2        3              0         4       5         1              1
> attach(obesity_factor)
The following objects are masked from Learning_data2:

    Arthritis, ChronicDisease, CurrentSmoking, Drinking, SaltyFood, Stress,
    Walking

> obesity_factor_v=data.frame(ID,Stress,SaltyFood,ChronicDisease)
> obesity_factor_v
   ID Stress SaltyFood ChronicDisease
1   1      2         3              1
2   2      2         3              0
3   3      3         3              1
4   4      2         2              0
5   5      4         4              0
6   6      1         3              1
7   7      2         4              0
8   8      2         3              0
9   9      3         4              0
10 10      2         4              1
> write.matrix(obesity_factor_v, "obesity_factor_vw.txt")
> |
```

■ 관찰치의 선택

> library(MASS)

> setwd("c:/MachineLearning_ArtificialIntelligence")

> obesity_factor=read.table(file="obesity_data_frame.txt",header=T)

> obesity_factor

> attach(obesity_factor)

> obesity_factor_c=obesity_factor[obesity_factor$ChronicDisease!=0,]

- obesity_factor의 ChronicDisease변수의 값이 0이 아닌 행만 선택하여 obesity_factor_c에 저장한다.

obesity_factor_c=obesity_factor[obesity_factor$ChronicDisease==1,]

> obesity_factor_c

> write.matrix(obesity_factor_c, "obesity_factor_cw.txt")

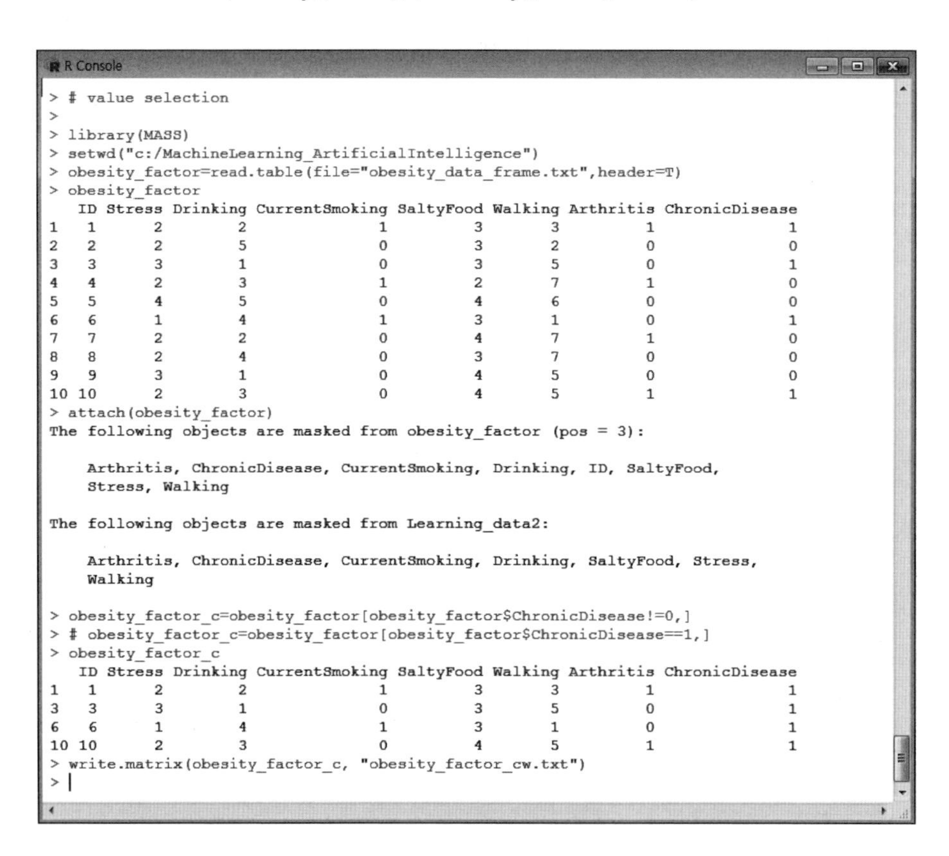

■ 조건에 따른 row(record)의 추출

> install.packages('dplyr')

> library(dplyr)

> library(MASS)

> setwd("c:/MachineLearning_ArtificialIntelligence")

> obesity_factor=read.table(file="obesity_data_frame.txt",header=T)

> f1=obesity_factor$Arthritis

> l1=obesity_factor$ChronicDisease

'Arthritis eq ChronicDisease' selection

> obesity_factor_cbr=filter(obesity_factor, f1==l1)

- 'Arthritis equal ChronicDisease'인 행만 추출하여 obesity_factor_cbr에 저장

> obesity_factor_cbr

> write.matrix(obesity_factor_cbr,'obesity_factor_cbr.txt')

```
R Console
> ## conditional row(record) selection
>
> install.packages('dplyr')
Warning: package 'dplyr' is in use and will not be installed
> library(dplyr)
> library(MASS)
> setwd("c:/MachineLearning_ArtificialIntelligence")
> obesity_factor=read.table(file="obesity_data_frame.txt",header=T)
> f1=obesity_factor$Arthritis
> l1=obesity_factor$ChronicDisease
>
> # 'Arthritis eq ChronicDisease' selection
>
> obesity_factor_cbr=filter(obesity_factor, f1==l1)
> obesity_factor_cbr
  ID Stress Drinking CurrentSmoking SaltyFood Walking Arthritis ChronicDisease
1  1      2        2              1         3       3         1              1
2  2      2        5              0         3       2         0              0
3  5      4        5              0         4       6         0              0
4  8      2        4              0         3       7         0              0
5  9      3        1              0         4       5         0              0
6 10      2        3              0         4       5         1              1
> write.matrix(obesity_factor_cbr,'obesity_factor_cbr.txt')
> |
```

10) R의 주요 GUI(Graphic User Interface) 메뉴 활용

(1) 새 스크립트 작성: [File - New script]

- 스크립트는 R-편집기에서 작성한 후 필요한 스크립트를 R-Console 화면으로 가져와 실행할 수 있다.

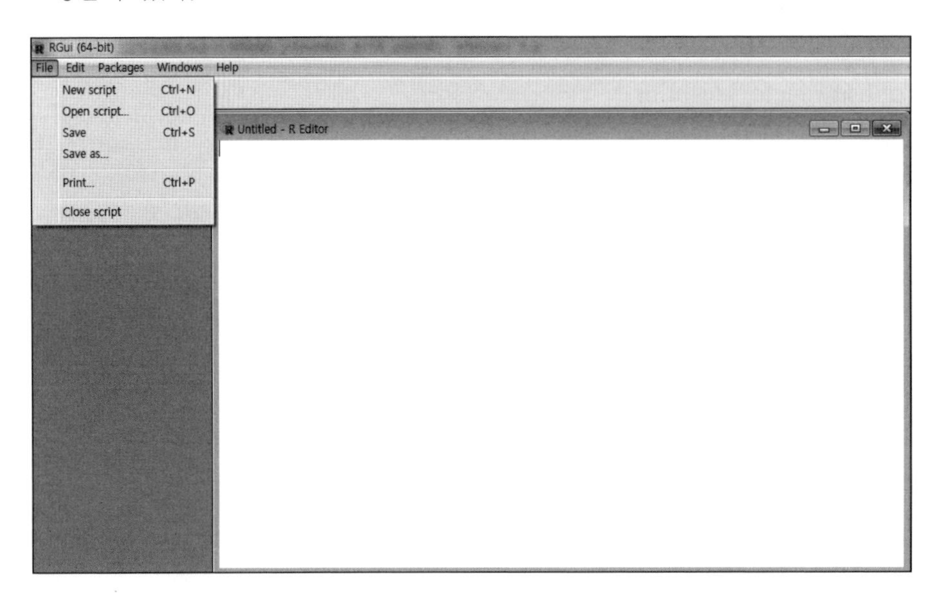

(2) 새 스크립트 저장: [File - Save as...]

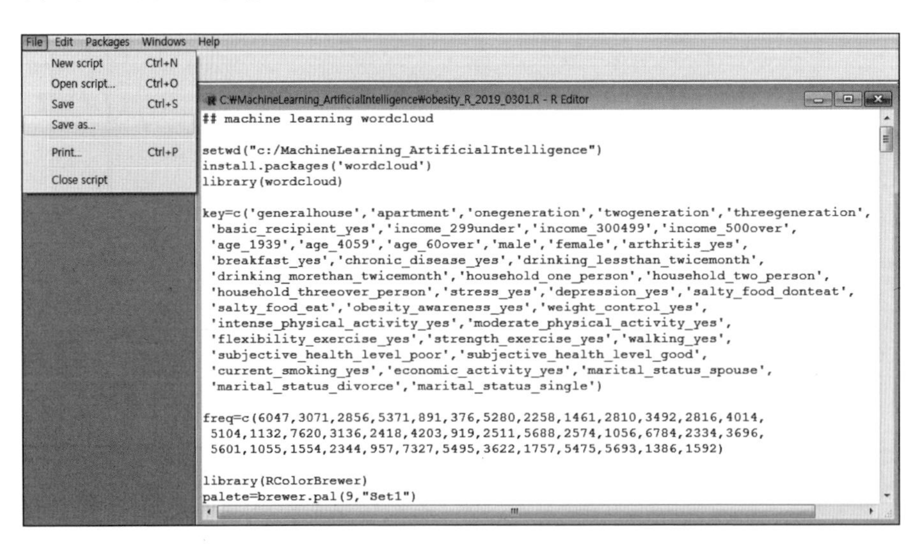

※ 본 장에 사용된 모든 스크립트는 'obesity_R_2019_0301.R'에 저장된다.

(3) 새 스크립트 불러오기: [File - Open script...]

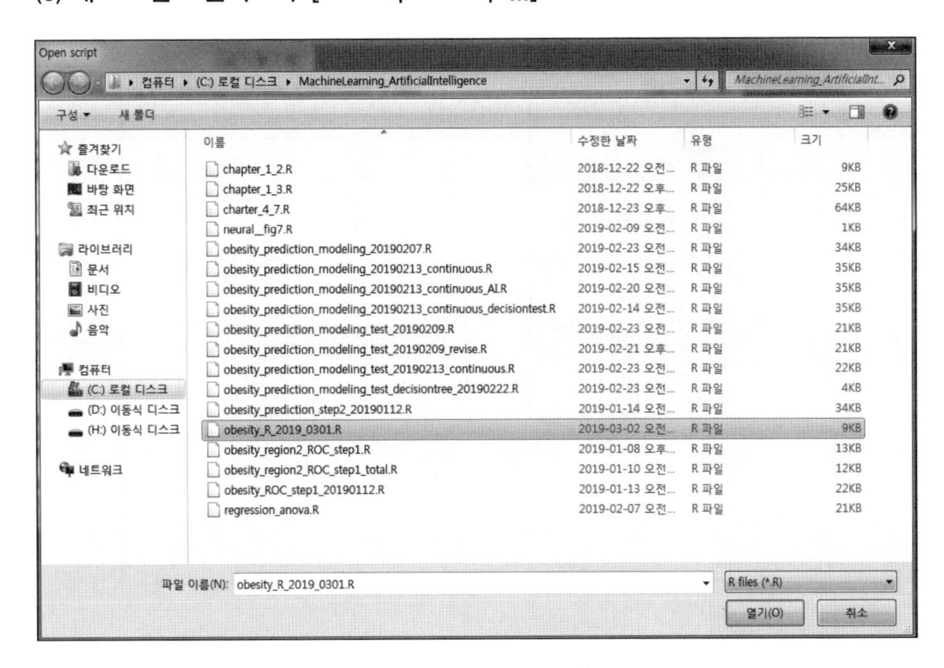

(4) 스크립트의 실행

스크립트 편집기에서 실행을 원하는 명령어를 선택한 후 'Ctrl+R'로 실행한다.

C:₩MachineLearning_ArtificialIntelligence₩obesity_R_2019_0301.R - R Editor

```
## machine learning wordcloud

setwd("c:/MachineLearning_ArtificialIntelligence")
install.packages('wordcloud')
library(wordcloud)

key=c('generalhouse','apartment','onegeneration','twogeneration','threegeneration',
 'basic_recipient_yes','income_299under','income_300499','income_500over',
 'age_1939','age_4059','age_60over','male','female','arthritis_yes',
 'breakfast_yes','chronic_disease_yes','drinking_lessthan_twicemonth',
 'drinking_morethan_twicemonth','household_one_person','household_two_person',
 'household_threeover_person','stress_yes','depression_yes','salty_food_donteat',
 'salty_food_eat','obesity_awareness_yes','weight_control_yes',
 'intense_physical_activity_yes','moderate_physical_activity_yes',
 'flexibility_exercise_yes','strength_exercise_yes','walking_yes',
 'subjective_health_level_poor','subjective_health_level_good',
 'current_smoking_yes','economic_activity_yes','marital_status_spouse',
 'marital_status_divorce','marital_status_single')

freq=c(6047,3071,2856,5371,891,376,5280,2258,1461,2810,3492,2816,4014,
 5104,1132,7620,3136,2418,4203,919,2511,5688,2574,1056,6784,2334,3696,
 5601,1055,1554,2344,957,7327,5495,3622,1757,5475,5693,1386,1592)

library(RColorBrewer)
palete=brewer.pal(9,"Set1")
wordcloud(key,freq,scale=c(4,1),rot.per=.20,min.freq=100,random.order=F,
 random.color=T,colors=palete)
savePlot("obesity_wordcloud",type="tif")
```

(5) R의 도움말 사용: [Help - R functions (text)...]

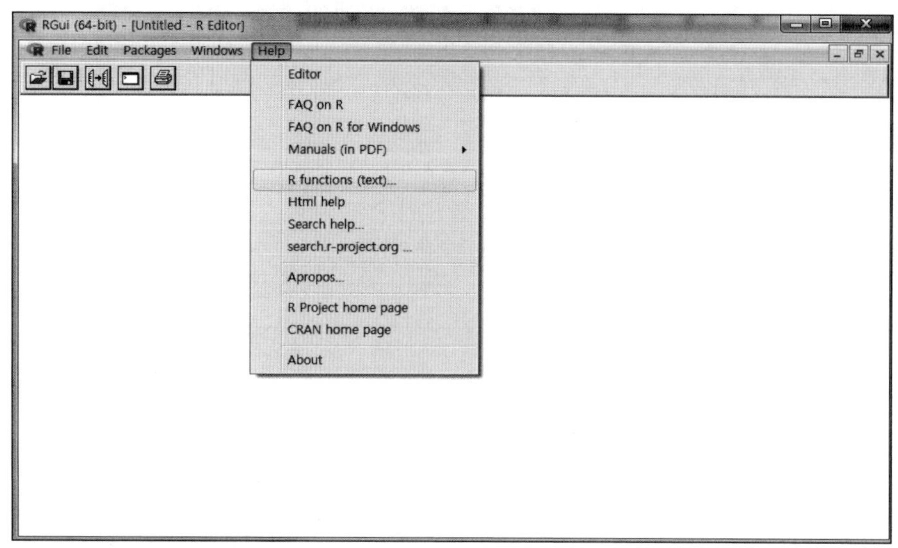

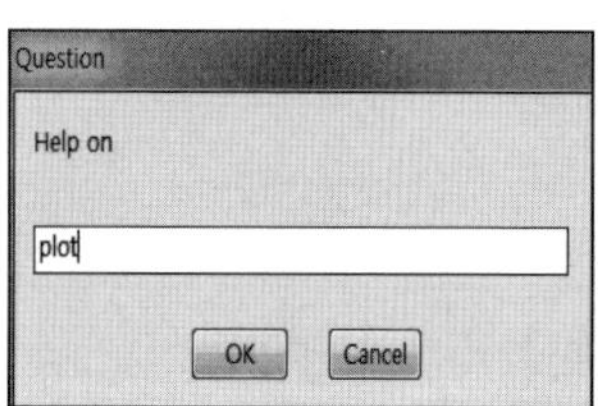

- plot( ) 함수에 대한 도움말을 입력하면 plot 함수와 사용 인수에 대해 자세한 도움말 정보를 얻을 수 있다.

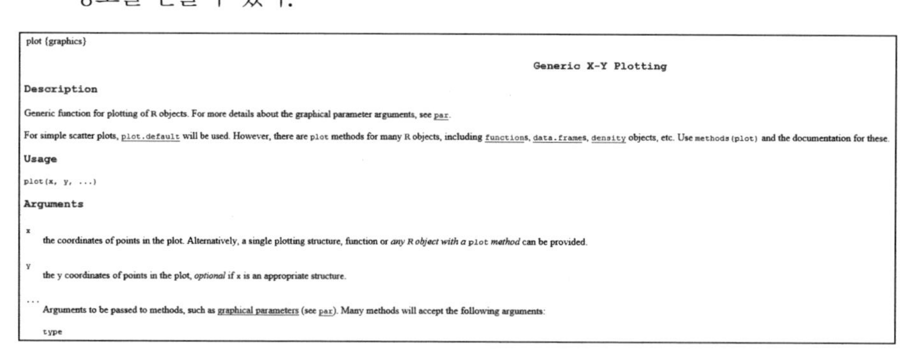

plot {graphics}

Generic X-Y Plotting

Description

Generic function for plotting of R objects. For more details about the graphical parameter arguments, see `par`.

For simple scatter plots, `plot.default` will be used. However, there are `plot` methods for many R objects, including `functions`, `data.frames`, `density` objects, etc. Use `methods(plot)` and the documentation for these.

Usage

```
plot(x, y, ...)
```

Arguments

`x`
the coordinates of points in the plot. Alternatively, a single plotting structure, function or *any R object with a* `plot` *method* can be provided.

`y`
the y coordinates of points in the plot, *optional* if `x` is an appropriate structure.

`...`
Arguments to be passed to methods, such as graphical parameters (see `par`). Many methods will accept the following arguments:

`type`

연습문제

1. 다음 계산식에서 c의 출력값은 얼마인가?

```
>b=10*(20/100)
>a=b
>c=a*b^2
>c
```

2. 다음 계산식에서 m의 출력값은 얼마인가?

```
>a=seq(10, 30, 5)
>m=mean(a)
>m
```

3. 다음 함수에서 F의 출력값은 얼마인가?

```
>a=c(10, 20, 30, 40, 50)
>F=function(a) {
r=a[2]*a[4]
return(r)
        }
>F(a)
```

4. 다음 함수에서 F의 출력값은 얼마인가?

```
>a=5
>b=3
>F=function(c) {
if(c==a) {r=5*3
      return(r)}
else {r=5+3
   return(r)}}
>F(4)
```

5. 다음 함수에서 F의 출력값은 얼마인가?

```
>F=function(a){
 y=0
 for(i in 2:a){
 y=y+i^2
        }
 return(y)
        }
F(5)
```

6. 다음 계산식에서 c의 출력값은 얼마인가?

```
>a=seq(10, 50, 5)
>b=a[6]*a[8]
>c=b*a[2]
>c
```

7. 다음 계산식에서 c의 출력값은 얼마인가?

```
>a1=c(10, 20, 30, 40, 50)
>a2=c(100, 200, 300, 400, 500)
>b=data.frame(b1=a1,b2=a2)
>attach(b)
>c=sum(b2)/mean(b1)
```

8. 다음 행렬 데이터 x의 요소값은 얼마인가?

```
>x=matrix(c(10,20,30,40,50,60,70,80),nrow=2,ncol=4)
>x[2,3]
```

9. 다음 계산식에서 ar의 출력값은 얼마인가?

```
> a1=c(10, 20, 30, 40, 50, 60)
> a2=c(100, 200, 300, 400, 500, 600)
> c=cbind(a1,a2)
> b=1
> ar=function(a){
  y=0
  for(i in 1:a){
  y=y+a1[i]+a2[i+b]
           }
  return(y)
         }
> ar(5)
```

10. 다음 계산식에서 c의 출력값은 얼마인가?

```
> a1=c(10, 20, 30, 40, 50)
> b=data.frame(b1=a1)
> attach(b)
> c=var(b1)*(length(b1)-1)/length(b1)
> c
```

02 SPSS의 설치와 활용[2]

SPSS(Statistical Package for the Social Science)는 컴퓨터를 이용하여 복잡한 자료를 편리하고 쉽게 처리·분석할 수 있도록 만들어진 통계분석 전용 소프트웨어이다. 1965년 스탠퍼드 대학교(Stanford University)에서 개발되었으며 1970년 시카고대학교(University of Chicago)에서 통계분석용 프로그램으로 활용된 이후 상품화되었다. 1993년에 윈도용 프로그램인 SPSS for windows 5.0이 출시되었으며 최근에는 IBM SPSS Statistics for Windows24(64bit)가 개발되었다.

2.1 SPSS 설치

SPSS 프로그램은 데이터솔루션 홈페이지(http://spss.datasolution.kr/trial/trial.asp)에서 회원 가입 후 평가판 프로그램을 설치할 수 있다.

2 본 장의 일부 내용은 '송태민·송주영(2017). 머신러닝을 활용한 소셜 빅데이터 분석과 미래신호 예측. pp92–98'에서 발췌한 내용임을 밝힌다.

2.2 SPSS 활용

SPSS는 윈도 화면의 **[시작]** → **[프로그램]** → **[IBM SPSS Statistics 24]**를 선택하거나 윈도 화면에서 단축아이콘을 실행한다.

1) SPSS의 기본 구성

SPSS는 기본적으로 다음과 같은 7개의 창으로 구성되어 있다.

① 데이터편집기: 데이터 파일을 열고 통계 절차를 수행할 수 있다.
② 출력항해사: 출력결과를 확인할 수 있다.
③ 피벗테이블: 출력결과의 피벗테이블(pivot table)을 수정 또는 편집할 수 있다.
④ 도표편집기: 각종 차트나 그림을 수정할 수 있다.
⑤ 텍스트 출력결과 편집기: 텍스트 출력결과를 수정할 수 있다.
⑥ 명령문편집기: SPSS 수행 시 명령문을 작성하거나 실행할 수 있다.
⑦ 스크립트편집기: 스크립트(script)와 OLE(Object Linking and Embedding) 기능을 수행한다.

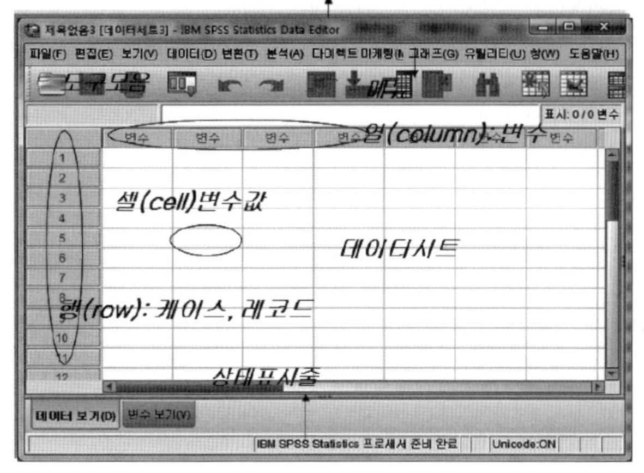

- 제목표시줄: 새로운 데이터 파일 작성 시 [제목없음]이 표시됨. 기존 파일 열기 시 [파일명]이 표시됨.
- 메뉴: 데이터편집기에서 사용할 수 있는 여러 기능
- 도구모음: 자주 사용하는 메뉴 기능을 등록한 도구 단추
- 데이터시트: 실제 데이터의 내용이 표시되는 부분
- 상태표시줄: SPSS가 동작되는 각종 상태가 표시됨.

2) SPSS의 자료 입력

SPSS에서는 데이터편집기를 사용하여 자료를 입력할 수 있다. 데이터편집기는 SPSS 실행 시 자동적으로 열리는 스프레드시트 형태의 창으로, 새로운 데이터를 추가할 수 있으며 기존 데이터를 읽어 들여 수정 · 삭제 · 추가할 수도 있다. 데이터편집기창은 1개만 열 수 있으며 엑셀과 달리 셀 자체에 수식 등을 입력할 수 없다.

(1) 자료 입력

지역사회 건강조사 자료를 SPSS에서 직접 입력하려면 다음과 같이 변수를 정의해야 한다.

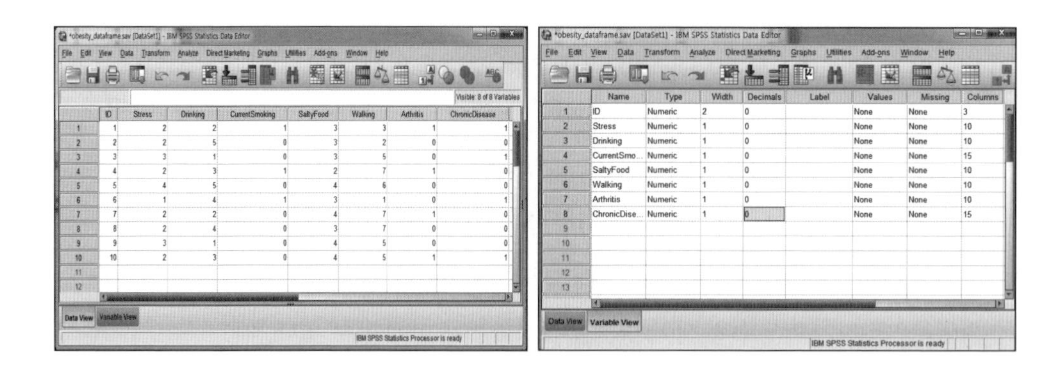

- 변수정의(define variable)는 창 하단의 변수보기(Variable View)를 선택하거나 데이터시트의

변수이름(Name)을 더블클릭한다.

- 변수이름을 지정하지 않으면 'VAR' + 5자리의 숫자가 초기 지정된다.
- SPSS의 예약어(reserved keyword)는 변수이름으로 사용할 수 없다.

예: ALL, NE, EQ, TO, LE, LT, BY, OR, AND, GT, WITH 등

(2) SPSS로 자료 불러오기

① 텍스트 자료 불러오기

[File] → [Read Text Data](파일: obesity_data_frame.txt) → [Text Import Wizard]를 차례로 실행한 후 [Finish]를 선택한다.

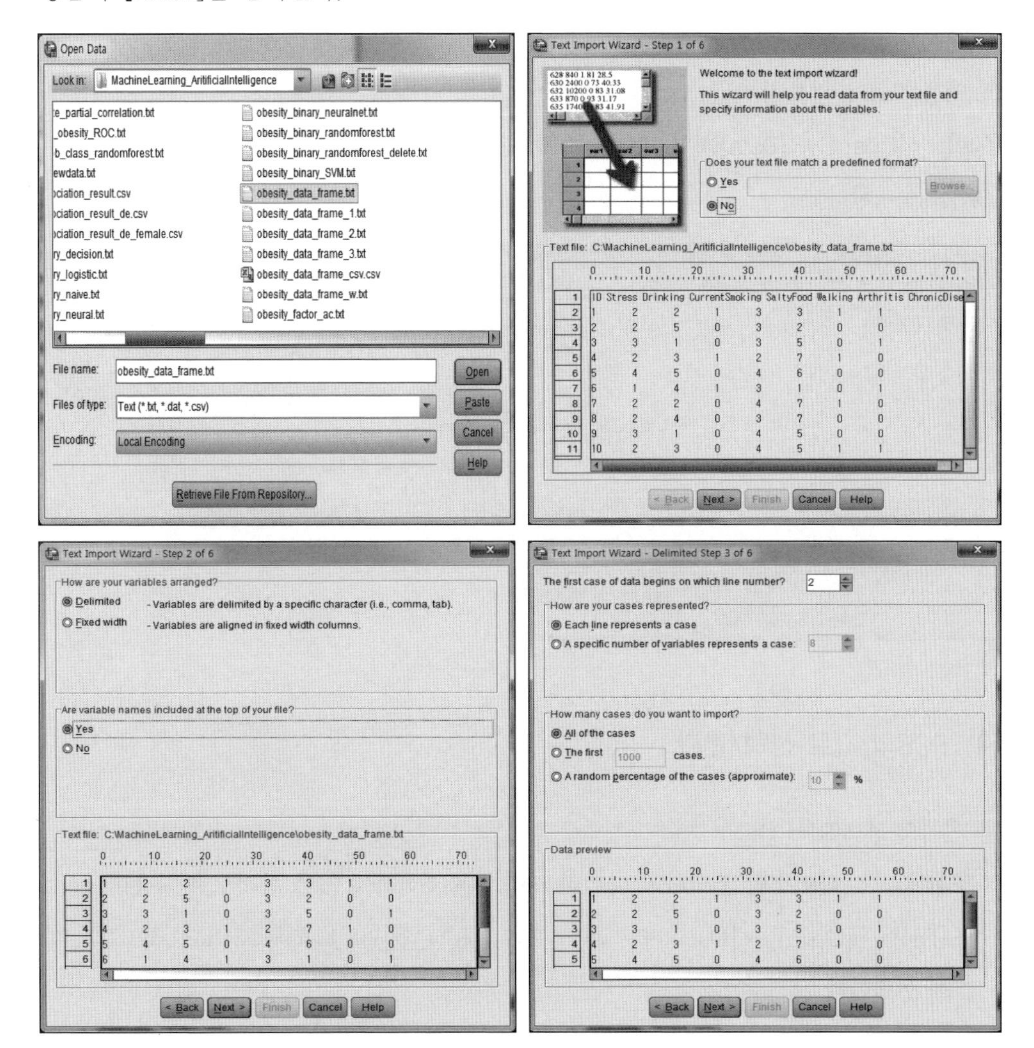

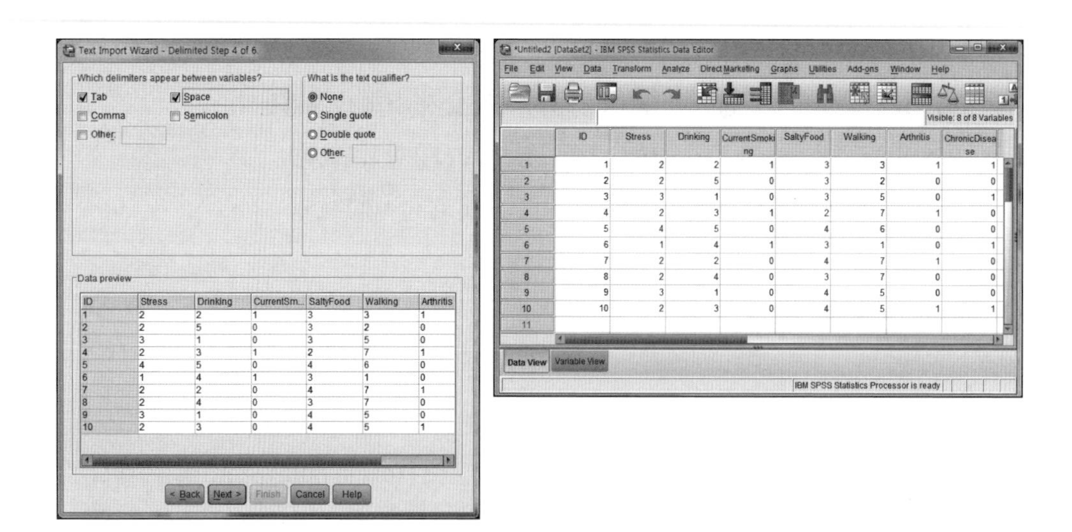

② 엑셀 자료 불러오기

[File] → [Open] → [Data](파일: obesity_data_frame.xls) → [Opening Excel Data Source] → [OK]를 선택한다.

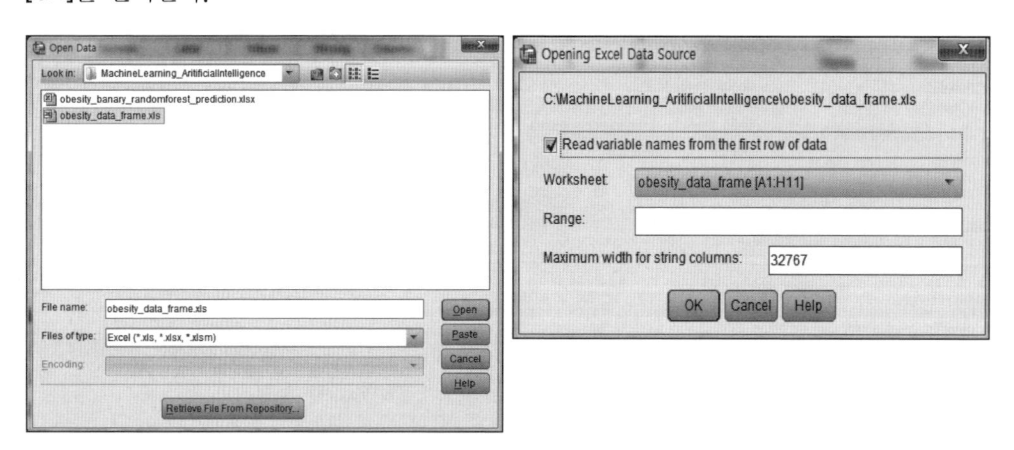

3) SPSS의 자료 선택/변환

① 케이스 선택(Select Cases)

조건에 맞는 케이스만 분석하고 나머지 케이스는 분석하지 않을 목적으로 사용한다.

- [File] → [Open] → [Data](파일: 2013_2017_2region_english_learningdata_total.sav)를 선택한다.

- [Data]-[Select Cases] → [If condition is satisfied]를 선택한다.
- [Filter out unselected cases]: 선택하지 않은 케이스 번호에 대각선이 표시된다.
- [Delete unselected cases]: 파일에서 완전 삭제한다.

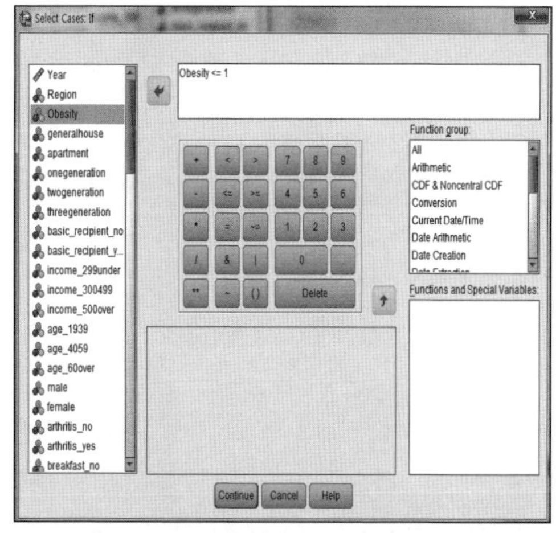

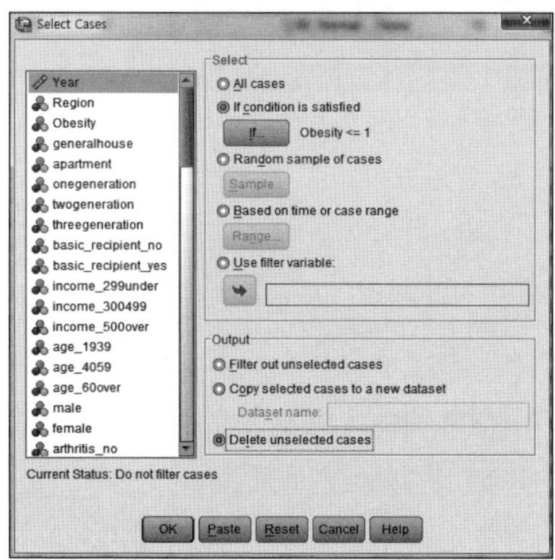

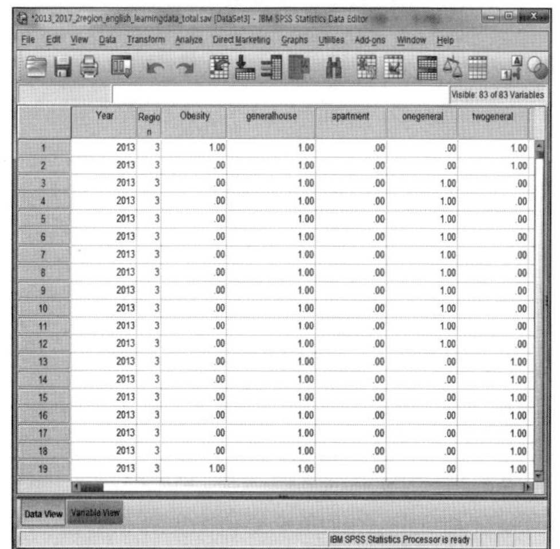

② 빈도변수의 생성(Count)

하나의 레코드에서 발생할 수 있는 변수 리스트에서 특정한 값 또는 특정한 범위의 값을 갖는 변수의 빈도 수를 변수값으로 하는, 새로운 변수를 만들 목적으로 사용한다.

- [File] → [Open] → [Data](파일: 2013_2017_2region_english_learningdata_total.sav)를 선택한다.
- [Transform] → [Count Occurrences of Values within Cases]를 선택한다.
- [Count Values within Cases – Value(1)] → [Add] → [Continue]를 선택한다.

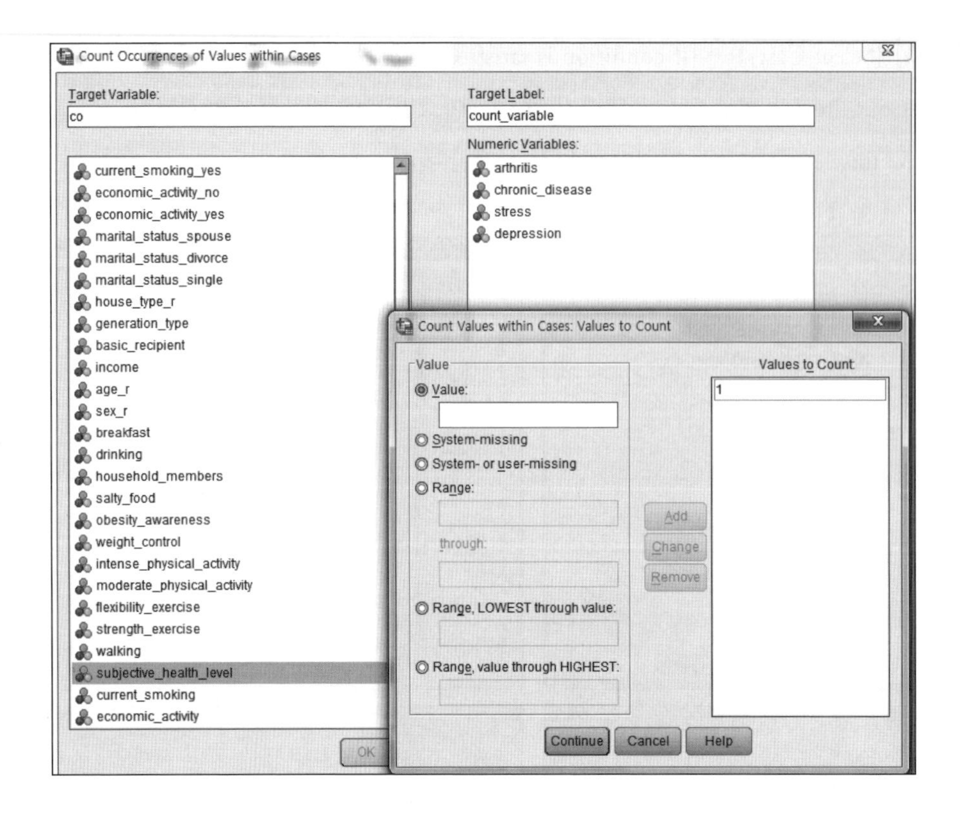

4) SPSS의 명령문 활용

SPSS 실행 방법으로 GUI(Graphic User Interface) 방식과 명령문(Syntax) 방식이 있다. GUI는 Pull-Down 메뉴와 대화형 상자를 이용하여 데이터를 처리하고 통계분석을 제공하는 방법이며, 명령문 방식은 프로그램을 작성하여 데이터 입출력 및 분석 등의 모든 절차를 수행하는 방법을 말한다. 본 연구의 변수변환은 SPSS 명령문을 사용하였다.

본 연구의 종속변수인 비만여부(Obesity_binary)를 산출하기 위해서는 체질량지수(Body Mass Index, BMI)를 산출[체중(Kg)/키(m^2)]하여, BMI<25이면 정상(normal), BMI≥25이면 비만(obesity)으로 변수변환을 실시하였다. 종속변수(비만여부)의 변수 산출 절차는 다음과 같다.

1단계: 최초 머신러닝 학습데이터(2013_2017_지역사회건강조사_서울시2개구자료.sav)를 불러온다.

2단계: [File] → [New] → [Syntax] 명령문 화면이 나오면 다음과 같은 프로그램을 입력한다.

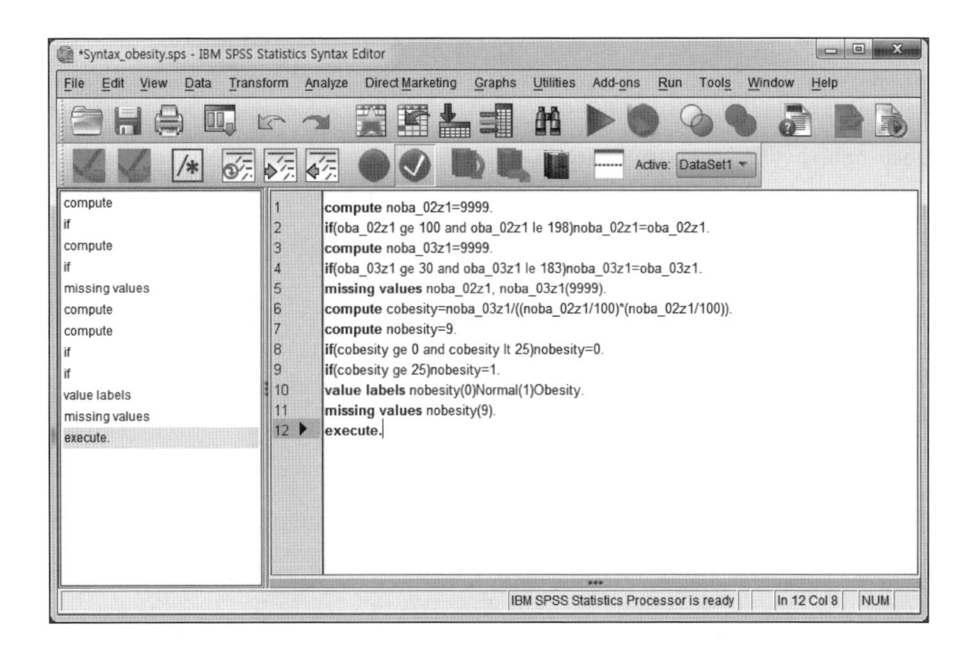

상기의 SPSS 명령문의 설명은 다음과 같다.

- compute noba_02z1=9999.
  - noba_02z1(키) 변수에 9999를 할당한다.
- if(oba_02z1 ge 100 and oba_02z1 le 198)noba_02z1=oba_02z1.
  - 키(oba_02z1)가 100~198이면 oba_02z1 값을 noba_02z1 변수에 할당한다.
- compute noba_03z1=9999.
  - noba_03z1(체중) 변수에 9999를 할당한다.
- if(oba_03z1 ge 30 and oba_03z1 le 183)noba_03z1=oba_03z1.
  - 체중(oba_03z1)이 30~183이면 oba_03z1 값을 noba_03z1 변수에 할당한다.
- missing values noba_02z1, noba_03z1(9999).
  - noba_02z1와 noba_03z1의 결측치로 9999를 지정한다.
- compute cobesity=noba_03z1/((noba_02z1/100)*(noba_02z1/100)).
  - BMI를 산출하여 cobesity 변수에 할당한다.
- compute nobesity=9.
  - nobesity 변수에 9를 할당한다.
- if(cobesity ge 0 and cobesity lt 25)nobesity=0.
  - BMI(cobesity)가 0~24이면 0을 nobesity 변수에 할당한다.

- if(cobesity ge 25)nobesity=1.
  - BMI(cobesity)가 25 이상이면 1을 nobesity 변수에 할당한다.
- value labels nobesity(0)Normal(1)Obesity.
  변수값의 이름을 지정한다.
- missing values nobesity(9).
  - nobesity의 결측치로 9를 지정한다.
- execute.
  - 명령문을 실행한다.

3단계: 다음과 같이 선택 실행(Run Selection) 메뉴바(▶)를 이용하여 명령문을 단계적으로 실행할 수 있다.

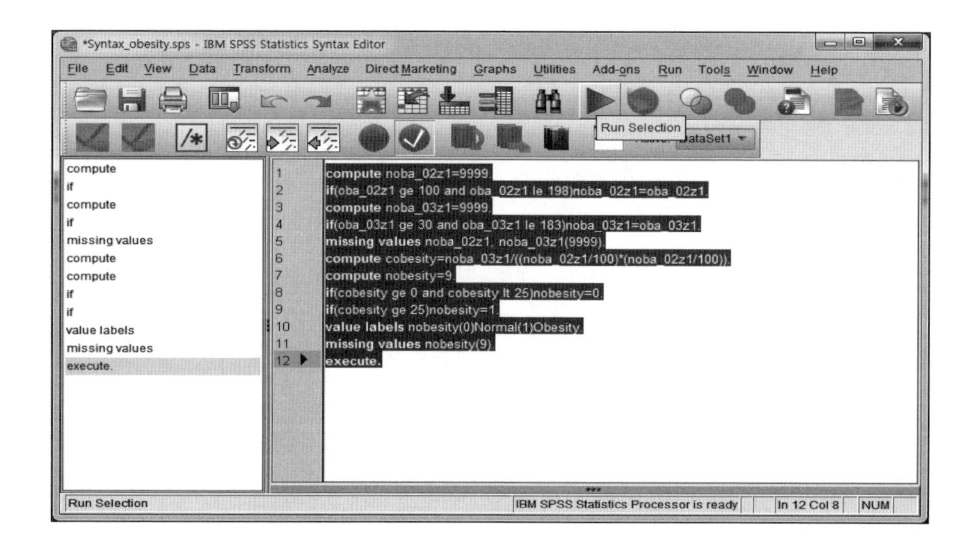

4단계: 실행 결과를 확인한다.

*2013_2017_지역사회건강조사_서울시2개구자료.sav [DataSet1] - IBM SPSS Statistics Data Editor

File Edit View Data Transform Analyze Direct Marketing Graphs Utilities Add-ons Window Help

	Name	Type	Width	Decimals	Label	Values	Missing	Columns	Align	Meas
4	fma_03z1	Numeric	2	0		None	None	2	Right	Scale
5	fma_04z1	Numeric	1	0		None	None	1	Right	Scale
6	fma_24z1	Numeric	1	0		None	None	1	Right	Scale
7	oba_02z1	Numeric	5	0		None	None	5	Right	Scale
8	oba_03z1	Numeric	5	0		None	None	5	Right	Scale
9	age	Numeric	2	0		None	None	2	Right	Scale
10	sex	Numeric	1	0		None	None	1	Right	Scale
11	ara_20z1	Numeric	1	0		None	None	1	Right	Scale
12	nua_01z1	Numeric	1	0		None	None	1	Right	Scale
13	dia_04z1	Numeric	1	0		None	None	1	Right	Scale
14	dla_01z1	Numeric	1	0		None	None	1	Right	Scale
15	hya_04z1	Numeric	1	0		None	None	1	Right	Scale
16	drb_01z2	Numeric	1	0		None	None	1	Right	Scale
17	gaguwcnt	Numeric	1	0		None	None	1	Right	Scale
18	mta_01z1	Numeric	1	0		None	None	1	Right	Scale
19	mtb_01z1	Numeric	1	0		None	None	1	Right	Scale
20	mtd_01z1	Numeric	1	0		None	None	1	Right	Scale
21	nub_01z1	Numeric	1	0		None	None	1	Right	Scale
22	oba_01z1	Numeric	1	0		None	None	1	Right	Scale
23	obb_01z1	Numeric	1	0		None	None	1	Right	Scale
24	pha_04z1	Numeric	5	0		None	None	5	Right	Scale
25	pha_07z1	Numeric	5	0		None	None	5	Right	Scale
26	pha_10z1	Numeric	1	0		None	None	1	Right	Scale
27	pha_11z1	Numeric	1	0		None	None	1	Right	Scale
28	phb_01z1	Numeric	5	0		None	None	5	Right	Scale
29	qoa_01z1	Numeric	1	0		None	None	1	Right	Scale
30	sma_03z2	Numeric	1	0		None	None	1	Right	Scale
31	soa_01z1	Numeric	1	0		None	None	1	Right	Scale
32	sod_01z1	Numeric	1	0		None	None	1	Right	Scale
33	noba_02z1	Numeric	6	2		None	9999.00	11	Right	Scale
34	noba_03z1	Numeric	6	2		None	9999.00	11	Right	Scale
35	cobesity	Numeric	6	2		None	None	10	Right	Scale
36	nobesity	Numeric	6	2		{.00, Normal...	9.00	10	Right	Nomin
37										

Data View Variable View

IBM SPSS Statistics Processor is ready

빅데이터를 활용한 통계분석

01 과학적 연구설계[1]

과학(science)은 사물의 구조 · 성질 · 법칙 등을 관찰 · 탐구하는 인간의 인식활동 및 그것의 산물로서의 체계적 · 이론적 지식을 말한다. 자연과학은 인간에 의해 나타나지 않은 모든 자연현상을 다룬다. 사회과학은 인간의 행동과 그들이 이루는 사회를 과학적 방법으로 연구한다(위키백과, 2019. 1. 31).

과학적 지식을 습득하려면 현상에 대한 문제를 개념화하고 가설화하여 검정하는 단계를 거쳐야 한다. 즉 과학적 사고를 통하여 문제를 해결하기 위해서는 논리적인 설득력을 지니고 경험적 검정을 통하여 추론(inference)해야 한다. 과학적인 추론방법으로는 <표 1>과 같이 연역법(deductive inference)과 귀납법(inductive inference)이 있다.

과학적 연구설계를 하기 위해서는 사회현상에 대해 문제를 제기하고, 연구목적과 연구주제를 설정한 후, 문헌고찰을 통해 연구모형과 가설을 도출해야 한다. 그리고 조사설계 단계를 통해 측정도구를 개발하여 표본을 추출한 후, 자료 수집 및 분석 과정을 거쳐 결론에 도달해야 한다.

1 본 장의 일부 내용은 '송주영 · 송태민(2018). 빅데이터를 활용한 범죄예측. pp82-90'에서 발췌한 내용임을 밝힌다.

〈표 1〉 연역법과 귀납법

과학적 추론방법	정의 및 특징
연역법 (deductive inference)	– 일반적인 사실이나 기존 이론에 근거하여 특수한 사실을 추론하는 방법이다. – '이론(theory) → 가설(hypothesis) → 사실(facts)'의 과정을 거친다. – 이론적 결과를 추론하는 확인적 요인분석의 개념이다. – 예: '모든 사람은 죽는다 → 소크라테스는 사람이다 → 그러므로 소크라테스는 죽는다'
귀납법 (inductive inference)	– 연구자가 관찰한 사실이나 특수한 경우를 통해 일반적인 사실을 추론하는 방법이다. – '사실 → 탐색(exploration) → 이론'의 과정을 거친다. – 잠재요인에 대한 기존의 가설이나 이론이 없는 경우 연구의 방향을 파악하기 위한 탐색적 요인분석의 개념이다. 머신러닝은 데이터를 학습하여 특정한 모델로 추상화하는 과정을 거쳐 일반화하는 귀납적인 추론방법이다. – 예: '소크라테스도 죽고 공자도 죽고 ○○○ 등도 죽었다 → 이들은 모두 사람이다 → 그러므로 사람은 죽는다'

1.1 연구의 개념

개념은 어떤 현상을 나타내는 추상적 생각으로, 과학적 연구모형의 구성개념(construct)으로 사용되며 <표 2>와 같이 연구방법론 상의 개념적 정의와 조작적 정의로 파악될 수 있다.

〈표 2〉 연구의 개념

구분	정의 및 특징
개념적 정의 (conceptual definition)	• 연구하고자 하는 개념에 대한 추상적인 언어적 표현으로 사전에 동의된 개념이다. • 예: 자아존중감(Self Esteem)
조작적 정의 (operational definition)	• 개념적 정의를 실제 관찰(측정) 가능한 현상과 연결시켜 구체화 시킨 진술이다. • 예[자아존중감: 로젠버그의 자아존중감 척도(Rosenberg Self Esteem Scales)] – I feel that I am a person of worth, at least on an equal plane with others. – I feel that I have a number of good qualities. – All in all, I am inclined to feel that I am a failure. – I am able to do things as well as most other people. – I feel I do not have much to be proud of. – I take a positive attitude toward myself. – On the whole, I am satisfied with myself. – I wish I could have more respect for myself. – I certainly feel useless at times. – At times I think I am no good at all.

1.2 변수 측정

과학적 연구를 위해서는 적절한 자료를 수집하고 그 자료가 통계분석에 적합한지를 파악해야 한다. 측정(measurement)은 경험적으로 관찰한 사물과 현상의 특성에 대해 규칙에 따라 기술적으로 수치를 부여하는 것을 말한다. 측정규칙, 즉 척도(scale)는 어떤 대상을 측정하기 위한 수치화로 된 방법이다. 변수(variable)는 측정한 사물이나 현상에 대한 속성 또는 특성으로서, 경험적 개념을 조작적으로 정의하는 데 사용할 수 있는 하위 개념을 말한다.

1) 척도

척도(scale)는 변수의 속성을 구체화하기 위한 측정단위로, <표 3>과 같이 측정의 정밀성에 따라 크게 명목척도, 서열척도, 등간척도, 비율(비)척도로 분류한다. 또한 속성에 따라 [그림 1]과 같이 정성적(qualitative) 데이터와 정량적(quantitative) 데이터로 구분하기도 한다.

〈표 3〉 측정의 정밀성에 따른 척도 분류

구분	정의 및 특징
명목척도 (nominal scale)	– 변수를 범주로 구분하거나 이름을 부여하는 것으로 변수의 속성을 양이 아니라 종류나 질에 따라 나눈다. – 예: 주거지역, 혼인상태, 종교, 질환 등
서열척도 (ordinal scale)	– 변수의 등위를 나타내기 위해 사용되는 척도로 변수가 지닌 속성에 따라 순위가 결정된다. – 예: 학력, 사회적 지위, 공부 등수, 서비스 선호 순서 등
등간척도 (interval scale)	– 변수가 가지는 특성의 양에 따라 순위를 매길 수 있다. – 동일 간격에 대한 동일 단위를 부여함으로써 등간성이 있고 절대영점이 없는 척도로 수치의 비율관계가 성립되지 않는다. 즉, 덧셈법칙만 가능하다. – 예: 온도, IQ점수, 주가지수 등
비율(비)척도 (ratio scale)	– 등간척도의 특수성에 비율개념이 포함된 것으로 절대영점과 임의의 단위를 지니고 있으며 덧셈법칙과 곱셈법칙 모두 가능하다. – 예: 몸무게, 키, 나이, 소득, 매출액 등

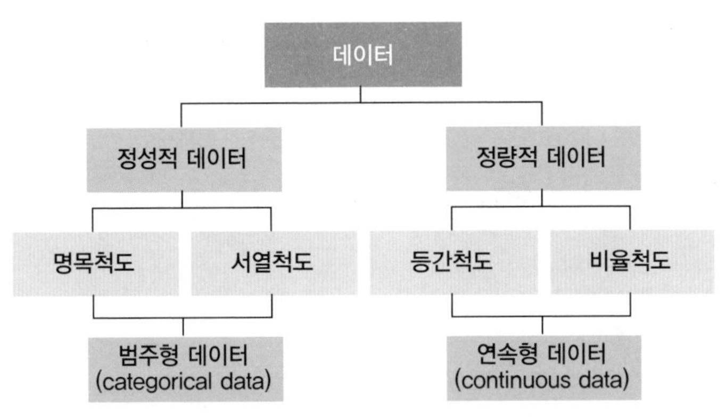

[그림 1] 척도의 속성에 따른 데이터 분류

사회과학에서는 다양한 변수들이 여러 차원으로 구성되기 때문에 측정을 위한 도구인 척도를 단일 문항으로 측정하기 어렵다. 사회과학분야에서 많이 사용되는 측정방법으로는 리커트 척도(Likert scale), 보가더스의 사회적 거리 척도(Bogardus social distance scale), 어의차이척도(semantic differential scale), 서스톤 척도(Thurstone scale), 거트만 척도(Guttman scale) 등이 있다.

〈표 4〉 척도의 구성 유형

<table>
<tr><th>구분</th><th colspan="8">정의 및 특징</th></tr>
<tr><td rowspan="6">리커트 척도</td><td colspan="8">• 문항끼리의 내적 일관성을 파악하기 위한 척도로, 찬성이나 반대의 상대적인 강도를 판단할 수 있다.
• 유헬스 기기의 서비스 질 평가를 위한 측정사례</td></tr>
<tr><td rowspan="2">유헬스를 이용한 건강관리서비스를 통해 느낀 서비스의 질에 관한 질문이다.</td><td colspan="7">전혀 그렇지 않음 ... ... 매우 그러함</td></tr>
<tr><td>①</td><td>②</td><td>③</td><td>④</td><td>⑤</td><td>⑥</td><td>⑦</td></tr>
<tr><td>1. 유헬스는 적당한 건강관리서비스를 해준다.</td><td></td><td></td><td></td><td></td><td></td><td></td><td></td></tr>
<tr><td>2. 유헬스는 건강관리에 많은 콘텐츠를 제공한다.</td><td></td><td></td><td></td><td></td><td></td><td></td><td></td></tr>
<tr><td>3. 유헬스 기기의 측정값은 신뢰할 수 있다.</td><td></td><td></td><td></td><td></td><td></td><td></td><td></td></tr>
<tr><td rowspan="2">보가더스
사회적 거리 척도</td><td colspan="8">• 사회관계에서 다른 유형의 사람들과 친밀한 사회적 관계를 측정하는 척도이다.
• 에볼라 바이러스 감염 나라에 대한 보가더스 사회적 거리 측정사례</td></tr>
<tr><td colspan="8">1. 귀하는 귀하의 나라에 에볼라 바이러스 감염 나라의 사람이 방문하는 것을 허용하겠습니까?
2. 귀하는 귀하의 나라에 에볼라 바이러스 감염 나라의 사람이 사는 것을 허용하겠습니까?
3. 귀하는 같은 직장에 에볼라 바이러스 감염 나라의 사람이 일하는 것을 허용하겠습니까?
4. 귀하는 이웃에 에볼라 바이러스 감염 나라의 사람이 사는 것을 허용하겠습니까?</td></tr>
</table>

구분	정의 및 특징
어의차이척도	• 척도의 양극점에 서로 상반되는 형용사나 표현을 제시하여 측정하는 방법이다. • 현재 사용하고 있는 유헬스 기기의 품질 평가를 위한 측정사례
	귀하가 이용 중인 유헬스 기기의 품질을 평가해주시기 바랍니다. +3 +2 +1 0 −1 −2 −3 ① 경제적이다. --- --- --- --- --- --- --- 경제적이지 않다. ② 믿을 만하다. --- --- --- --- --- --- --- 믿지 못한다. ③ 정확하다. --- --- --- --- --- --- --- 정확하지 않다. ④ 편리하다. --- --- --- --- --- --- --- 불편하다.
서스톤 척도	• 어떤 사실에 대해 양극단에 가장 우호적인 태도와 가장 비우호적인 태도를 등 간격으로 구분하여 척도치를 부여하여 측정하는 방법이다. • 정(+)적(우호적)일수록 척도치는 크지고 부(−)적(비우호적)일수록 척도치는 작아진다. • 서스톤 척도의 측정값은 찬성하는 모든 문항에 대한 척도치를 합산하여 평균을 계산한다.
	귀하가 이용 중인 유헬스 기기의 품질을 평가해 주시기 바랍니다. 척도치 (0.0) 유헬스 기기의 측정치는 믿지 못한다. (1.5) 유헬스 기기의 사용은 편리하다. (2.6) 유헬스 기기는 건강관리서비스를 신속하게 받을 수 있게 한다. (4.7) 유헬스 기기의 측정치는 신뢰할 만하다. (6.8) 유헬스 기기의 측정치는 아주 정확하다.
거트만 척도	• 어떤 태도나 개념을 측정할 수 있는 질문들을, 질문의 강도에 따라 순서대로 나열할 수 있는 경우에 적용되며 누적척도법(cumulative scale)이라고 부른다. • 가장 강도가 강한 질문에 긍정적인 응답을 하였다면, 나머지 응답에도 긍정적인 대답을 하였다고 본다. • 거트만 척도는 해당 연구에 대한 경험적 관찰을 통하여 구성되며 척도구성의 정확도는 재생계수(coefficient of reproduction)로 산출한다.
	1. 당신은 담배를 피우십니까? 2. 당신은 하루에 담배를 반 갑 이상 피우십니까? 3. 당신은 하루에 담배를 한 갑 이상 피우십니까?

2) 변수

변수(variable)는 상이한 조건에 따라 변하는 모든 수를 말하며 최소한 두 개 이상의 값(value)을 가진다. 변수와 상반되는 개념인 상수(constant)는 변하지 않는 고정된 수를 말한다. 변수는 변수 간 인과관계에 따라 독립변수, 종속변수, 매개변수, 조절변수로 구분한다.

독립변수(independent variable)는 다른 변수에 영향을 주는 변수를 나타내며 예측변수(predictor variable), 설명변수(explanatory variable), 원인변수(cause variable), 공변량 변수(covariates variable)라고 부르기도 한다. 종속변수(dependent variable)는 독립변수에 의해 영향을 받는 변수로, 반응변수(response variable) 또는 결과변수(effect variable)를 말한다. 매개변수(mediator variable)는 독립변수와 종속변수 사이에서 독립변수의 결과인 동시에 종속변수의 원인이 되는 변수를 말하며, 연구에서 통제되어야 할 변수를 말한다. 따라서 매개효과는 독립변수와 종속변수 사이에 제3의 매개변수가 개입될 때 발생한다(Baron & Kenny, 1986).

조절변수(moderation variable)는 변수의 관계를 변화시키는 제3의 변수가 있는 경우로, 변수 간(예: 독립변수와 종속변수 간) 관계의 방향이나 강도에 영향을 줄 수 있는 변수를 말한다.

예를 들어 음주에서 비만으로 가는 경로에 우울이 영향을 미치고 있다면 독립변수는 음주, 종속변수는 비만, 매개변수는 우울이 된다. 음주에서 비만으로 가는 경로에서 남녀 집단 간 차이가 있다고 하면, 음주는 독립변수, 비만은 종속변수, 성별은 조절변수가 된다.

1.3 분석단위

분석단위는 표본의 크기를 결정하는 데 사용되는 기본단위로서 개인, 집단 혹은 특정 조직이 될 수 있다. 분석단위는 분석수준이라고 부르며 연구자가 분석을 위하여 직접적인 조사대상인 관찰단위를 더욱 세분화하여 하위단위로 나누거나 상위단위로 합산하여 실제 분석에 이용하는 단위로, 자료 분석의 기초단위가 된다(박정선, 2003: p. 286). 분석단위에 대한 잘못된 추론으로는 생태학적 오류(ecological fallacy), 개인주의적 오류(individualistic fallacy), 환원주의적 오류(reductionism fallacy) 등이 있다. 생태학적 오류는 집단 내 집단의 특성에 근거하여 그 집단에 속한 개인의 특성을 추정할 때 범할 수 있는 오류이다(예: 천주교 집단의 특성을 분석한 다음 그 결과를 토대로 천주교도 개개인의 특성을 해석할 경우). 개인주의적 오류는 생태학적 오류와 반대로 개인을 분석한 결과를 바탕으로 개인이 속한 집단의 특성을 추정할 때 범할 수 있는 오류이다(예: 어느 사회 개인들의 질서의식이 높은 것으로 나타났다고 해서 바로 그 사회가 질서 있는 사회라고 해석하는 경우). 환원주의적 오류는 개인주의적 오류가 포함된 개념으로, 광범위한 사회현상을 이해하기 위해 개념이나 변수들을 지나치게 한정하거나 환원하여 설명하는 경향을 말한다(예: 심리학자가 사회현상을 진단하는 경우 심리변수는 물론 경제변수나 정치변수 등을 다각적으로 분석해야 하는데 심리변수만으로 사회현상을 진단하는 경우). 즉, 개인주의적 오류는 분석단위의 오류이며 환원주의적 오류는 변수 선정의 오류이다.

1.4 표본추출과 가설검정

1) 조사설계

광범위한 대상 집단(모집단)에서 특정 정보를 과학적인 방법으로 알아내는 것이 통계조사다. 통계조사를 위해서는 조사목적, 조사대상, 조사방법, 조사일정, 조사예산 등을 사전에 계획해야 한다. 즉 조사계획서에는 조사의 필요성과 목적을 기술하고, 조사목적과 조사예산, 그리고 조사일정에 따라 모집단을 선정한 후 전수조사인가 표본조사인가를 결정해야 한다. 그리고 조사목적을 달성할 수 있는 조사방법(면접조사, 우편조사, 전화조사, 집단조사, 인터넷 조사 등)을 결정하고 상세한 조사일정과 조사에 필요한 소요예산을 기술해야 한다.

일반적인 통계조사는 '조사계획 → 설문지 개발 → 표본추출 → 사전조사 → 본 조사 → 자료입력 및 수정 → 통계분석 → 보고서 작성'의 과정을 거쳐야 한다. 사회과학 연구에서는 조사도구로 설문지(questionnaire)를 많이 사용한다. 설문지는 조사대상자로부터 필요한 정보를 얻기 위해 작성된 양식으로, 조사표 또는 질문지라고 한다. 설문지에는 조사배경, 본 조사항목, 응답자 인적사항 등이 포함되어야 한다. 조사배경에는 조사주관자의 신원과 조사가 통계적인 목적으로만 활용된다는 점을 명시하고, 개인정보 이용 시 개인정보 활용 동의에 대한 내용을 자세히 기술하여야 한다. 응답자의 인적사항은 인구통계학적 배경으로 성별, 나이, 주거지, 교육수준, 직업, 소득수준, 문화적 성향 등이 포함되어야 한다. 인구통계학적 변인에 따라 본 조사항목에 대한 반응을 분석할 수 있고, 조사한 표본이 모집단을 대표할 수 있는지 검토할 수 있다. 인구통계학적 배경의 조사항목은 되도록 조사의 마지막 부분에 위치하는 것이 좋다.

연구자는 윤리적 고려를 위하여 사전에 생명윤리위원회(IRB: Institutional Review Board)의 승인을 얻은 후 연구나 조사를 진행하여야 한다. 특히 연구대상자료가 소셜 빅데이터일 경우, 수집문서에서 개인정보를 인식할 수 없더라도 IRB의 승인을 받아서 연구를 수행해야 한다.[2]

2 소셜 빅데이터 기반 청소년 우울 위험 예측 연구의 IRB 승인에 대한 논문표기 예시: 연구에 대한 윤리적 고려를 위하여 한국보건사회연구원 생명윤리위원회(IRB)의 승인(No. 2014-23)을 얻은 후 연구를 진행하였다. 연구대상자료는 한국보건사회연구원과 SKT가 2014년 10월에 수집한 2차 자료를 활용하였으며, 수집된 소셜 빅데이터는 개인정보를 인식할 수 없는 데이터로 대상자의 익명성과 기밀성이 보장되도록 하였다.

설문지는 응답내용이 한정되어 응답자가 그중 하나를 선택하는 폐쇄형 설문과 응답자들이 질문에 대해 자유롭게 응답하도록 하는 개방형 설문이 있다. 설문지 개발 시에는 한쪽으로 편향되는 설문(예: 대다수의 일반 시민을 위하여 지하철 노조의 파업은 법적으로 금지되어야 한다고 생각하십니까?)과 쌍렬식 질문[이중질문(예: 스트레스에 음주나 흡연이 어느 정도 영향을 미친다고 생각하십니까?)]은 넣지 않도록 주의해야 한다.

설문지가 개발된 후에는 본 조사를 하기 전에 설문지 예비테스트와 조사원 훈련을 위해 시험조사(pilot survey)를 실시하여야 한다. 조사원 훈련은 연구책임자가 주관하여 조사의 목적, 표집 및 면접 방법, 코딩방법 등을 교육하고 면접자와 피면접자로서 조사원 간 역할학습(role paly)을 실시하며, 조사지도원의 경험담 교육 등이 이루어져야 한다. 특히 본 조사에서 첫인사는 매우 중요하기 때문에 소속과 신원, 조사명, 응답자 선정경위, 조사 소요시간, 응답에 대한 답례품 등을 상세히 설명해야 한다.

2) 표본추출

과학적 조사연구 과정에서 측정도구가 구성된 후 연구대상 전체를 대상(전수조사)으로 할 것인가, 일부만을 대상(표본조사)으로 할 것인가 자료수집의 범위가 결정되어야 한다.

모집단은 연구자의 연구대상이 되는 집단 전체를 의미하며 과학적 연구의 목적은 모집단의 특성을 기술하거나 추론하는 것이다. 모집단 전체를 조사하는 것은 비용 과다(경제성), 시간 부족(시간성)과 같은 문제점으로 수집이 불가능한 경우가 많기 때문에 모집단에 대한 지식이나 정보를 얻고자 할 때 모집단의 일부인 표본을 추출하여 모집단을 추론한다.

[그림 2]와 같이 모수(parameter)는 모집단(population)의 특성값을 나타내는 것으로 모평균(μ), 표준편차(σ), 상관계수(ρ) 등을 말한다. 통계량(statistics)은 표본(sample)의 특성값을 나타내는 것으로 표본의 평균($\bar{x}$), 표본의 표준편차(s), 표본의 상관계수(r) 등이 있다.

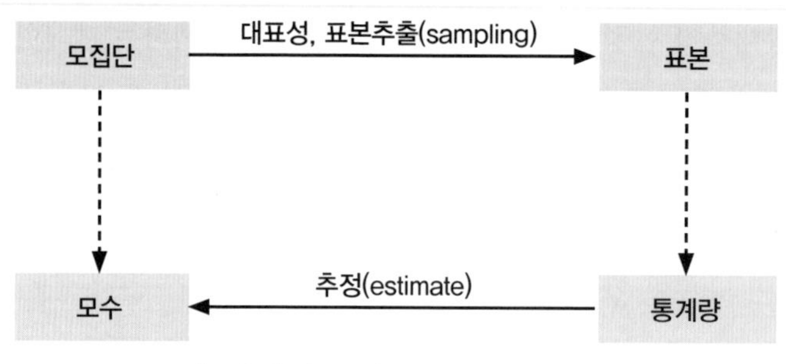

[그림 2] 전수조사와 표본조사의 관계

모집단에서 표본을 추출하기 위해서는 표본의 대표성을 유지하기 위하여 표본의 크기를 결정해야 한다. 표본의 크기는 모집단의 성격, 연구목적, 시간과 비용 등에 따라 결정하며, 일반적으로 여론조사에서는 신뢰수준과 표본오차(각 표본이 추출될 때 모집단의 차이로 기대되는 오차)로 표본의 크기를 구할 수 있다.

표본을 추출하는 방법은 크게 확률표본추출과 비확률표본추출 방법으로 나눌 수 있다. 확률표본추출(probability sampling)은 모집단의 모든 구성요소들이 표본으로 추출될 확률이 알려져 있는 조건하에서 표본을 추출하는 방법으로 단순무작위표본추출, 체계적표본추출, 층화표본추출, 집락표본추출 등이 있다.

단순무작위표본추출(simple random sampling)은 모집단의 모든 표본단위가 선택될 확률을 동일하게 부여하여 표본을 추출하는 방법이다. 체계적표본추출(systematic sampling)은 모집단의 구성요소에 일련번호를 부여한 후 매번 K번째 요소를 표본으로 선정하는 방법이다.

층화표본추출(stratified sampling)은 모집단을 일정한 기준에 따라 동질적인 몇 개의 계층으로 구분하여 각 계층별로 단순무작위로 표본을 추출하는 방법이다. 집락표본추출(cluster sampling)은 모집단을 일정 기준에 따라 여러 개의 집락으로 구분하고 구분된 집락에서 무작위로 집락을 추출하여 추출된 집락 안에서 표본을 추출하는 방법이다. 층화집락무작위표본추출은 층화표본추출, 집락표본추출, 단순무작위표본추출을 모두 사용하여 표본을 추출하는 방법이다[예: 서울시민 의식 실태조사 시 서울시를 25개 구(층)로 나누고, 구에서 일부 동을 추출(집락: 1차 추출단위)하고, 동에서 일부 통을 추출(집락: 2차 추출단위)하고, 통 내 가구대장에서 가구를 무작위로 추출한다].

비확률표본추출(nonprobability sampling)은 모집단의 모든 구성요소들이 표본으로 추출될 확률이 알려져 있지 않은 상태에서 표본을 추출하는 방법으로 편의표본추출, 판단표본추출, 눈덩이표본추출, 할당표본추출 등이 있다. 편의표본추출(convenience sampling)은 연구자의 편의에 따라 표본을 추출하는 방법으로, 임의표본추출(accidental sampling)이라고도 한다. 판단표본추출은 모집단의 의견이 반영될 수 있는 것으로 판단되는 특정 집단을 표본으로 선정하는 방법으로, 목적표본추출(purposive sampling)이라고도 한다. 할당표본추출(quota sampling)은 미리 정해진 기준에 따라 전체 표본으로 나눈 다음, 각 집단별로 모집단이 차지하는 구성비에 맞추어 표본을 추출하는 방법이다. 눈덩이표본추출(snowball sampling)은 처음에는 모집단의 일부 구성원을 표본으로 추출하여 조사한 다음, 그 구성원의 추천을 받아 다른 표본을 선정하여 조사과정을 반복하는 방법이다.

표본추출 후 자료수집의 타당도를 확보하기 위해서는 인터뷰 시 나타날 수 있는 효과를 최소화하기 위해 노력해야 한다. 인터뷰 시 나타날 수 있는 대표적인 효과로는 동조효과, 후광효과, 겸양효과, 호손효과, 무관심효과 등이 있다. 동조효과(conformity effect)는 다수의 생각에 동조하여 응답하는 것이다. 후광효과(halo effect)는 평소 생각해본 적이 없는 내용인데 면접자의 질문을 받고서 없던 생각을 새로이 만들어서 응답하는 것이다. 겸양효과(Si, senor effect)는 면접자의 비위를 맞추려고 응답하는 것이다. 호손효과(hawthorne effect)는 연구대상자들이 실험에서 사용되는 변수나 처치보다는 실험하고 있다는 상황 자체에 영향을 받는 경우이다. 무관심효과(bystander effect)는 면접을 빨리 끝내려고 내용을 보지 않고 응답하는 경우이다.

(1) 무작위추출방법(random sampling)

2,000명의 조사응답자 중 30명을 무작위 추첨하여 답례품을 증정할 경우 2,000명 중 30명을 무작위로 추출해야 한다.

㉮ R 프로그램 활용

R에서 sample() 함수를 사용한다. 즉 길이가 n인 주어진 벡터의 요소로부터 길이가 seq인 부분 벡터를 랜덤하게 추출하는 것이다.

> n=2000 ; seq=30: n에 2000, seq에 30을 할당한다.

> id=1:n: 1에서 2000의 수를 벡터 id에 할당한다.

> id1=sample(id, seq, replace=F)

- 벡터 id에서 30명을 랜덤 추출하여 벡터 id1에 할당한다.
- replace=F(비복원 추출), replace=T(복원추출: 같은 요소도 반복 추출)

> sort(id1): 랜덤 추출된 벡터 id1을 오름차순으로 정렬한다.

> sort(id1, decreasing = T): 랜덤 추출된 벡터 id1을 내림차순으로 정렬한다.

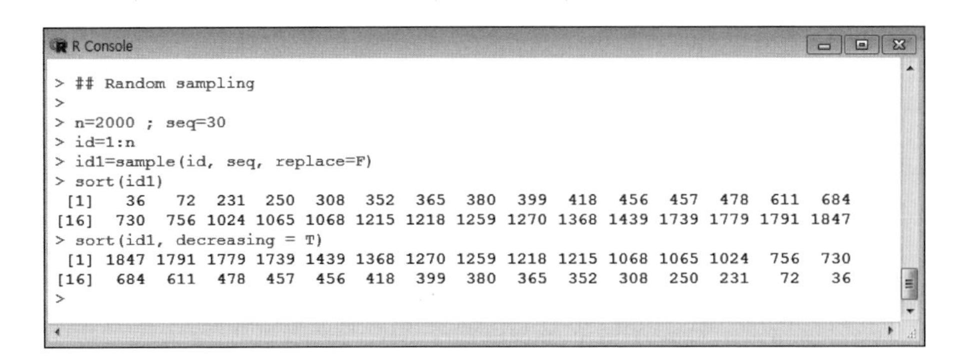

나 SPSS 프로그램 활용

1단계: 변수 2개(seq, id)를 만든다(파일명: random_sample.sav).

2단계: 변수 seq에 1~30의 일련번호를 입력한다.

3단계: SPSS 실행 후 [Transform] → [Compute Variable] → [Target Variable(id)]를 지정한다.

- Numeric Expression[RND(RV.UNIFORM(1,2000))]: 1~2000을 사용하여 균일분포 확률값을 산출하여 반올림한 값을 반환한다.

4단계: [Data] → [Sort Cases] → [Sort by: id(A), Sort Order: Ascending)]을 선택한다.

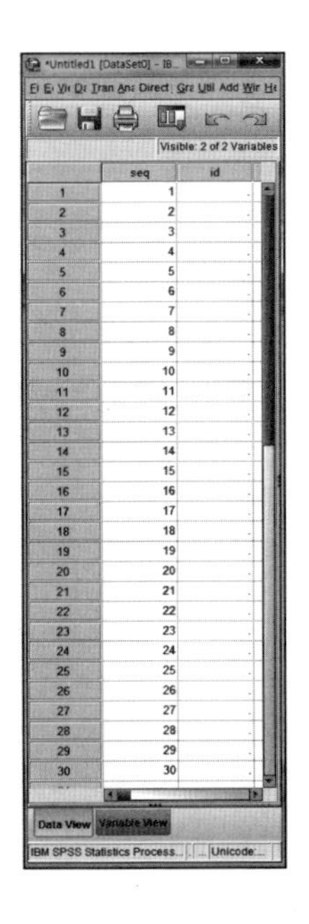
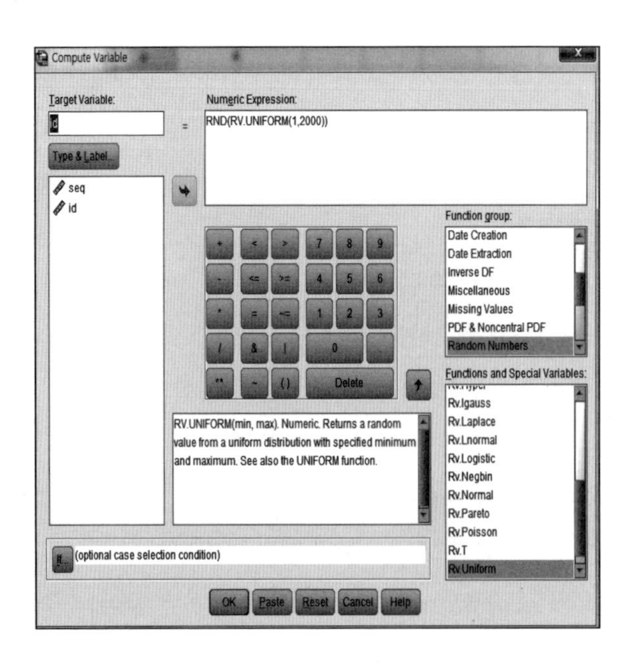

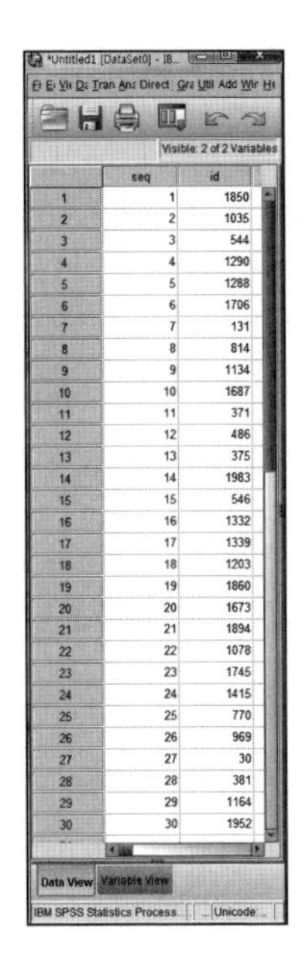

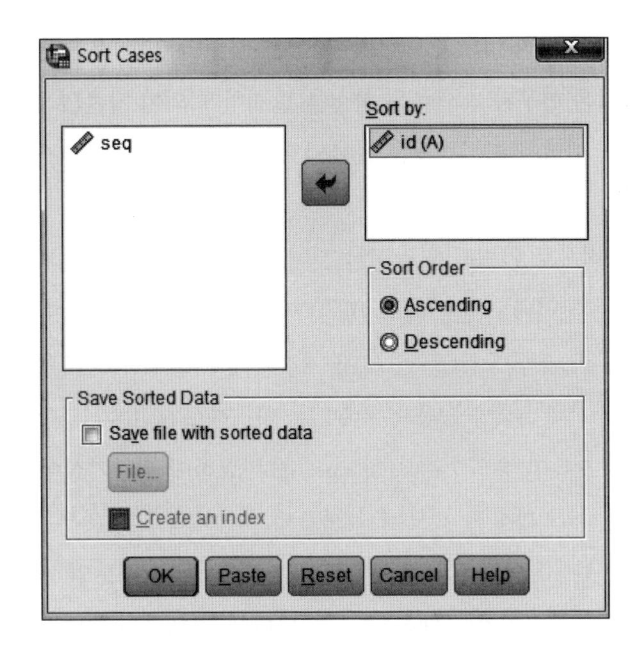

3) 가설검정

연구자는 과학적 연구를 하기 위해서 연구대상에 대해 문제의식을 가지고 많은 논문과 보고서를 통해 개념 간에 인과적인 개연성을 확보해야 한다. 그리고 기존의 이론과 연구자의 경험을 바탕으로 연구모형을 구축하고, 그 모형에 기초하여 가설을 설정하고 검정하여야 한다.

가설(hypothesis)은 연구와 관련한 잠정적인 진술이다. 표본(sample)에서 얻은 통계량(statistics)을 근거로 모집단(population)의 모수(parameter)를 추정하기 위해서는 가설검정을 실시한다. 가설검정은 연구자가 통계량과 모수 사이에서 발생하는 표본오차(sampling error)의 기각정도(rejection region)를 결정하여 추론할 수 있다. 따라서 모수의 추정값은 일치하지 않기 때문에 신뢰구간(Confidence Interval, CI)을 설정하여 가설의 채택 여부를 결정한다. 신뢰구간은 표본에서 얻은 통계량을 가지고 모집단의 모수를 추정하기 위하여 모수가 놓여 있으리라고 예상하는 값의 구간을 의미한다.

가설은 크게 귀무가설[또는 영가설, (H_0)]과 대립가설[또는 연구가설, (H_1)]로 나뉜다. 귀무가설은 '모수가 특정한 값이다' 또는 '두 모수의 값은 동일하다(차이가 없다)'로 선택하며, 대립가설은 '모수가 특정한 값이 아니다' 또는 '한 모수의 값은 다른 모수의 값과 다르다(크거나 작다)'로 선택하는 가설이다. 즉 귀무가설은 기존의 일반적인 사실과 차이가 없다는 것이며, 대립가설은 연구자가 새로운 사실을 발견하게 되어 기존의 일반적인 사실과 차이가 있다는 것이다. 따라서 가설검정은 표본의 추정값에 유의한 차이가 있다는 점을 검정하는 것이다.

가설은 이론적으로 완벽하게 검정된 것이 아니기 때문에 두 가지 오류가 발생한다. 1종 오류(α)는 H_0가 참인데도 불구하고 H_0를 기각하는 오류이고(즉 실제로 효과가 없는데 효과가 있다고 나타내는 것), 2종 오류(β)는 H_0가 거짓인데도 불구하고 H_0를 채택하는 경우이다(즉 실제로 효과가 있는데 효과가 없다고 나타내는 것). 가설검정은 표본의 통계량인 유의확률(p-value)과 1종 오류인 유의수준(significance)을 비교하여 귀무가설이나 대립가설의 기각 여부를 결정한다. 유의확률은 표본에서 산출되는 통계량으로 귀무가설이 틀렸다고 기각하는 확률을 말한다. 유의수준은 유의확률인 p-값이 어느 정도일 때 귀무가설을 기각하고 대립가설을 채택할 것인가에 대한 수준을 나타낸 것으로 'α'로 표시한다. 유의수준은 연구자가 결정하는 것으로 일반적으로 '.001, .01, .05, .1'로 결정한다.

가설검정에서 '$p<\alpha$'이면 귀무가설을 기각하게 된다. 즉 가설검정이 '$p<.05$'이면 1종 오류가 발생할 확률을 5% 미만으로 허용한다는 의미이며, 가설이 맞을 확률이 95% 이상으로 매우 신뢰할 만하다고 간주하는 것이다. 따라서 통계적 추정은 표본의 특성을 분석하여 모집단의 특성을 추정하는 것으로, 가설검정을 통하여 판단할 수 있다(그림 3).

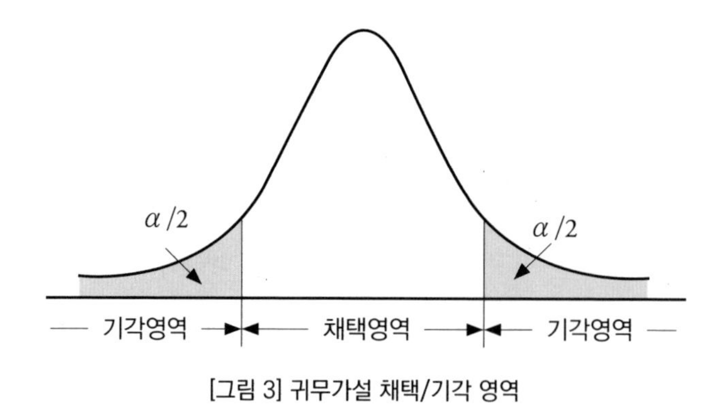

[그림 3] 귀무가설 채택/기각 영역

통계분석은 수집된 자료를 이해하기 쉬운 수치로 요약하는 기술통계(descriptive statistics)와 모집단을 대표하는 표본을 추출하여 표본의 특성값으로 모집단의 모수를 추정하는 추리통계(stochastic statistics)가 있다.

본 연구의 기술통계, 추리통계 분석 등에는 서울시 2개구의 5년간(2013~2017년) 지역사회 건강조사 자료[3] 9,118건을 연구데이터로 사용하였다. 본 연구데이터에 사용된 주요 항목은 <표 5>와 같다. 연구데이터의 연속형 척도의 종속변수로는 BMI(Obesity)를 사용하였고, 범주형 척도의 종속변수로는 이분형_비만(Obesity_binary)과 다항_비만(Obesity_multinomial)을 사용하였다. 독립변수로는 인구학적 특성 변수와 건강상태 변수를 사용하였다. 인구학적 특성 변수로는 성별(Sex)와 연령(Age_r), 연령그룹(Age), 결혼상태(MaritalStatus)를 사용하였고, 건강상태 변수로는 주관적건강수준(SubjectiveHealthLevel) ~ 만성질환진단여부(ChronicDisease)의 11개 변수를 사용하였다. 기초통계분석에 사용된 파일은 다음과 같다.

- regression_anova_20190111.sav, obesity_factor_analysis_data.sav

3 본 연구에서 사용된 지역사회 건강조사 데이터는 5년간의 데이터를 병합한 것으로 데이터량이 적음에도 불구하고 정형 빅데이터 분석 대상으로 하였다.

〈표 5〉 연구데이터 파일의 주요 항목

항목		변수명	내용
종속변수	BMI	Obesity	실수(평균: 23.2)
	비만 이분형	Obesity_binary	0: Normal, 1: Obesity
	비만 다항	Obesity_multinomial	1: Underweight, 2: Normal, 3: Obesity
독립변수	인구학적특성	지역(Region)	3: AAA_GU, 22: BBB_GU
		성별(Sex)	0: male, 1: female
		연령그룹(Age)	1: 19-39, 2: 40-59, 3: 60over
		연령(Age_r)	실수(19-95세)
		결혼상태(MaritalStatus)	1: Spouse, 2: Divorce, 3: Single
	건강상태	주관적건강수준 (SubjectiveHealthLevel)	0(나쁨), 1(좋음),9: missing
		스트레스여부(Stress)	0(없음), 1(있음), 9: missing
		음주여부(Drinking)	0(월2회미만), 1(월2회이상), 9: missing
		흡연여부(CurrentSmoking)	0(비흡연), 1(흡연), 9: missing
		짜음식섭취(SaltyFood)	0(무섭취), 1(섭취)
		증등도신체활동 (ModeratePhysicalActivity)	0(주3일미만), 1(주3일이상)
		근력운동(StrengthExercise)	0(주3일미만), 1(주3일이상), 9: missing
		유연성운동(FlexibilityExercise)	0(주3일미만), 1(주3일이상), 9: missing
		걷기(Walking)	0(주3일미만), 1(주3일이상), 9: missing
		관절염진단여부(Arthritis)	0(아니오), 1(예)
		만성질환진단여부(ChronicDisease)	0(아니오), 1(예)

2.1 기술통계분석

각종 통계분석에 앞서 측정된 변수들이 지닌 분포의 특성을 파악해야 한다. 기술통계는 수집된 자료를 요약 · 정리하여 자료의 특성을 파악하기 위한 것으로, 이를 통해 자료의 중심위치(대푯값), 산포도, 왜도, 첨도 등 분포의 특징을 파악할 수 있다.

1) 중심위치(central tendency)

중심위치란 자료가 어떤 위치에 집중되어 있는가를 나타내며 한 집단의 분포를 기술하는 대표적인 수치라는 의미로 대푯값(representative value)이라고도 한다.

중심위치	설명
산술평균(mean)	평균(average, mean)이라 하며, 중심위치 측도 중 가장 많이 사용되는 방법이다. • 모집단의 평균$(\mu) = \frac{1}{N}(X_1 + X_2 + \cdots X_n) = \frac{1}{N}\sum X_i$ • 표본의 평균$(\bar{x}) = \frac{1}{n}(X_1 + X_2 + \cdots X_n) = \frac{1}{n}\sum X_i$
중앙값(median)	측정값들을 크기순으로 배열하였을 경우, 중앙에 위치한 측정값이다. • n이 홀수 개이면 $\frac{n+1}{2}$번째 • n이 짝수 개이면 $\frac{n}{2}$번째와 $\frac{n+1}{2}$번째 측정값의 산술평균
최빈값(mode)	자료의 분포에서 가장 빈도가 높은 관찰값을 말한다.
4분위수(quatiles)	자료를 크기순으로 나열했을 경우 전체의 1/4(1.4분위수), 2/4(2.4분위수), 3/4(3.4분위수)에 위치한 측정값을 말한다.
백분위수 (percentiles)	자료를 크기 순서대로 배열한 자료에서 100등분한 후, 위치해 있는 값으로 중앙값은 제 50분위수가 된다.

2) 산포도(dispersion)

중심위치 측정은 자료의 분포를 파악하는 데 충분하지 못하다. 산포도는 자료의 퍼짐 정도와 분포 모형을 통하여 분포의 특성을 살펴보는 것이다.

산포도	설명
범위(range)	자료를 크기순으로 나열한 경우 가장 큰 값과 가장 작은 값의 차이를 말한다.
평균편차(mean deviation)	편차는 측정값들이 평균으로부터 떨어져 있는 거리(distance)이고, 평균편차는 편차합의 절댓값의 평균을 말한다. $MD = \frac{1}{n}\sum\lvert X_i - \bar{X}\rvert$
분산(variance)과 표준편차(standard deviation)	산포도의 정도를 나타내는 데 가장 많이 쓰이며, 통계분석에서 매우 중요한 개념이다. 표준편차는 평균으로부터 떨어진 거리의 평균을 의미하며, 분산은 표준편차의 제곱으로 자료가 얼마나 퍼져 있는지를 알려 주는 수치이다. 분산은 양(+)의 값을 가지며, 분산이 클수록 확률분포는 평균에서 멀리 퍼져 있고 0에 가까워질수록 평균에 집중된다. • 모집단의 분산: $\sigma^2 = \frac{1}{N}\sum(X_i - \mu)^2$ • 모집단의 표준편차: $\sigma = \sqrt{\frac{1}{N}\sum(X_i - \mu)^2}$ • 표본의 분산: $s^2 = \frac{1}{n-1}\sum(X_i - \bar{X})^2$ • 표본의 표준편차: $s = \sqrt{\frac{1}{n-1}\sum(X_i - \bar{X})^2}$ N: 관찰치수, X: 관찰값, μ: 모집단의 평균, $\bar{X}$: 표본의 평균
변이계수(coefficient of variance)	상대적인 산포도의 크기를 쉽게 파악할 때 사용된다. • 변이계수$(CV) = \frac{s}{\bar{x}}$ 또는 $\frac{s}{\bar{x}} \times 100$ s: 표준편차, $\bar{x}$: 평균
왜도(skewness)와 첨도(kurtosis)	왜도는 분포의 모양이 중앙 위치에서 왼쪽이나 오른쪽으로 치우쳐 있는 정도를 나타내며, 분포의 중앙위치가 왼쪽이면 '+' 값, 오른쪽이면 '–' 값을 가진다. 첨도는 평균값을 중심으로 뾰족한 정도를 나타낸다. '3'이면 정규분포에 가깝고 '+'이면 정규분포보다 뾰족하고 '–'이면 정규분포보다 완만하다.

(1) 중심위치와 산포도 분석

㉮ R 프로그램 활용

1단계: 중심위치와 산포도 분석에 필요한 패키지를 설치한다.

> install.packages('foreign') ; library(foreign)

> install.packages('Rcmdr')

- R 그래픽 사용환경(GUI)을 지원하는 R Commander 패키지를 설치한다.

> library(Rcmdr): Rcmdr 패키지를 로딩한다.

- 본고에서는 R Commander 함수만 사용하기 때문에 R Commander의 메뉴를 이용하여 통계분석을 실시하지 않는다. 따라서 생성된 R Commander 화면의 최소화 버튼을 클릭하여 윈도의 작업표시줄로 옮긴다.

2단계: 중심위치와 산포도 분석을 실시한다.

> setwd("c:/MachineLearning_ArtificialIntelligence"): 작업용 디렉터리를 지정한다.

> Learning_data=read.spss(file='regression_anova_20190111.sav', use.value.labels=T,use.missings=T,to.data.frame=T)

- 데이터 파일을 불러와서 Learning_data에 할당한다.

> attach(Learning_data): 실행 데이터를 Learning_data 데이터 프레임으로 고정한다.

> numSummary(Obesity, statistics=c("mean", "sd", "cv", "quantiles", "skewness", "kurtosis"))

- Obesity의 표본의 평균, 분산, 변이계수, 4분위수, 왜도, 첨도를 산출한다.

> var(Obesity)*(length(Obesity)-1)/length(Obesity)

- Obesity의 모집단의 분산을 산출한다.

> sd(Obesity)*(length(Obesity)-1)/length(Obesity)

- Obesity의 모집단의 표준편차를 산출한다.

> sd(Obesity)/mean(Obesity): Obesity의 표본의 변이계수를 산출한다.

R does not have a standard in-built function to calculate mode.

So we create a user function to calculate mode of a data set in R.

https://www.tutorialspoint.com/r/r_mean_median_mode.htm

> median(Obesity): Obesity의 중앙값을 산출한다.

```
> mode = function(d) {
  uniqv <- unique(d)
  uniqv[which.max(tabulate(match(d, uniqv)))]
} # Obesity의 최빈값(mode)을 산출하는 함수(mode)를 작성한다.
```

> d = c(Learning_data$Obesity): Obesity 변수를 vector 값으로 d 변수에 할당한다.

> mode(d): 함수(mode)를 이용하여 Obesity의 중앙값을 산출한다.

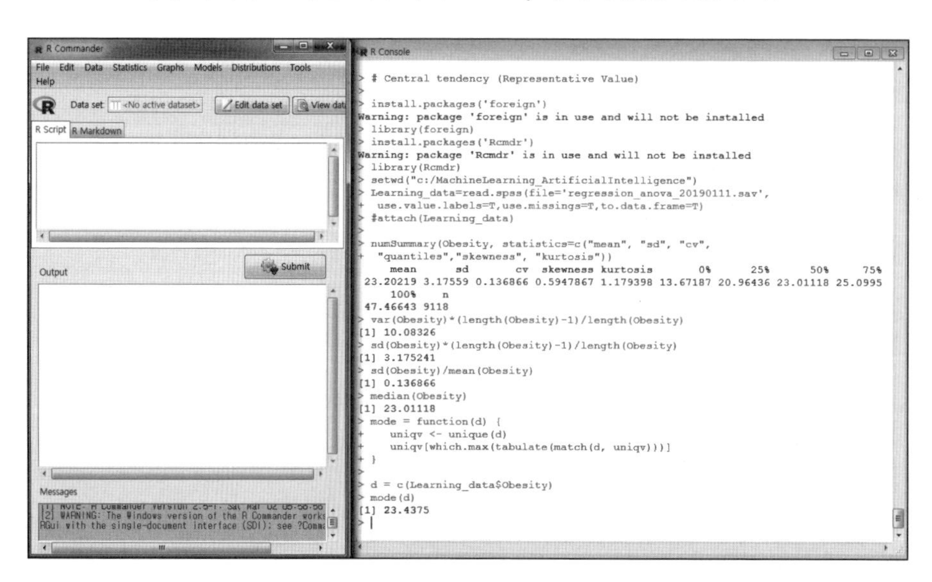

[해석] Obesity의 표본수는 9,118건으로 평균은 23.2, 표준편차는 3.1756로 나타났다. Obesity의 1/4분위수는 20.96, 2/4분위수는 23.01, 3/4분위수는 25.1로 나타났다. Obesity의 중앙값은 23.01이며, 최빈값은 23.4375로 나타났다. Obesity의 변이계수는 0.137로 나타났으며, Obesity의 왜도는 0.595, 첨도는 1.18로 정규성 가정을 충족한다.

※ 왜도는 절댓값 3 미만, 첨도는 절댓값 10 미만이면 정규성 가정을 충족한다(Kline, 2010).

※ 정규분포(normal distribution)는 평균(μ)과 분산(σ^2)이 '확률밀도함수(probability density function)(연속확률변수의 분포를 나타내는 함수)'를 가질 때 X는 정규분포를 한다고 하고 'X~N(μ, σ^2)'으로 표시한다. 표준정규분포(standard normal distribution)는 평균이 0이고, 분산이 1인 정규분포[X~N(0, 1)]를 의미한다.

나 SPSS 프로그램 활용

1단계: 데이터 파일을 불러온다(분석파일: regression_anova_20190111.sav).

2단계: [Analyze] → [Descriptive Statistics] → [Frequencies] → [Variables(Obesity)]를 지정한다.

3단계: [Statistics] → [Quartiles, Mean, Median, Mode, Range, Std.deviation, Variance, Skewness, Kurtosis]를 선택한다.

4단계: 결과를 확인한다.

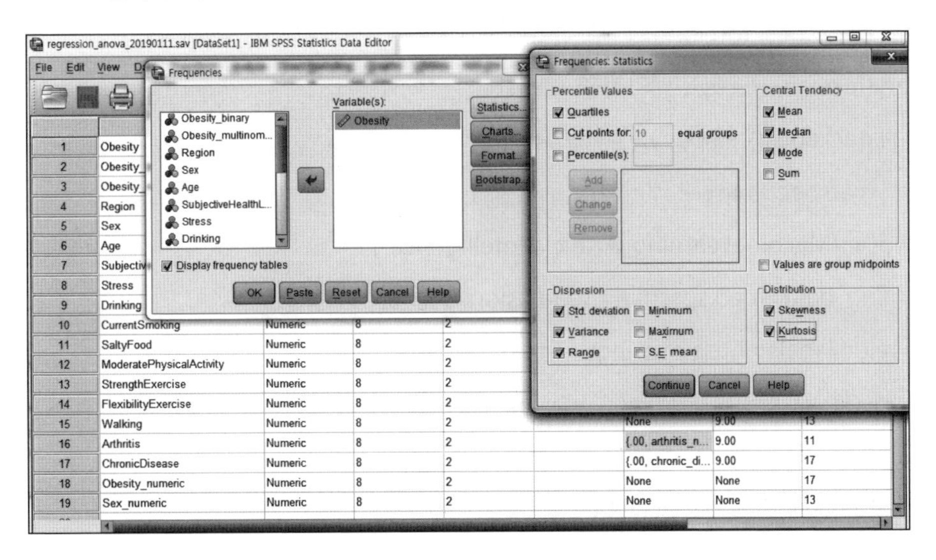

Statistics

Obesity

N	Valid	9118
	Missing	0
Mean		23.2022
Median		23.0112
Mode		23.44
Std. Deviation		3.17559
Variance		10.084
Skewness		.595
Std. Error of Skewness		.026
Kurtosis		1.179
Std. Error of Kurtosis		.051
Range		33.79
Percentiles	25	20.9644
	50	23.0112
	75	25.0995

[해석] Obesity의 표본수는 9,118건으로 평균과 표준편차는 23.2±3.18로 나타났다. Obesity의 1/4분위수는 20.96, 2/4분위수는 23.01, 3/4분위수는 25.1로 나타났다. Obesity의 중앙값은 23.01이며, 최빈값은 23.44로 나타났다. Obesity의 왜도는 0.59, 첨도는 1.18로 정규성 가정을 충족한다.

(2) 범주형 변수의 빈도분석

범주형 변수는 평균과 표준편차의 개념이 없기 때문에 변수값의 빈도와 비율을 계산해야 한다. 따라서 범주형 변수는 빈도, 중위수, 최빈값, 범위, 백분위수 등 분포의 특징을 살펴보는 데 의미가 있다.

가 R 프로그램 활용

> install.packages('foreign'): 외부 데이터를 읽어들이는 패키지를 설치한다.

> library(foreign): foreign 패키지를 로딩한다.

> install.packages('catspec'): 분할표를 지원하는 패키지를 설치한다.

> library(catspec): catspec 패키지를 로딩한다.

> setwd("c:/MachineLearning_ArtificialIntelligence")

> Learning_data=read.spss(file='regression_anova_20190111.sav',
use.value.labels=T,use.missings=T,to.data.frame=T)

- SPSS 데이터 파일을 불러와서 Learning_data 객체에 할당한다.

> attach(Learning_data): 실행 데이터를 'Learning_data'로 고정시킨다.

> t1=ftable(Learning_data[c('Obesity_binary')])

- ftable은 평면 분할표를 생성하는 함수이다(Create 'flat' contingency tables).
- 'Obesity_binary'의 빈도분석을 실시한 후 분할표를 t1에 할당한다.

> ctab(t1,type=c('n','r')): 'Obesity_binary'의 빈도와 퍼센트를 화면에 출력한다.

> length(Obesity_binary): 'Obesity_binary'의 Total 빈도를 화면에 출력한다.

R Console

```
> ## Frequency Analysis of Categorical Variables
>
> install.packages('foreign')
Warning: package 'foreign' is in use and will not be installed
> library(foreign)
> install.packages('catspec')
trying URL 'https://cloud.r-project.org/bin/windows/contrib/3.5/catspec_0.97.zip'
Content type 'application/zip' length 46415 bytes (45 KB)
downloaded 45 KB

package 'catspec' successfully unpacked and MD5 sums checked

The downloaded binary packages are in
        C:\Users\Administrator\AppData\Local\Temp\RtmpwdCl1c\downloaded_packages
> library(catspec)
> setwd("c:/MachineLearning_ArtificialIntelligence")
> Learning_data=read.spss(file='regression_anova_20190111.sav',
+  use.value.labels=T,use.missings=T,to.data.frame=T)
> #attach(Learning_data)
> t1=ftable(Learning_data[c('Obesity_binary')])
> ctab(t1,type=c('n','r'))
        x Normal Obesity

Count      6775.0  2343.0
Total %      74.3    25.7
> length(Obesity_binary)
[1] 9118
> |
```

[해석] 전체 9,118명의 대상자중 정상은 6,775명(74.3%), 비만은 2,343명(25.7%)으로 나타났다.

㉯ SPSS 프로그램 활용

1단계: 데이터 파일을 불러온다(분석파일: regression_anova_20190111.sav).

2단계: [Analyze] → [Descriptive Statistics] → [Frequencies] → [Variables(Obesity_binary)]를 지정한다.

3단계: [Statistics] → [Quartiles, Median, Mode, Range]를 선택한다.

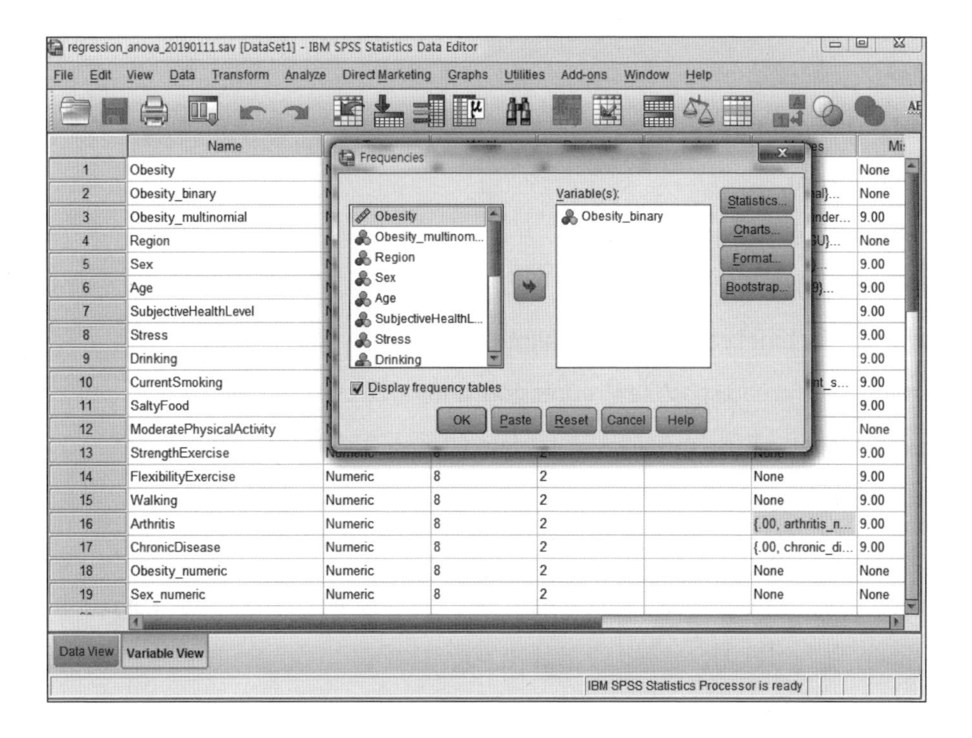

Obesity_binary

		Frequency	Percent	Valid Percent	Cumulative Percent
Valid	.00 Normal	6775	74.3	74.3	74.3
	1.00 Obesity	2343	25.7	25.7	100.0
	Total	9118	100.0	100.0	

[해석] 전체 9,118명의 대상자중 정상은 6,775명(74.3%), 비만은 2,343명(25.7%)으로 나타났다.

(3) 연속형 변수의 빈도분석

연속형 변수는 평균과 분산으로 변수의 퍼짐 정도를 파악하고, 왜도와 첨도로 정규분포를 파악한다. 왜도는 절댓값 3 미만, 첨도는 절댓값 10 미만이면 정규성 가정을 충족한다 (Kline, 2010).

가 R 프로그램 활용

> install.packages('foreign')

> library(foreign)

> install.packages('Rcmdr')

> library(Rcmdr)

> setwd("c:/MachineLearning_ArtificialIntelligence")

> Learning_data=read.spss(file='regression_anova_20190111.sav', use.value.labels=T,use.missings=T,to.data.frame=T)

> attach(Learning_data)

> summary(Obesity): Obesity의 기본적인 기술통계분석을 실시한다.

> numSummary(Obesity, statistics=c("mean","sd","cv","quantiles","skewness","kurtosis"))
 - 'Obesity'의 지정된 기술통계분석을 실시한다.

```
R Console
> ## Frequency Analysis of Continuous Variables
> install.packages('foreign')
Warning: package 'foreign' is in use and will not be installed
> library(foreign)
> install.packages('Rcmdr')
Warning: package 'Rcmdr' is in use and will not be installed
> library(Rcmdr)
> setwd("c:/MachineLearning_ArtificialIntelligence")
> Learning_data=read.spss(file='regression_anova_20190111.sav',
+  use.value.labels=T,use.missings=T,to.data.frame=T)
> #attach(Learning_data)
> summary(Obesity)
   Min. 1st Qu.  Median    Mean 3rd Qu.    Max.
  13.67   20.96   23.01   23.20   25.10   47.47
> numSummary(Obesity, statistics=c("mean", "sd", "cv",
+  "quantiles","skewness", "kurtosis"))
     mean       sd       cv  skewness kurtosis       0%      25%      50%     75%     100%    n
 23.20219 3.17559 0.136866 0.5947867 1.179398 13.67187 20.96436 23.01118 25.0995 47.46643 9118
> |
```

[해석] 표본수 9,118명에 대한 BMI(Obesity)의 평균은 23.2, 표준편차(평균으로부터 떨어진 거리의 평균)는 3.18로 나타났다. Obesity의 왜도는 0.59, 첨도는 1.18로 정규성 가정을 충족하는 것으로 나타났다.

■ **연속형 변수의 시각화**(boxplot, histogram, line)

> boxplot(Obesity~Region, col='blue', main='Box Plot')

- Region별 Obesity의 boxplot을 작성한다.

> hist(Obesity, prob=T,main='Histogram'): Obesity의 Histogram을 작성한다.

> lines(density(Obesity), col='blue'): Histogram에 추정분포선을 추가한다.

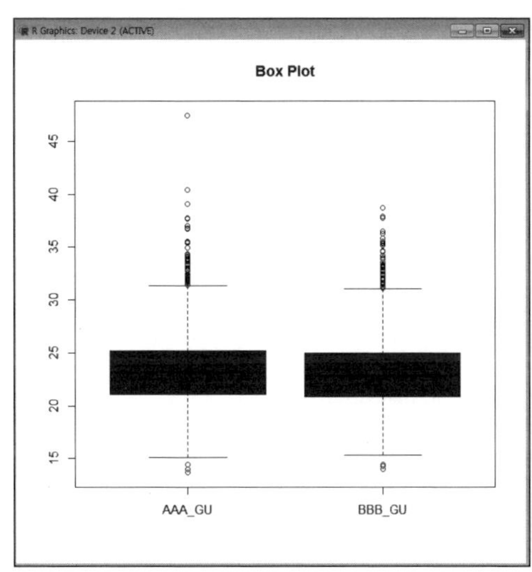

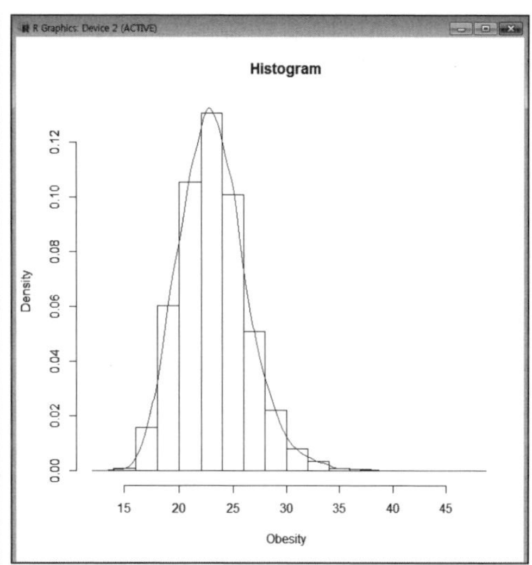

나 SPSS 프로그램 활용

1단계: 데이터 파일을 불러온다(분석파일: regression_anova_20190111.sav).

2단계: [Analyze] → [Descriptive Statistics] → [Descriptives] → [Variables(Obesity)]를 지정한다.

3단계: [Options] → [Mean, Std.deviation, Variance, Skewness, Kurtosis]를 선택한다.

4단계: 결과를 확인한다.

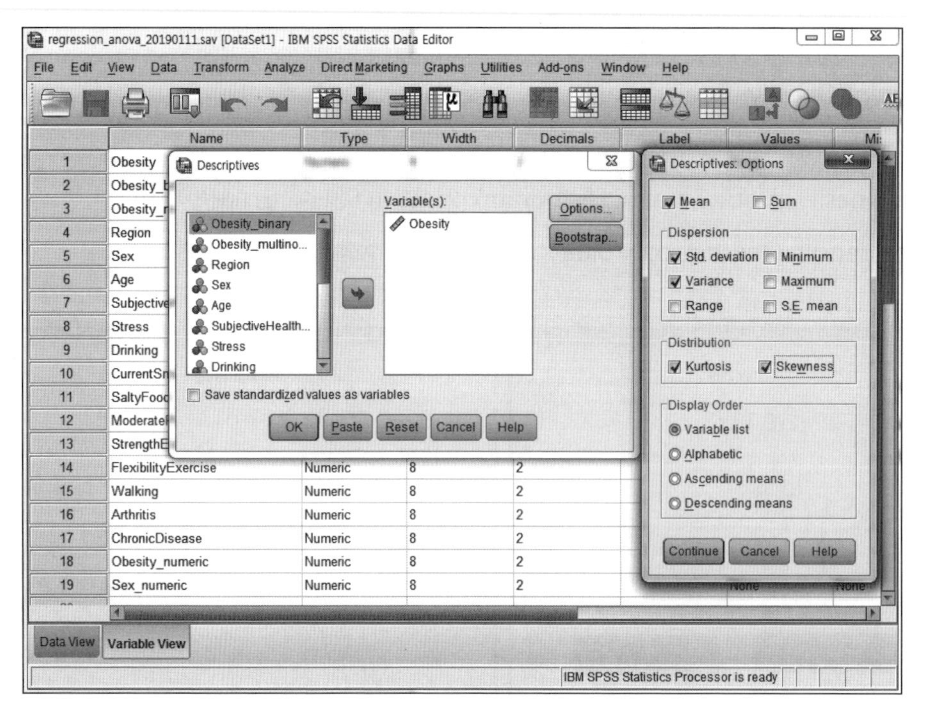

Descriptive Statistics

	N	Mean	Std. Deviation	Variance	Skewness		Kurtosis	
	Statistic	Statistic	Statistic	Statistic	Statistic	Std. Error	Statistic	Std. Error
Obesity	9118	23.2022	3.17559	10.084	.595	.026	1.179	.051
Valid N (listwise)	9118							

[해석] 표본수 9,118명에 대한 BMI(Obesity)의 평균은 23.2, 표준편차(평균으로부터 떨어진 거리의 평균)는 3.18로 나타났다. Obesity의 왜도는 0.59, 첨도는 1.18로 정규성 가정을 충족하는 것으로 나타났다.

2.2 추리통계 분석

추리통계(inferential statistics)는 표본의 연구결과를 모집단에 일반화할 수 있는지를 판단하기 위하여 표본의 통계량으로 모집단의 모수를 추정하는 통계방법이다. 추리통계는 가설검정을 통하여 표본의 통계량으로 모집단의 모수를 추정한다. 추리통계에서는 종속변수와 독립변수 척도의 속성(범주형, 연속형)에 따라 모집단의 평균을 추정하기 위해서는 평균분석을 실시하고, 변수 간의 상호 의존성을 파악하기 위해서는 교차분석·상관분석·요인분석·군집분석 등을 실시하며, 변수 간의 종속성을 분석하기 위해서는 회귀분석과 로지스틱 회귀분석 등을 실시해야 한다. 따라서 범주형 두 변수 간의 관계는 교차분석을 실시하고, 연속형 종속변수와 범주형 독립변수 간의 관계는 평균분석을 실시하고, 연속형 종속변수와 연속형 독립변수 간의 관계는 회귀분석을 실시하고, 범주형 종속변수와 연속형 독립변수 간의 관계는 로지스틱 회귀분석을 실시한다.

(4) 교차분석(cross tabulation analysis)

빈도분석(frequency analysis)은 단일 변수에 대한 통계의 특성을 분석하는 기술통계이지만, 교차분석(cross tabulation analysis)은 두 개 이상의 범주형 변수 사이에 상관관계를 분석하기 위해 사용하는 추리통계이다. 빈도분석은 한 변수의 빈도분석표를 작성하는 데 반해 교차분석은 2개 이상의 행(row)과 열(column)이 있는 교차표(cross tabulation)를 작성하여 관련성을 검정한다.

즉 조사한 자료들은 항상 모집단(population)에서 추출한 표본이고, 통상 모집단의 특성을 나타내는 모수(parameter)는 알려져 있지 않기 때문에 관찰 가능한 표본의 통계량(statistics)을 가지고 모집단의 모수를 추정한다.

이러한 점에서 χ^2-test는 분할표(contingency table)에서 행(row)과 열(column)을 구성하고, 각 범주에 나타나는 관찰빈도(observed frequency, 표본의 실제빈도)와 기대빈도[expected frequency, 각 범주의 비율이 같다는 귀무가설이 진(true)일 때 기대되는 빈도]의 차이를 통해 각 범주 간에 비율이 같은지를 파악하게 해준다. 따라서 교차분석은 두 변수 간에 독립성(independence)과 동질성(homogeneity)을 검정해주는 통계량을 가지고 우리가 조사한 표본에서 나타난 두 변수 간의 관계를 모집단에서도 동일하다고 판단할 수 있는가에 대한 유의성을 검정해주는 것이다.

- 독립성 검정: 모집단에서 추출한 표본에서 관찰대상을 사전에 결정하지 않고 검정을 실시하는 것으로, 대부분의 통계조사가 이에 해당된다.
- 동질성 검정: 모집단에서 추출한 표본에서 관찰대상을 사전에 결정한 후 두 변수 간에 검정을 실시하는 것으로, 주로 임상실험 결과를 분석할 때 이용한다(예: 비타민 C를 투여한 임상군과 투여하지 않은 대조군과의 관계).

- χ^2-test 순서

  1단계: 가설 설정[귀무가설(H_0): 두 변수가 서로 독립적이다.]

  2단계: 유의수준(α) 결정(.001, .01, .05, .1)

  3단계: 표본의 통계량에서 유의확률(p)을 산출한다.

  4단계: $p < \alpha$ 의 경우, 귀무가설을 기각하고 대립가설을 채택한다.

- 연관성 측도(measure of association)
  - χ^2-test에서 H_0를 기각할 경우 두 변수가 얼마나 연관되어 있는가를 나타낸다.
  - 분할계수(contingency coefficient): R(행)×C(열)의 크기가 같을 때 사용한다. ($0 \le C \le 1$)
  - Cramer's V: R×C의 크기가 같지 않을 때도 사용이 가능하다. ($0 \le V \le 1$)
  - Kendall's τ(Tau): 행과 열의 수가 같거나(τ_b) 다른(τ_c) 순서형 자료(ordinal data)에 사용한다.
  - Somer's D: 순서형 자료에서 두 변수 간에 인과관계가 정해져 있을 때 사용한다(예: 전공과목, 졸업 후 직업). ($-1 \le D \le 1$)
  - η(Eta): 범주형 자료(categorical data)와 연속형 자료(continuous data) 간에 연관측도를 나타낸다. ($0 \le \eta \le 1$, 1에 가까울수록 연관관계가 높다.)
  - Pearson's R: 피어슨 상관계수로, 구간 자료(interval data) 간에 선형적 연관성을 나타낸다. ($-1 \le R \le 1$)

연구문제: 지역사회 건강조사 자료에서 성별(Sex)에 따른 비만(Obesity_binary)의 차이를 파악하기 위한 교차분석(χ^2-test)을 실시하라.

가 R 프로그램 활용

> install.packages('foreign'): 외부 데이터를 읽어들이는 패키지를 설치한다.

> library(foreign): foreign 패키지를 로딩한다.

> install.packages('catspec'): 분할표를 지원하는 패키지를 설치한다.

> library(catspec): catspec 패키지를 로딩한다.

> setwd("c:/MachineLearning_ArtificialIntelligence"): 작업용 디렉터리를 지정한다.

> Learning_data=read.spss(file='regression_anova_20190111.sav',
use.value.labels=T,use.missings=T,to.data.frame=T)

- 데이터 파일을 불러와서 Learning_data 객체에 할당한다.

> attach(Learning_data): 실행 데이터를 'Learning_data'로 고정시킨다.

> t1=ftable(Learning_data[c('Sex','Obesity_binary')])

- ftable은 평면 분할표를 생성하는 함수이다.
- 교차분석('Sex','Obesity_binary')을 실시한 후 분할표를 t1에 할당한다.

> ctab(t1,type=c('n','r','c','t'))

- 이원분할표의 빈도, 행(row), 열(column), 전체(total) %를 화면에 출력한다.

> chisq.test(t1): 이원분할표의 카이제곱 검정 통계량을 화면에 출력한다.

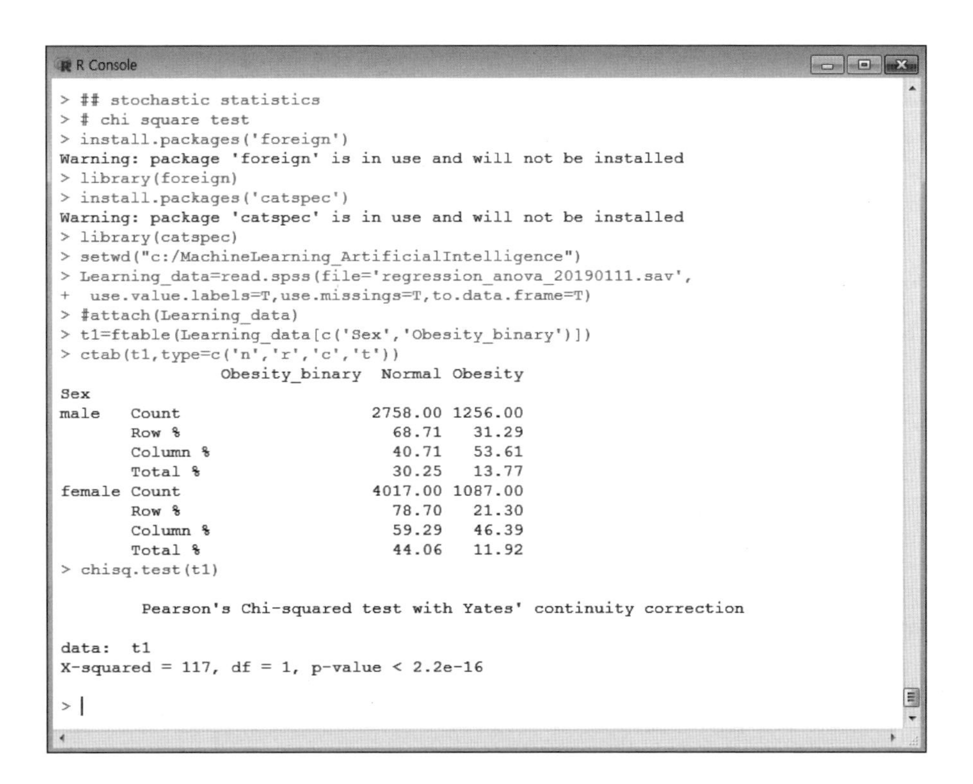

```
R Console
> ## stochastic statistics
> # chi square test
> install.packages('foreign')
Warning: package 'foreign' is in use and will not be installed
> library(foreign)
> install.packages('catspec')
Warning: package 'catspec' is in use and will not be installed
> library(catspec)
> setwd("c:/MachineLearning_ArtificialIntelligence")
> Learning_data=read.spss(file='regression_anova_20190111.sav',
+  use.value.labels=T,use.missings=T,to.data.frame=T)
> #attach(Learning_data)
> t1=ftable(Learning_data[c('Sex','Obesity_binary')])
> ctab(t1,type=c('n','r','c','t'))
                Obesity_binary  Normal Obesity
Sex
male   Count                   2758.00 1256.00
       Row %                     68.71   31.29
       Column %                  40.71   53.61
       Total %                   30.25   13.77
female Count                   4017.00 1087.00
       Row %                     78.70   21.30
       Column %                  59.29   46.39
       Total %                   44.06   11.92
> chisq.test(t1)

        Pearson's Chi-squared test with Yates' continuity correction

data:  t1
X-squared = 117, df = 1, p-value < 2.2e-16

> |
```

[해석] 연구대상 지역의 남자의 비만율은 31.29%(1,256명), 여자의 비만율은 21.3%(1,087명)로 남자의 비만율이 여자보다 약 1.47배 높은 것으로 나타났다. 카이제곱 검정결과 두 변수 간에 유의한 차이(χ^2=117, $p(2.2\times10^{-16})<.001$)가 있는 것으로 나타났다.

gmodels 패키지를 사용하여 SPSS format 교차분석

> install.packages('foreign')

> library(foreign)

> install.packages('gmodels')

> library(gmodels)

> setwd("c:/MachineLearning_ArtificialIntelligence")

> Learning_data=read.spss(file='regression_anova_20190111.sav', use.value.labels=T,use.missings=T,to.data.frame=T)

> CrossTable(Learning_data$Sex, Learning_data$Obesity_binary, expected=T,format='SPSS'): SPSS format 교차분석 실시

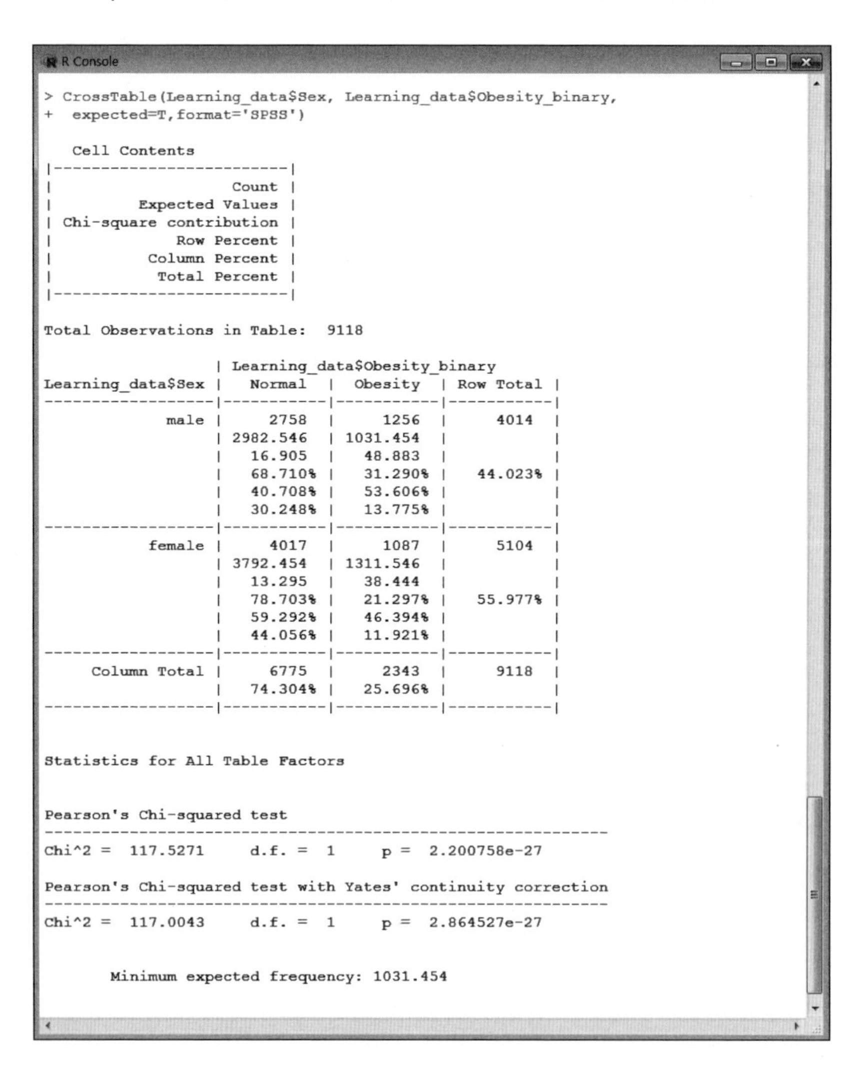

```
> CrossTable(Learning_data$Sex, Learning_data$Obesity_binary,
+  expected=T,format='SPSS')

   Cell Contents
|-------------------------|
|                   Count |
|         Expected Values |
| Chi-square contribution |
|             Row Percent |
|          Column Percent |
|           Total Percent |
|-------------------------|

Total Observations in Table:  9118

                  | Learning_data$Obesity_binary
Learning_data$Sex |    Normal  |   Obesity  | Row Total |
------------------|-----------|-----------|-----------|
             male |     2758  |     1256  |     4014  |
                  | 2982.546  | 1031.454  |           |
                  |   16.905  |   48.883  |           |
                  |   68.710% |   31.290% |   44.023% |
                  |   40.708% |   53.606% |           |
                  |   30.248% |   13.775% |           |
------------------|-----------|-----------|-----------|
           female |     4017  |     1087  |     5104  |
                  | 3792.454  | 1311.546  |           |
                  |   13.295  |   38.444  |           |
                  |   78.703% |   21.297% |   55.977% |
                  |   59.292% |   46.394% |           |
                  |   44.056% |   11.921% |           |
------------------|-----------|-----------|-----------|
     Column Total |     6775  |     2343  |     9118  |
                  |   74.304% |   25.696% |           |
------------------|-----------|-----------|-----------|


Statistics for All Table Factors


Pearson's Chi-squared test
------------------------------------------------------------
Chi^2 =  117.5271     d.f. =  1     p =  2.200758e-27

Pearson's Chi-squared test with Yates' continuity correction
------------------------------------------------------------
Chi^2 =  117.0043     d.f. =  1     p =  2.864527e-27


       Minimum expected frequency: 1031.454
```

연관성 측도(measure of association) 분석

> install.packages('foreign') ; library(foreign)

> Learning_data=read.spss(file='regression_anova_20190111.sav',
use.value.labels=T,use.missings=T,to.data.frame=T)

> with(Learning_data, cor.test(Sex_numeric,Obesity_numeric,method='pearson'))
- 피어슨 상관계수의 연관성 측도를 산출한다.

> with(Learning_data, cor.test(Sex_numeric,Obesity_numeric,method='kendall'))
- Kendall's τ(타우)의 연관성 측도를 산출한다.

> cv.test = function(x,y) {
CV = sqrt(chisq.test(x, y, correct=FALSE)$statistic /
(length(x) * (min(length(unique(x)),length(unique(y))) - 1)))
print.noquote("Cramer V / Phi:")
return(as.numeric(CV))
}
- Cramer's V의 연관성 측도를 산출하는 함수(cv.test)를 작성한다.

> with(Learning_data, cv.test(Sex_numeric,Obesity_numeric))
- Cramer's V의 연관성 측도를 산출한다.

```
R Console
> ## measure of association
> install.packages('foreign')
Warning: package 'foreign' is in use and will not be installed
> library(foreign)
> Learning_data=read.spss(file='regression_anova_20190111.sav',
+  use.value.labels=T,use.missings=T,to.data.frame=T)
>
> with(Learning_data, cor.test(Sex_numeric,Obesity_numeric,method='pearson'))

        Pearson's product-moment correlation

data:  Sex_numeric and Obesity_numeric
t = -10.91, df = 9116, p-value < 2.2e-16
alternative hypothesis: true correlation is not equal to 0
95 percent confidence interval:
 -0.13374676 -0.09322327
sample estimates:
       cor
-0.1135322

> with(Learning_data, cor.test(Sex_numeric,Obesity_numeric,method='kendall'))

        Kendall's rank correlation tau

data:  Sex_numeric and Obesity_numeric
z = -10.84, p-value < 2.2e-16
alternative hypothesis: true tau is not equal to 0
sample estimates:
       tau
-0.1135322

>
> ## cramer's v (https://www.r-bloggers.com/example-8-39-calculating-cramers-v/)
> cv.test = function(x,y) {
+   CV = sqrt(chisq.test(x, y, correct=FALSE)$statistic /
+     (length(x) * (min(length(unique(x)),length(unique(y))) - 1)))
+   print.noquote("Cramer V / Phi:")
+   return(as.numeric(CV))
+                          }
> ## we can get CramerV as
> with(Learning_data, cv.test(Sex_numeric,Obesity_numeric))
[1] Cramer V / Phi:
[1] 0.1135322
> |
```

[해석] Sex_numeric과 Obesity_numeric의 Cramer의 연관성 측도는 0.1135로 나타났다.

삼원분할표 분석

> install.packages('foreign') ; library(foreign)

> Learning_data=read.spss(file='regression_anova_20190111.sav',
  use.value.labels=T,use.missings=T,to.data.frame=T)

> t1=ftable(Learning_data[c('Sex','MaritalStatus','Obesity_binary')])

  - 삼원분할표의 값을 t1 변수에 할당한다.

> ctab(t1,type=c('n','r','c','t'))

  - 삼원분할표의 빈도, 행(row), 열(column), 전체(total) %를 화면에 출력한다.

> chisq.test(t1): 삼원분할표의 카이제곱 검정 통계량을 화면에 출력한다.

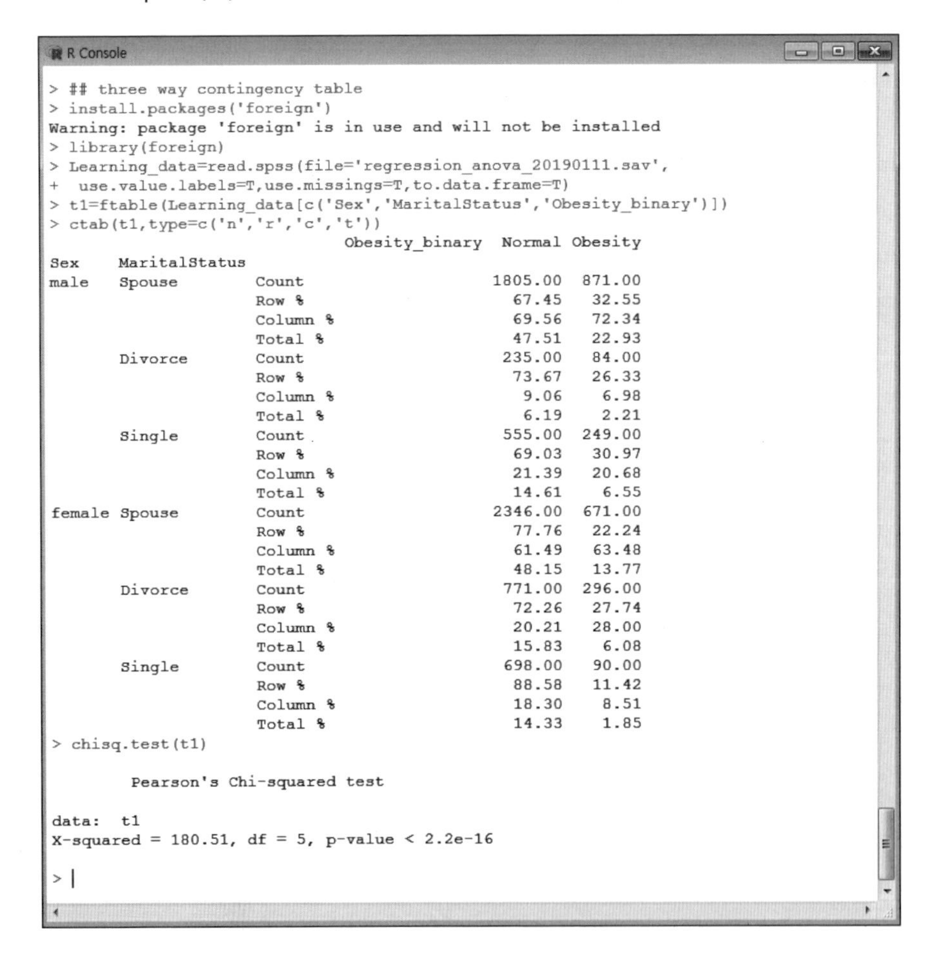

```
R Console
> ## three way contingency table
> install.packages('foreign')
Warning: package 'foreign' is in use and will not be installed
> library(foreign)
> Learning_data=read.spss(file='regression_anova_20190111.sav',
+  use.value.labels=T,use.missings=T,to.data.frame=T)
> t1=ftable(Learning_data[c('Sex','MaritalStatus','Obesity_binary')])
> ctab(t1,type=c('n','r','c','t'))
                               Obesity_binary  Normal Obesity
Sex    MaritalStatus
male   Spouse         Count                   1805.00  871.00
                      Row %                     67.45   32.55
                      Column %                  69.56   72.34
                      Total %                   47.51   22.93
       Divorce        Count                    235.00   84.00
                      Row %                     73.67   26.33
                      Column %                   9.06    6.98
                      Total %                    6.19    2.21
       Single         Count                    555.00  249.00
                      Row %                     69.03   30.97
                      Column %                  21.39   20.68
                      Total %                   14.61    6.55
female Spouse         Count                   2346.00  671.00
                      Row %                     77.76   22.24
                      Column %                  61.49   63.48
                      Total %                   48.15   13.77
       Divorce        Count                    771.00  296.00
                      Row %                     72.26   27.74
                      Column %                  20.21   28.00
                      Total %                   15.83    6.08
       Single         Count                    698.00   90.00
                      Row %                     88.58   11.42
                      Column %                  18.30    8.51
                      Total %                   14.33    1.85
> chisq.test(t1)

        Pearson's Chi-squared test

data:  t1
X-squared = 180.51, df = 5, p-value < 2.2e-16

> |
```

[해석] 남자의 비만율은 배우자가 있을 경우(Spouse) 32.55%로 가장 높으며, 여자의 비만율은 이혼/사별/별거(Divorce)인 경우 27.74%로 가장 높게 나타났다.

㊏ SPSS 프로그램 활용

1단계: 데이터 파일을 불러온다(분석파일: regression_anova_20190111.sav).

2단계: [Analyze] → [Descriptive Statistics] → [Crosstabs] → [Row: Sex, Column: Obesity_binary)]를 선택한다.

3단계: [Cell Display] → [Observed, Row, Column]을 선택한다.

4단계: [Statistics] → [Chi-square, Contingency Coefficient, Cramer's V]을 선택한다.

5단계: 결과를 확인한다.

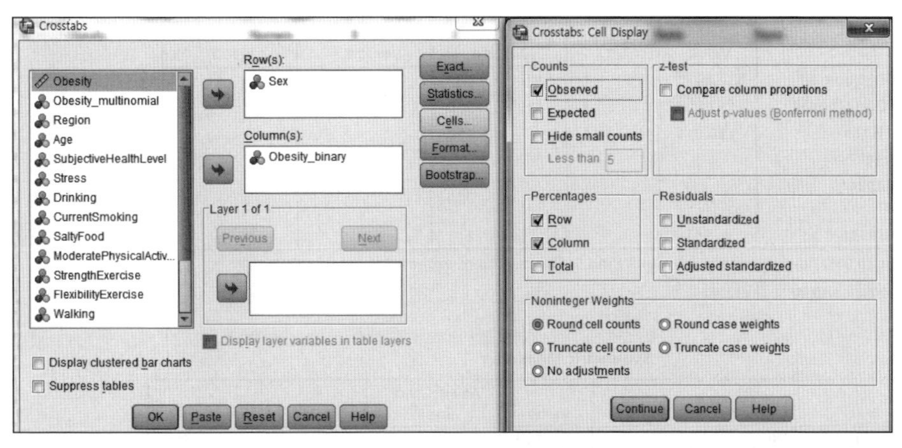

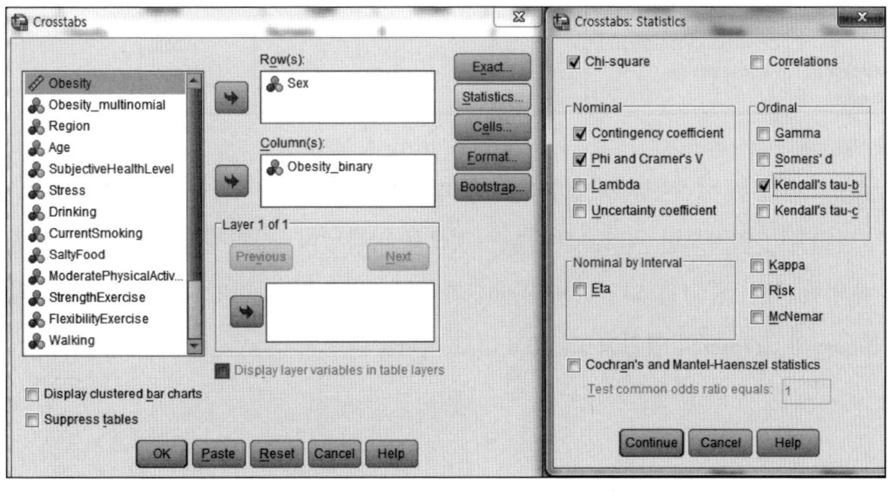

Sex * Obesity_binary Crosstabulation

			Obesity_binary		Total
			.00 Normal	1.00 Obesity	
Sex	.00 male	Count	2758	1256	4014
		% within Sex	68.7%	31.3%	100.0%
		% within Obesity_binary	40.7%	53.6%	44.0%
	1.00 female	Count	4017	1087	5104
		% within Sex	78.7%	21.3%	100.0%
		% within Obesity_binary	59.3%	46.4%	56.0%
Total		Count	6775	2343	9118
		% within Sex	74.3%	25.7%	100.0%
		% within Obesity_binary	100.0%	100.0%	100.0%

Chi-Square Tests

	Value	df	Asymp. Sig. (2-sided)	Exact Sig. (2-sided)	Exact Sig. (1-sided)
Pearson Chi-Square	117.527[a]	1	.000		
Continuity Correction[b]	117.004	1	.000		
Likelihood Ratio	116.911	1	.000		
Fisher's Exact Test				.000	.000
Linear-by-Linear Association	117.514	1	.000		
N of Valid Cases	9118				

a. 0 cells (0.0%) have expected count less than 5. The minimum expected count is 1031.45.

b. Computed only for a 2x2 table

Symmetric Measures

		Value	Asymp. Std. Error[a]	Approx. T[b]	Approx. Sig.
Nominal by Nominal	Phi	-.114			.000
	Cramer's V	.114			.000
	Contingency Coefficient	.113			.000
Ordinal by Ordinal	Kendall's tau-b	-.114	.010	-10.747	.000
N of Valid Cases		9118			

[해석] 연구대상 지역의 남자의 비만율은 31.3%(1,256명), 여자의 비만율은 21.3%(1,087명)로 남자의 비만율이 여자보다 약 1.47배 높은 것으로 나타났다. 카이제곱 검정결과 두 변수 간에 유의한 차이(χ^2=117.53, p(.000<.001)가 있는 것으로 나타났다. 그리고 Sex와 Obesity_binary의 Cramer의 연관측도는 0.114로 나타났다.

삼원분할표('MaritalStatus' by 'Obesity_binary' by 'Sex') 작성

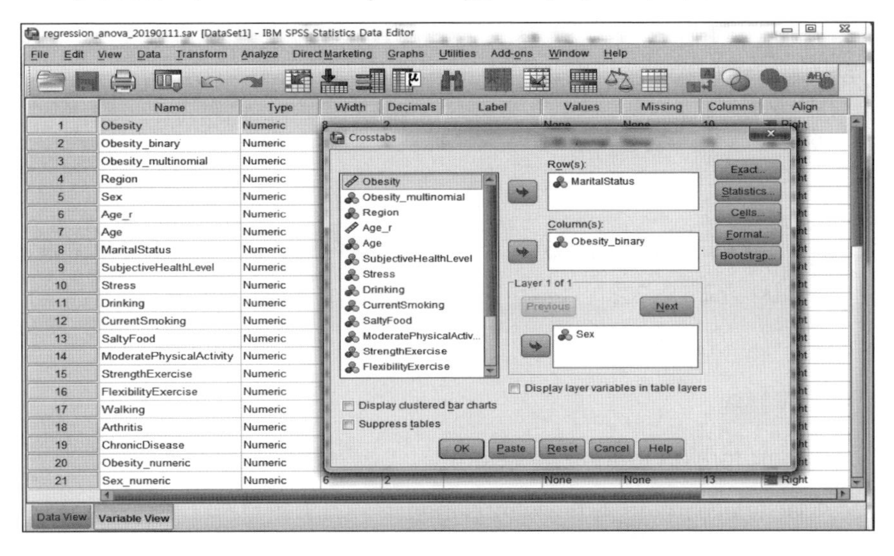

MaritalStatus * Obesity_binary * Sex Crosstabulation

Sex				Obesity_binary		Total
				.00 Normal	1.00 Obesity	
.00 male	MaritalStatus	1.00 Spouse	Count	1805	871	2676
			% within MaritalStatus	67.5%	32.5%	100.0%
			% within Obesity_binary	69.6%	72.3%	70.4%
		2.00 Divorce	Count	235	84	319
			% within MaritalStatus	73.7%	26.3%	100.0%
			% within Obesity_binary	9.1%	7.0%	8.4%
		3.00 Single	Count	555	249	804
			% within MaritalStatus	69.0%	31.0%	100.0%
			% within Obesity_binary	21.4%	20.7%	21.2%
	Total		Count	2595	1204	3799
			% within MaritalStatus	68.3%	31.7%	100.0%
			% within Obesity_binary	100.0%	100.0%	100.0%
1.00 female	MaritalStatus	1.00 Spouse	Count	2346	671	3017
			% within MaritalStatus	77.8%	22.2%	100.0%
			% within Obesity_binary	61.5%	63.5%	61.9%
		2.00 Divorce	Count	771	296	1067
			% within MaritalStatus	72.3%	27.7%	100.0%
			% within Obesity_binary	20.2%	28.0%	21.9%
		3.00 Single	Count	698	90	788
			% within MaritalStatus	88.6%	11.4%	100.0%
			% within Obesity_binary	18.3%	8.5%	16.2%
	Total		Count	3815	1057	4872
			% within MaritalStatus	78.3%	21.7%	100.0%
			% within Obesity_binary	100.0%	100.0%	100.0%
Total	MaritalStatus	1.00 Spouse	Count	4151	1542	5693
			% within MaritalStatus	72.9%	27.1%	100.0%
			% within Obesity_binary	64.8%	68.2%	65.7%
		2.00 Divorce	Count	1006	380	1386
			% within MaritalStatus	72.6%	27.4%	100.0%
			% within Obesity_binary	15.7%	16.8%	16.0%
		3.00 Single	Count	1253	339	1592
			% within MaritalStatus	78.7%	21.3%	100.0%
			% within Obesity_binary	19.5%	15.0%	18.4%
	Total		Count	6410	2261	8671
			% within MaritalStatus	73.9%	26.1%	100.0%
			% within Obesity_binary	100.0%	100.0%	100.0%

(5) 평균의 검정(일표본 T검정)

일표본 T검정(One-sample T Test)은 모집단의 평균을 알고 있을 때 모집단과 단일표본 평균의 차이를 검정하는 방법이다.

연구가설 (H_0: μ_1=23.45, H_1: $\mu_1 \neq$23.45). 즉 연구대상의 BMI(obesity)가 모집단의 BMI 23.45(사전 연구[4]에서 한국인의 2007년 BMI는 23.45로 나타남)와 차이가 있는지를 검정한다.

㉮ R 프로그램 활용

> install.packages('foreign') ; library(foreign)

> setwd("c:/MachineLearning_ArtificialIntelligence"): 작업용 디렉터리를 지정한다.

> Learning_data=read.spss(file='regression_anova_20190111.sav',
use.value.labels=T,use.missings=T,to.data.frame=T)

- 데이터 파일을 불러와서 Learning_data에 할당한다.

> attach(Learning_data): 실행 데이터를 'Learning_data'로 고정시킨다.

> t.test(Learning_data[c('Obesity')],mu=23.45)

- Obesity에 대한 일표본 T검정 분석을 실시한다.

R Console

```
> ## one sample T Test
>
> install.packages('foreign')
Warning: package 'foreign' is in use and will not be installed
> library(foreign)
> setwd("c:/MachineLearning_ArtificialIntelligence")
> Learning_data=read.spss(file='regression_anova_20190111.sav',
+  use.value.labels=T,use.missings=T,to.data.frame=T)
> #attach(Learning_data)
> t.test(Learning_data[c('Obesity')],mu=23.45)

        One Sample t-test

data:  Learning_data[c("Obesity")]
t = -7.4516, df = 9117, p-value = 1.007e-13
alternative hypothesis: true mean is not equal to 23.45
95 percent confidence interval:
 23.13700 23.26738
sample estimates:
mean of x
 23.20219

> |
```

4 배남규·권인선·조영채(2009). 한국인의 10년간 비만수준의 변화 양상: 1997~2007. 대한비만학회지. 18(1):24-30.

[해석] 9,118명의 BMI의 평균은 23.2로 나타나 모집단의 검정값 23.45보다 유의하게 낮다고 볼 수 있다(t=-7.45, p=.000<.001). 따라서 대립가설($H_1 : \mu_1 \neq 23.45$)이 채택되고 95% BMI의 신뢰구간은 23.14~23.27으로 이 신뢰구간이 23.45를 포함하지 않으므로 대립가설을 지지하는 것으로 나타났다. 따라서 한국인의 BMI는 2007년에 비해 감소한 것으로 나타났다.

나 SPSS 프로그램 활용

1단계: 데이터 파일을 불러온다(분석파일: regression_anova_20190111.sav).

2단계: [Analyze] → [Compare Means] → [One-Sample T Test]을 선택한다.

3단계: [Test Variable(s): BMI(Obesity)] → [Test Value: 23.45(모집단의 평균값)]을 지정한다.

4단계: 결과를 확인한다.

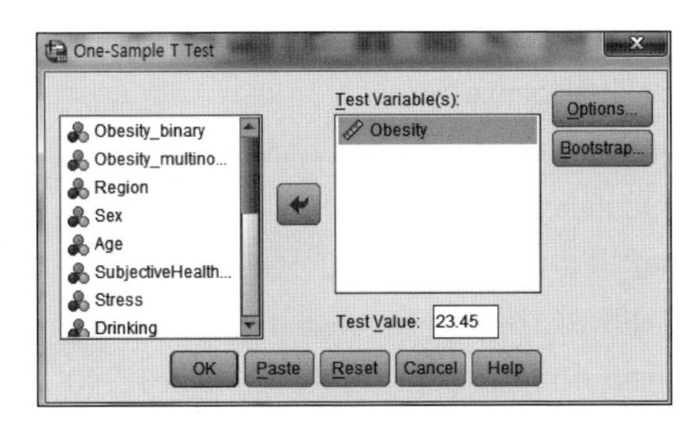

One-Sample Statistics

	N	Mean	Std. Deviation	Std. Error Mean
Obesity	9118	23.2022	3.17559	.03326

One-Sample Test

	Test Value = 23.45					
					95% Confidence Interval of the Difference	
	t	df	Sig. (2-tailed)	Mean Difference	Lower	Upper
Obesity	-7.452	9117	.000	-.24781	-.3130	-.1826

[해석] 9,118명의 BMI의 평균은 23.2로 나타나 모집단의 검정값 23.45보다 유의하게 낮다고 볼 수 있다(t=-7.45, p=.000<.001). 따라서 대립가설($H_1 : \mu_1 \neq 23.45$)이 채택되고 95% 신뢰구간은 -.31~-.18으로 이 신뢰구간이 0을 포함하지 않으므로 대립가설을 지지하는 것으로 나타났다. 따라서 한국인의 BMI는 2007년에 비해 감소한 것으로 나타났다.

(6) 평균의 검정(독립표본 T검정)

독립표본 T검정(independent-sample T Test)은 두 개의 모집단에서 각각의 크기 n1, n2의 표본을 추출하여 모집단 간 평균의 차이를 검정하는 방법이다. 독립표본 T검정은 등분산 검정(H_0: $\sigma_1^2 = \sigma_2^2$) 후, 평균의 차이 검정을 실시한다. 등분산일 경우 합동분산(pooled variance)을 이용하여 T검정을 실시하며, 등분산이 아닌 경우 Welch의 T검정을 실시한다.

연구가설: 지역사회 건강조사 자료에서 성별(male, female) BMI(Obesity) 평균의 차이는 있다.

가 R 프로그램 활용

> > install.packages('foreign') ; library(foreign)
> > rm(list=ls()): 모든 변수를 초기화한다.
> > setwd("c:/MachineLearning_ArtificialIntelligence")
> > Learning_data=read.spss(file='regression_anova_20190111.sav',
> use.value.labels=T,use.missings=T,to.data.frame=T)
> > var.test(Obesity~Sex,Learning_data): 등분산 검정 분석을 실시한다.
> > t.test(Obesity~Sex,Learning_data): 분산이 다른 경우(Welch T검정)
> > t.test(Obesity~Sex,var.equal=T,Learning_data): 분산이 같은 경우(합동분산 T검정)

```
R Console
> var.test(Obesity~Sex,Learning_data)

        F test to compare two variances

data:  Obesity by Sex
F = 0.87199, num df = 4013, denom df = 5103, p-value = 0.000004758
alternative hypothesis: true ratio of variances is not equal to 1
95 percent confidence interval:
 0.8225317 0.9246034
sample estimates:
ratio of variances
         0.8719851

> # in case of a different variance(Welch T Test)
> t.test(Obesity~Sex,Learning_data)

        Welch Two Sample t-test

data:  Obesity by Sex
t = 17.565, df = 8852.9, p-value < 2.2e-16
alternative hypothesis: true difference in means is not equal to 0
95 percent confidence interval:
 1.020099 1.276387
sample estimates:
  mean in group male mean in group female
            23.84494             22.69670

> # in case of a same variance(pooled variance T Test)
> t.test(Obesity~Sex,var.equal=T,Learning_data)

        Two Sample t-test

data:  Obesity by Sex
t = 17.422, df = 9116, p-value < 2.2e-16
alternative hypothesis: true difference in means is not equal to 0
95 percent confidence interval:
 1.019048 1.277439
sample estimates:
  mean in group male mean in group female
            23.84494             22.69670

> |
```

[해석] 독립표본 T검정을 하기 전에 두 집단에 대해 분산의 동질성을 검정(등분산 검정)해야 한다. BMI(Obesity)는 등분산 검정 결과 F=0.872(등분산을 위한 F 통계량), 'p=.000<.001'로 등분산 가정이 성립되지 않은 것으로 나타났으며, Welch T검정에서 성별(Sex) 두 집단(male, female)의 BMI(Obesity)의 평균 차이는 유의하게[t= 17.565(p<.001)] 나타났다.

※ 만약 등분산 가정이 성립된다면 합동분산 T검정[t=17.422(p<.001)]에서 평균의 차이가 유의하다.

나 SPSS 프로그램 활용

1단계: 데이터 파일을 불러온다(분석파일: regression_anova_20190111.sav).

2단계: [Analyze] → [Compare Means] → [Independent-Samples T Test]를 선택한다.

3단계: 평균을 구하고자 하는 연속변수(Obesity)를 검정변수(Test Variable)로, 집단변수(Grouping Variable)를 독립변수(Sex)로 이동하여 집단을 정의(Define Groups)한다(0, 1).

4단계: 결과를 확인한다.

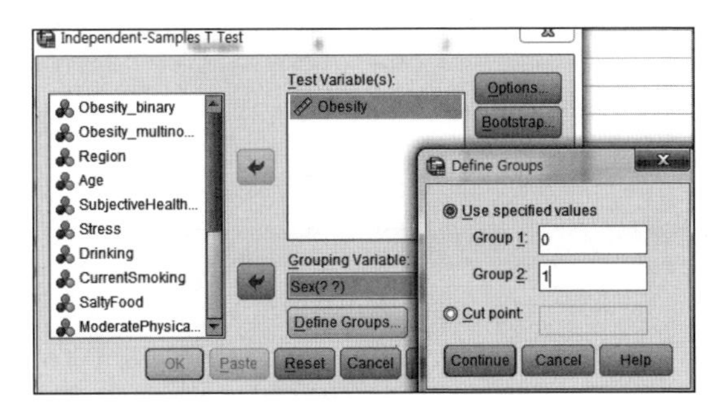

Group Statistics

	Sex	N	Mean	Std. Deviation	Std. Error Mean
Obesity	.00 male	4014	23.8449	3.00321	.04740
	1.00 female	5104	22.6967	3.21611	.04502

Independent Samples Test

		Levene's Test for Equality of Variances		t-test for Equality of Means					95% Confidence Interval of the Difference	
		F	Sig.	t	df	Sig. (2-tailed)	Mean Difference	Std. Error Difference	Lower	Upper
Obesity	Equal variances assumed	23.472	.000	17.422	9116	.000	1.14824	.06591	1.01905	1.27744
	Equal variances not assumed			17.565	8852.914	.000	1.14824	.06537	1.02010	1.27639

[해석] 등분산 검정(Levene's Test for Equality of Variances)결과 F=23.472(등분산을 위한 F 통계량), 'p=.000<.001'로 등분산 가정이 성립되지 않은 것으로 나타났으며, 성별(Sex) 두 집단(male, female)의 BMI(Obesity)의 평균 차이는 'Equal variances not assumed'에서 유의하게[t= 17.565(p<.001)] 나타났다.

(7) 평균의 검정(대응표본 T검정)

대응표본 T검정(Paired T Test)은 동일한 모집단에서 각각의 크기 n1, n2의 표본을 추출하여 평균 간의 차이를 검정하는 방법이다.

연구가설: 고도 비만환자 20명을 대상으로 다이어트 약의 복용 전 체중(diet_b)과 후의 체중(diet_a)을 측정하여 다이어트 약이 체중 감량에 효과가 있었는지를 검정한다(H_0: $\mu_1=\mu_2$, H_1: $\mu_1 \neq \mu_2$).

가 R 프로그램 활용

> install.packages('foreign') ; library(foreign)

> rm(list=ls()): 모든 변수를 초기화한다.

> setwd("c:/MachineLearning_ArtificialIntelligence"): 작업용 디렉터리를 지정한다.

> data_pair=read.spss(file='paired_test.sav',
use.value.labels=T,use.missings=T,to.data.frame=T)

> with(data_pair,t.test(diet_b-diet_a)): 대응표본 T검정을 분석한다.

```
R Console
> ## paired T Test
>
> install.packages('foreign')
Warning: package 'foreign' is in use and will not be installed
> library(foreign)
> rm(list=ls())
> setwd("c:/MachineLearning_ArtificialIntelligence")
> data_pair=read.spss(file='paired_test.sav',
+  use.value.labels=T,use.missings=T,to.data.frame=T)
> with(data_pair,t.test(diet_b-diet_a))

        One Sample t-test

data:  diet_b - diet_a
t = 14.013, df = 19, p-value = 1.812e-11
alternative hypothesis: true mean is not equal to 0
95 percent confidence interval:
 6.252146 8.447854
sample estimates:
mean of x
     7.35

> |
```

[해석] 다이어트 약 복용 전 체중과 다이어트 약 복용 후 체중의 평균의 차이가(7.35) 있는 것으로 검정되어($t=14.013$, $p<.001$) 귀무가설을 기각하고 대립가설을 채택한다. 따라서 다이어트 약은 체중 감량의 효과가 있는 것으로 나타났다.

㉯ SPSS 프로그램 활용

1단계: 데이터 파일을 불러온다(분석파일: paired_test.sav).

2단계: [Analyze] → [Compare Means] → [Paired-Samples T Test]을 선택한다.

3단계: [Paired Variables: diet_b ↔ diet_a]를 지정한다.

4단계: 결과를 확인한다.

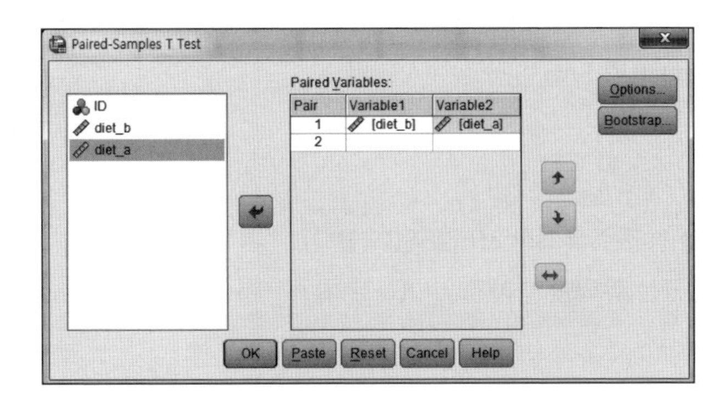

Paired Samples Statistics

		Mean	N	Std. Deviation	Std. Error Mean
Pair 1	diet_b	136.7500	20	18.37583	4.10896
	diet_a	129.4000	20	18.45735	4.12719

Paired Samples Test

		Paired Differences					t	df	Sig. (2-tailed)
					95% Confidence Interval of the Difference				
		Mean	Std. Deviation	Std. Error Mean	Lower	Upper			
Pair 1	diet_b - diet_a	7.35000	2.34577	.52453	6.25215	8.44785	14.013	19	.000

[해석] 다이어트 약 복용 전 체중(136.75)과 다이어트 약 복용 후 체중(129.4)의 평균의 차이가(7.35) 있는 것으로 검정되어(t=14.013, *p*<.001) 귀무가설을 기각하고 대립가설을 채택한다.

(8) 평균의 검정(일원배치 분산분석)

T검정이 2개의 집단에 대한 평균값을 검정하기 위한 분석이라면, 3개 이상의 집단에 대한 평균값의 비교분석에는 F검정인 분산분석(ANOVA, Analysis of Variance)을 사용할 수 있다. 종속변수는 구간척도나 정량적인 연속형 척도로, 종속변수가 2개 이상일 경우 다변량 분산분석(MANOVA, Multivariate Analysis of Variance)을 사용한다. 특히, 독립변수(요인)의 범

주가 세개 이상의 범주형 척도로서 요인이 1개이면 일원배치 분산분석(one-way ANOVA), 요인이 2개이면 이원배치 분산분석(two-way ANOVA)이라고 한다. 분산분석에서 $H_0(\mu_1-\mu_2-\cdots\ \mu_k=0)$가 기각될 경우(집단 간 평균의 차이가 있을 경우), 요인수준들 간에 평균 차이를 보이는지 사후분석(post-hoc analysis)을 실시해야 한다. 사후분석에는 등분산 $H_0(\sigma_1^2-\sigma_2^2-\cdots\ \sigma_k^2=0)$이 가정될 경우, 통상 Tukey(작은 평균 차이에 대한 유의성 발견 시 용이함), Scheffe(큰 평균 차이에 대한 유의성 발견 시 용이함)의 다중비교(multiple comparisons)를 실시한다. 등분산이 가정되지 않을 경우는 Dunnett의 다중비교를 실시한다.

연구가설: (H_0: $\mu_1-\mu_2-\cdots\ \mu_k=0$, H_1: $\mu_1-\mu_2-\cdots\ \mu_k\neq 0$)
즉 H_0는 결혼상태별 BMI(Obesity)의 평균은 유의한 차이가 없다(같다).
H_1은 결혼상태별 BMI(Obesity)의 평균은 유의한 차이가 있다(다르다).

가 R 프로그램 활용

```
> install.packages('foreign') ; library(foreign)
> rm(list=ls())
> setwd("c:/MachineLearning_ArtificialIntelligence")
> Learning_data=read.spss(file='regression_anova_20190111.sav',
  use.value.labels=T,use.missings=T,to.data.frame=T)
> attach(Learning_data)
> tapply(Obesity, MaritalStatus, mean): tapply() 함수는 각 그룹의 평균을 산출한다.
> tapply(Obesity, MaritalStatus, sd): 각 그룹의 표준편차를 산출한다.
> sel=aov(Obesity~MaritalStatus,data=Learning_data): 분산분석표를 sel 변수에
  할당한다.
> summary(sel): 분산분석표를 화면에 출력한다.
> bartlett.test(Obesity~MaritalStatus,data=Learning_data): 등분산 검정을 실시한다.
```

```
R Console
> ## ANOVA(analysis of variance)
> # oneway ANOVA(Obesity * MaritalStatus)
>
> install.packages('foreign')
Warning: package 'foreign' is in use and will not be installed
> library(foreign)
> rm(list=ls())
> setwd("c:/MachineLearning_ArtificialIntelligence")
> Learning_data=read.spss(file='regression_anova_20190111.sav',
+  use.value.labels=T,use.missings=T,to.data.frame=T)
> #attach(Learning_data)
> tapply(Obesity, MaritalStatus, mean)
  Spouse  Divorce   Single
23.44145 23.35970 22.45520
> tapply(Obesity, MaritalStatus, sd)
  Spouse  Divorce   Single
2.971503 3.160714 3.676377
> sel=aov(Obesity~MaritalStatus,data=Learning_data)
> summary(sel)
                Df Sum Sq Mean Sq F value Pr(>F)
MaritalStatus    2   1231   615.5   62.33 <2e-16 ***
Residuals     8668  85599     9.9
---
Signif. codes:  0 '***' 0.001 '**' 0.01 '*' 0.05 '.' 0.1 ' ' 1
447 observations deleted due to missingness
> bartlett.test(Obesity~MaritalStatus,data=Learning_data)

        Bartlett test of homogeneity of variances

data:  Obesity by MaritalStatus
Bartlett's K-squared = 121.63, df = 2, p-value < 2.2e-16

> |
```

[해석] 배우자가 있는 그룹(Spouse)의 BMI(Obesity) 평균이 23.44으로 가장 높게 나타났으며, 분산분석 결과 결혼상태별 BMI의 평균은 차이가 있는 것으로 나타났다(F=62.33, $p<.001$). 등분산 검정(barlett test) 결과 (B=121.63, $p<.001$)로 나타나 귀무가설이 기각되어 결혼상태별 BMI의 분산이 다르게 나타났다.

post-hoc analysis(multiple comparisons)를 실시한다.

> install.packages('multcomp'): multiple comparisons 패키지를 설치한다.

> library(multcomp): multiple comparisons 패키지를 로딩한다.

> sel=aov(Obesity~MaritalStatus,data=Learning_data)

- 분산분석 결과를 sel 변수에 할당한다.

> windows(height=5.5, width=5): 출력 화면의 크기를 지정한다.

> dunnett=glht(sel,linfct=mcp(MaritalStatus='Dunnett'))

- Dunnett 다중비교 검정을 실시한다.

> summary(dunnett): Dunnett 다중비교 분석결과를 화면에 출력한다.

> plot(dunnett, cex.axis=0.6): 축의 문자크기를 0.6으로 지정하여 plot을 작성한다.

```
> ## post-hoc analysis(multiple comparisons)
>
> install.packages('multcomp')
trying URL 'https://cloud.r-project.org/bin/windows/contrib/3.5/multcomp_1.4-8.zip'
Content type 'application/zip' length 733090 bytes (715 KB)
downloaded 715 KB

package 'multcomp' successfully unpacked and MD5 sums checked

The downloaded binary packages are in
        C:\Users\Administrator\AppData\Local\Temp\RtmpS8K3Ep\downloaded_packages
> library(multcomp)
Loading required package: mvtnorm
Loading required package: survival
Loading required package: TH.data
Loading required package: MASS

Attaching package: 'TH.data'

The following object is masked from 'package:MASS':

    geyser

>
> sel=aov(Obesity~MaritalStatus,data=Learning_data)
> windows(height=5.5, width=5)
>
> ## equivalent variance(tukey, scheffe), non-equivalent variance(dunnett)
>
> dunnett=glht(sel,linfct=mcp(MaritalStatus='Dunnett'))
> summary(dunnett)

         Simultaneous Tests for General Linear Hypotheses

Multiple Comparisons of Means: Dunnett Contrasts


Fit: aov(formula = Obesity ~ MaritalStatus, data = Learning_data)

Linear Hypotheses:
                      Estimate Std. Error t value Pr(>|t|)
Divorce - Spouse == 0 -0.08175    0.09413  -0.869    0.617
Single - Spouse == 0  -0.98625    0.08909 -11.070   <1e-10 ***
---
Signif. codes:  0 '***' 0.001 '**' 0.01 '*' 0.05 '.' 0.1 ' ' 1
(Adjusted p values reported -- single-step method)

> plot(dunnett, cex.axis=0.5)
>
```

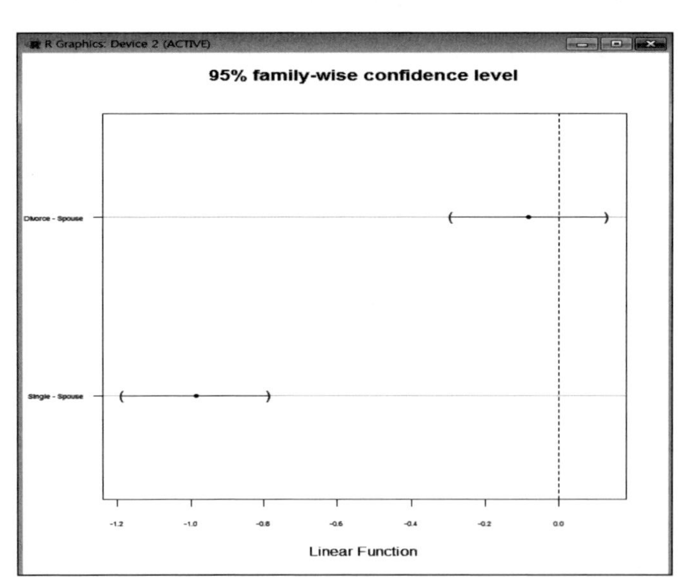

[해석] Dunnett의 다중비교 분석결과 Single 그룹과 (Spouse, Divorce) 그룹 간의 BMI 평균은 유의한 차이가 있는 것으로 나타났다($p<.001$).

> tukey=glht(sel,linfct = mcp(MaritalStatus='Tukey')): Tukey 다중비교 분석을 실시한다.

> summary(tukey): Tukey 다중비교 분석결과를 화면에 출력한다.

> plot(tukey, cex.axis=0.6): Tukey plot을 작성한다.

R Console

```
> tukey=glht(sel,linfct = mcp(MaritalStatus='Tukey'))
> summary(tukey)

	 Simultaneous Tests for General Linear Hypotheses

Multiple Comparisons of Means: Tukey Contrasts


Fit: aov(formula = Obesity ~ MaritalStatus, data = Learning_data)

Linear Hypotheses:
                      Estimate Std. Error t value Pr(>|t|)
Divorce - Spouse == 0 -0.08175    0.09413  -0.869    0.656
Single - Spouse == 0  -0.98625    0.08909 -11.070 <0.00001 ***
Single - Divorce == 0 -0.90450    0.11545  -7.835 <0.00001 ***
---
Signif. codes:  0 '***' 0.001 '**' 0.01 '*' 0.05 '.' 0.1 ' ' 1
(Adjusted p values reported -- single-step method)

> plot(tukey, cex.axis=0.5)
> |
```

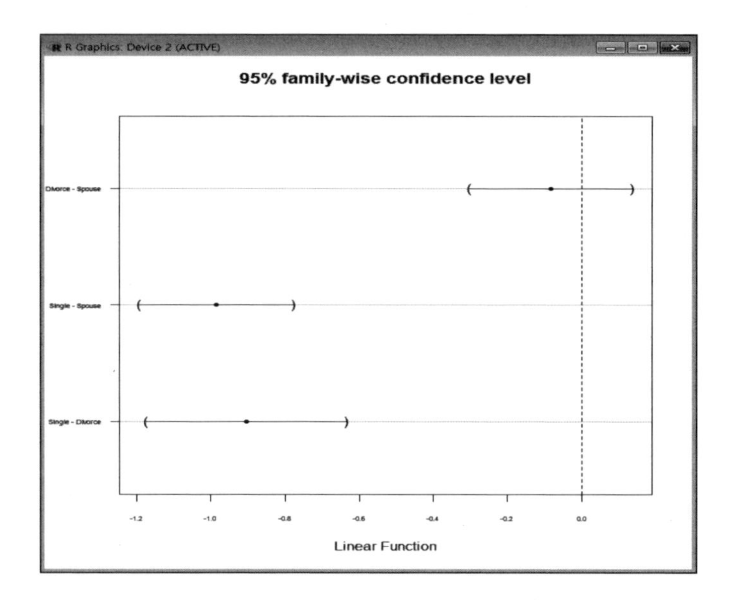

[해석] Tukey의 다중비교 분석결과 (Spouse, Divorce)은 동일한 그룹으로 나타났으며(p>.1), Single 그룹은 다른 그룹(Spouse, Divorce)과 BMI 평균은 차이가 있는 것으로 나타났다(p<.001). 따라서 3개의 결혼상태 그룹은 'Spouse, Divorce' 그룹과 'Single' 그룹의 2개의 집단으로 구분할 수 있다.

> install.packages('gplots'): gplots 패키지를 설치한다.

> library(gplots)

> plotmeans(Obesity~MaritalStatus,data=Learning_data,xlab='MaritalStatus', ylab='Obesity',main='Mean of Obesity by MaritalStatus'): 평균도표를 그린다.

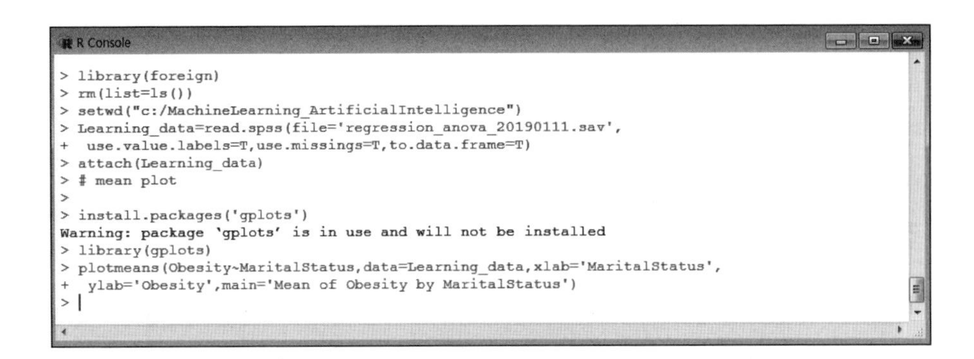

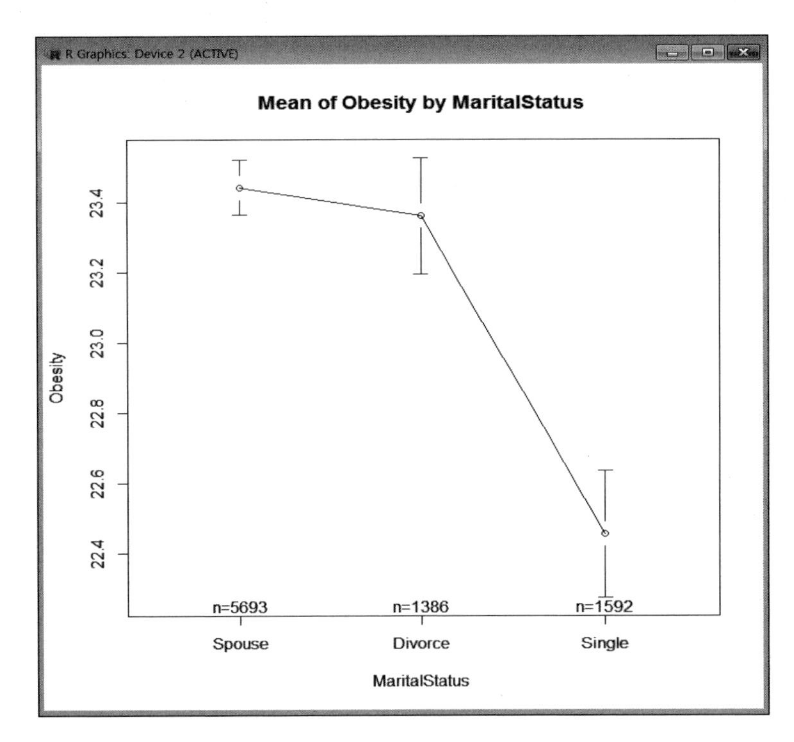

[해석] 등분산 가정이 성립되지 않기 때문에 동일 집단군에 대한 확인은 Dunnett의 다중비교나 평균도표를 분석하여 확인 할 수 있다. 평균도표에서 BMI의 평균은 'Spouse, Divorce' 그룹과 'Single' 그룹의 2개의 집단으로 구분할 수 있다.

ⓑ SPSS 프로그램 활용

1단계: 데이터 파일을 불러온다(분석파일: regression_anova_20190111.sav).

2단계: [Analyze] → [Compare Means] → [One-way ANOVA] → [Dependent List: Obesity, Factor: MaritalStatus]를 지정한다.

3단계: [Options] → [Descriptive, Homogeneity of variance test, Means plot]을 선택한다.

4단계: [Post Hoc] → [Tukey, Scheffe, Dunnett's T3]을 선택한다.

5단계: 결과를 확인한다.

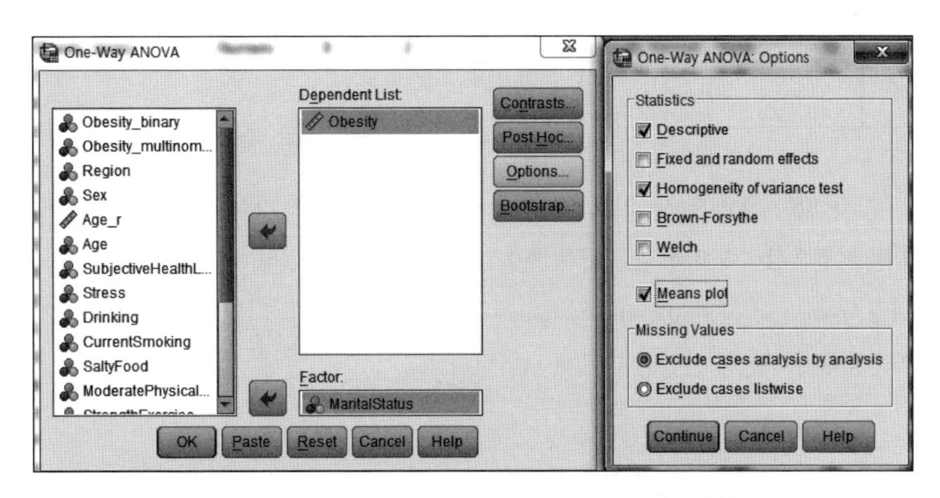

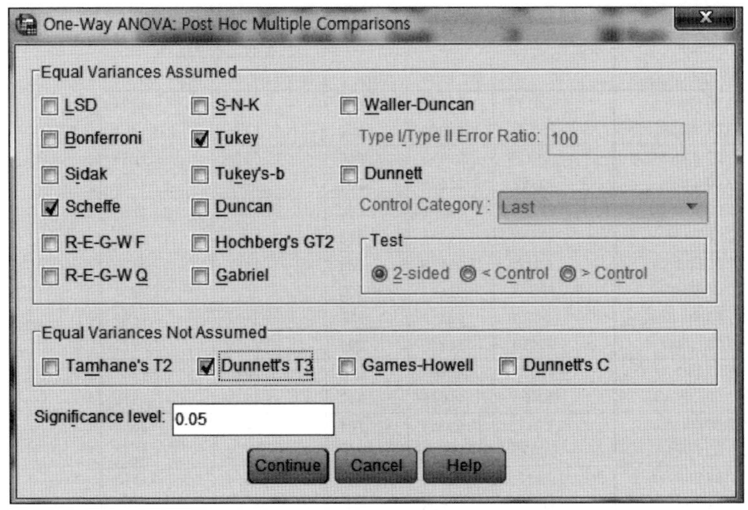

Descriptives

Obesity

	N	Mean	Std. Deviation	Std. Error	95% Confidence Interval for Mean		Minimum	Maximum
					Lower Bound	Upper Bound		
1.00 Spouse	5693	23.4415	2.97150	.03938	23.3642	23.5187	13.96	37.72
2.00 Divorce	1386	23.3597	3.16071	.08490	23.1932	23.5262	13.67	37.78
3.00 Single	1592	22.4552	3.67638	.09214	22.2745	22.6359	14.02	47.47
Total	8671	23.2473	3.16465	.03399	23.1807	23.3139	13.67	47.47

Test of Homogeneity of Variances

Obesity

Levene Statistic	df1	df2	Sig.
40.439	2	8668	.000

ANOVA

Obesity

	Sum of Squares	df	Mean Square	F	Sig.
Between Groups	1230.968	2	615.484	62.325	.000
Within Groups	85599.250	8668	9.875		
Total	86830.218	8670			

[해석] 배우자가 있는 그룹(Spouse)의 BMI(Obesity) 평균이 23.44로 가장 높게 나타났으며, 분산분석 결과 결혼상태별 BMI의 평균은 차이가 있는 것으로 나타났다(F=62.325, p<.001). 등분산 검정(Levene test) 결과 (Levene Statistic=40.439, p<.001)로 나타나 귀무가설이 기각되어 결혼상태별 BMI의 분산이 다르게 나타났다.

Multiple Comparisons

Dependent Variable: Obesity

	(I) MaritalStatus	(J) MaritalStatus	Mean Difference (I-J)	Std. Error	Sig.	95% Confidence Interval	
						Lower Bound	Upper Bound
Tukey HSD	1.00 Spouse	2.00 Divorce	.08175	.09413	.660	-.1389	.3024
		3.00 Single	.98625*	.08909	.000	.7774	1.1951
	2.00 Divorce	1.00 Spouse	-.08175	.09413	.660	-.3024	.1389
		3.00 Single	.90450*	.11545	.000	.6339	1.1751
	3.00 Single	1.00 Spouse	-.98625*	.08909	.000	-1.1951	-.7774
		2.00 Divorce	-.90450*	.11545	.000	-1.1751	-.6339
Scheffe	1.00 Spouse	2.00 Divorce	.08175	.09413	.686	-.1487	.3122
		3.00 Single	.98625*	.08909	.000	.7681	1.2044
	2.00 Divorce	1.00 Spouse	-.08175	.09413	.686	-.3122	.1487
		3.00 Single	.90450*	.11545	.000	.6219	1.1871
	3.00 Single	1.00 Spouse	-.98625*	.08909	.000	-1.2044	-.7681
		2.00 Divorce	-.90450*	.11545	.000	-1.1871	-.6219
Dunnett T3	1.00 Spouse	2.00 Divorce	.08175	.09359	.764	-.1419	.3054
		3.00 Single	.98625*	.10020	.000	.7468	1.2257
	2.00 Divorce	1.00 Spouse	-.08175	.09359	.764	-.3054	.1419
		3.00 Single	.90450*	.12529	.000	.6052	1.2038
	3.00 Single	1.00 Spouse	-.98625*	.10020	.000	-1.2257	-.7468
		2.00 Divorce	-.90450*	.12529	.000	-1.2038	-.6052

*. The mean difference is significant at the 0.05 level.

[해석] Dunnett과 Tukey의 다중비교 분석결과 (Spouse, Divorce)은 동일한 그룹으로 나타났으며(p>.1), Single 그룹은 다른 그룹(Spouse, Divorce)과 BMI 평균은 차이가 있는 것으로 나타났다(p<.001). 따라서 3개의 결혼상태 그룹은 'Spouse, Divorce' 그룹과 'Single' 그룹의 2개의 집단으로 구분할 수 있다.

Homogeneous Subsets

Obesity

	MaritalStatus	N	Subset for alpha = 0.05 1	2
Tukey HSD[a,b]	3.00 Single	1592	22.4552	
	2.00 Divorce	1386		23.3597
	1.00 Spouse	5693		23.4415
	Sig.		1.000	.693
Scheffe[a,b]	3.00 Single	1592	22.4552	
	2.00 Divorce	1386		23.3597
	1.00 Spouse	5693		23.4415
	Sig.		1.000	.717

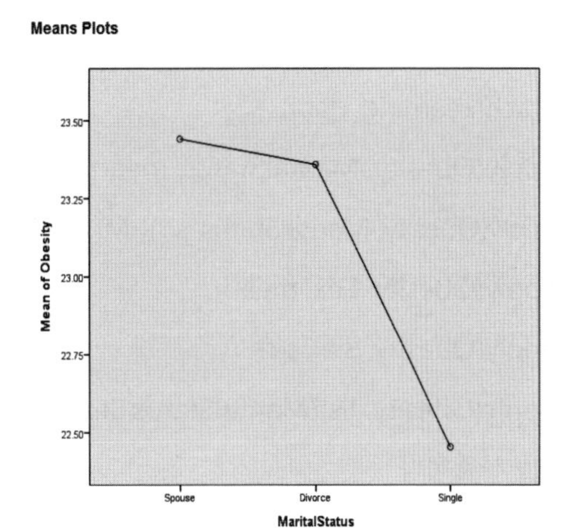

[해석] Tukey와 Scheffe의 동질적 부분집합(Homogeneous Subsets)과 평균도표(Mean Plots)에서 'Spouse, Divorce' 그룹과 'Single' 그룹의 2개의 집단에서 BMI의 평균은 차이가 있는 것으로 나타났다.

(9) 평균의 검정(이원배치 분산분석)

이원배치 분산분석은 독립변수(요인)가 2개인 경우 집단 간 종속변수의 평균을 비교하기 위한 분석방법이다. 두 요인에 대한 상호작용(interaction)이 존재하는지를 우선적으로 점검하고, 상호작용이 존재하지 않으면 각각의 요인의 효과(effect)를 따로 분리하여 분석할 수 있다.

연구문제: Sex(male, female)와 MaritalStatus(Spouse, Divorce, Single)에 따라 BMI(Obesity)의 평균은 차이가 있는가? 그리고 Sex와 MaritalStatus의 상호작용 효과는 있는가?

가 R 프로그램 활용

> install.packages('foreign') ; library(foreign)

> rm(list=ls())

> setwd("c:/MachineLearning_ArtificialIntelligence")

> Learning_data=read.spss(file='regression_anova_20190111.sav',
use.value.labels=T,use.missings=T,to.data.frame=T)

> attach(Learning_data)

> tapply(Obesity, MaritalStatus, mean): MaritalStatus별 Obesity의 평균을 산출한다.

> tapply(Obesity, MaritalStatus, sd): MaritalStatus별 Obesity의 표준편차를 산출한다.

> tapply(Obesity, Sex, mean)

> tapply(Obesity, Sex, sd)

> tapply(Obesity, list(MaritalStatus,Sex), mean): MaritalStatus와 성별 Obesity의 평균을 산출한다.

> tapply(Obesity, list(MaritalStatus,Sex), sd)

> sel=lm(Obesity~MaritalStatus+Sex+MaritalStatus*Sex,data=Learning_data)
- 개체 간 효과 검정을 위해 회귀분석을 실시한다.

> anova(sel): 개체 간 효과 검정을 실시한다.

```
R Console
> ## two way ANOVA(Obesity * MaritalStatus * Sex)
>
> install.packages('foreign')
Warning: package 'foreign' is in use and will not be installed
> library(foreign)
> rm(list=ls())
> setwd("c:/MachineLearning_ArtificialIntelligence")
> Learning_data=read.spss(file='regression_anova_20190111.sav',
+  use.value.labels=T,use.missings=T,to.data.frame=T)
> #attach(Learning_data)
> tapply(Obesity, MaritalStatus, mean)
  Spouse  Divorce   Single
23.44145 23.35970 22.45520
> tapply(Obesity, MaritalStatus, sd)
  Spouse  Divorce   Single
2.971503 3.160714 3.676377
> tapply(Obesity, Sex, mean)
    male   female
23.84494 22.69670
> tapply(Obesity, Sex, sd)
    male   female
3.003212 3.216114
> tapply(Obesity, list(MaritalStatus,Sex), mean)
            male   female
Spouse   23.96479 22.97726
Divorce  23.39227 23.34996
Single   23.73819 21.14616
> tapply(Obesity, list(MaritalStatus,Sex), sd)
            male   female
Spouse   2.837363 3.010865
Divorce  2.827873 3.254794
Single   3.569367 3.305552
> sel=lm(Obesity~MaritalStatus+Sex+MaritalStatus*Sex,data=Learning_data)
> anova(sel)
Analysis of Variance Table

Response: Obesity
                    Df Sum Sq Mean Sq F value    Pr(>F)
MaritalStatus        2   1231  615.48  65.404 < 2.2e-16 ***
Sex                  1   2893 2893.35 307.459 < 2.2e-16 ***
MaritalStatus:Sex    2   1164  581.91  61.836 < 2.2e-16 ***
Residuals         8665  81542    9.41
---
Signif. codes:  0 '***' 0.001 '**' 0.01 '*' 0.05 '.' 0.1 ' ' 1
> |
```

[해석] BMI(Obesity)에 대한 결혼상태(MaritalStatus)와 성별(Sex)의 효과는 MaritalStatus(F=65.40, p<.001)과 Sex(F=307.46, p<.001)에서 유의한 차이가 있는 것으로 나타났으며, MaritalStatus와 Sex의 상호작용 효과가 있는 것으로 나타났다(F=61.836, p<.001). 결혼상태의 모든 그룹(Spouse, Divorce, Single)에서 여자(female)보다 남자(male)의 BMI(Obesity)가 높게 나타났다.

interaction plot

```
> interaction.plot(Sex,MaritalStatus,Obesity, bty='l', main='interaction plot')
```

- Sex와 MaritalStatus의 프로파일 도표를 작성한다.
- bty(box plot type)는 플롯 영역을 둘러싼 상자의 모양을 나타내는 것으로 (c,n, o, 7, u, l)을 사용한다.

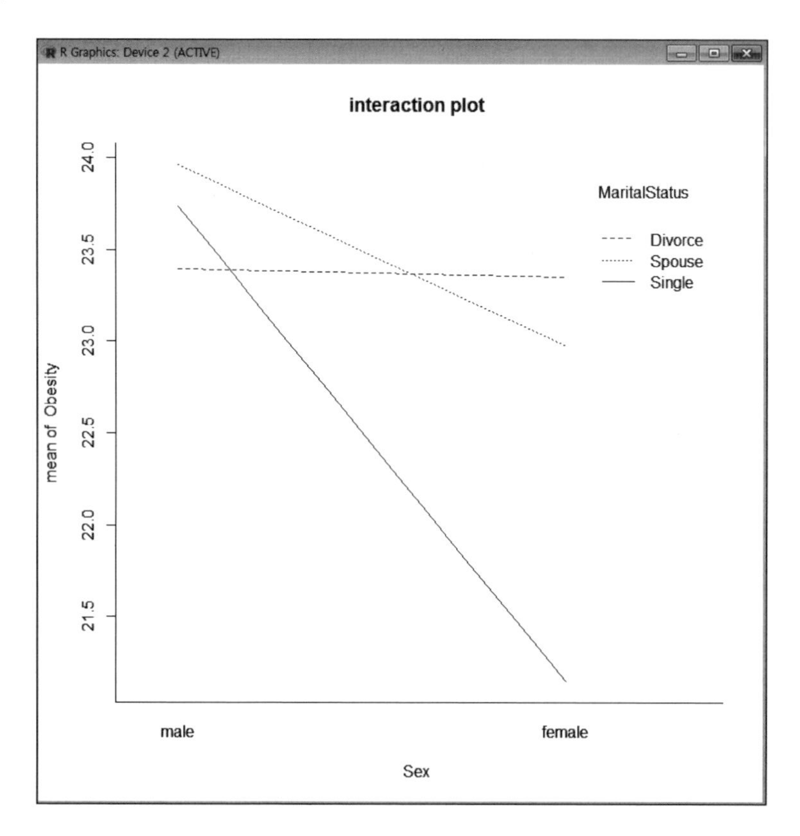

[해석] Interaction plot에서 Sex와 MaritalStatus 그룹에서 교차되어 상호작용 효과(interaction effect)가 있는 것으로 나타났다. 특히, Single 집단이 Spouse 집단보다 여자의 BMI 감소가 매우 가파른 것으로 나타났다.

㉯ SPSS 프로그램 활용

1단계: 데이터 파일을 불러온다(분석파일: regression_anova_20190111.sav).

2단계: [Analyze] → [General Linear Model] → [Univariate] → [(Dependent: Obesity), (Fixed Factor: Sex, MaritalStatus)]을 선택한다.

3단계: [Options] → [Descriptive Statistics, Homogeneity tests]을 선택한다.

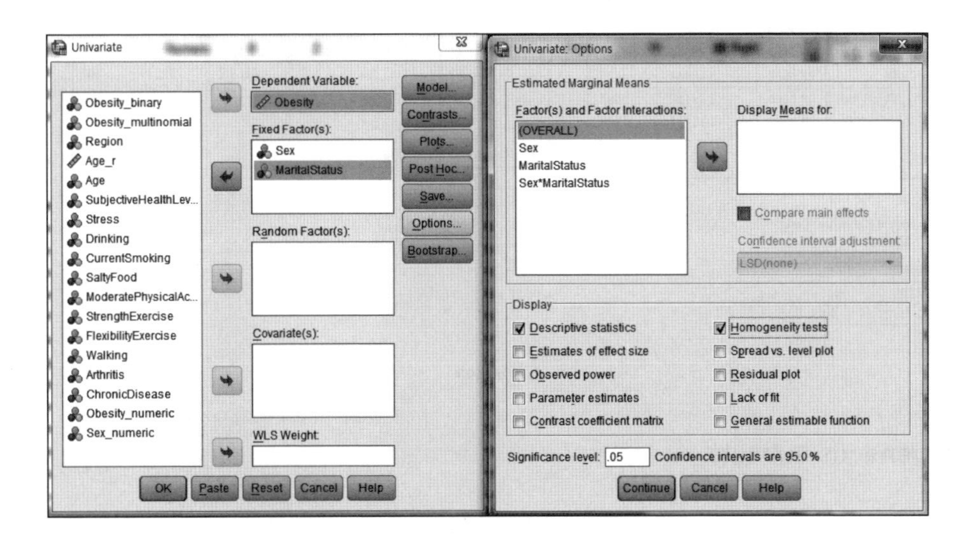

4단계: [Profile Plots] → [Horizontal Axis: Sex, Separate Lines: MaritalStatus]를 선택한 후 [Add]를 누른다.

5단계: 사후분석(Multiple Comparisons)을 실시한다.

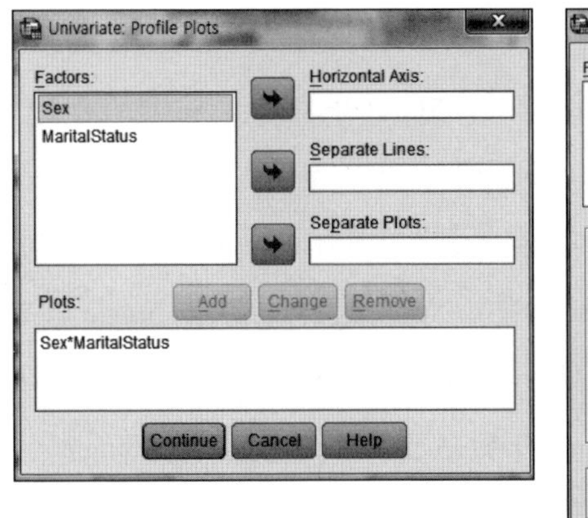

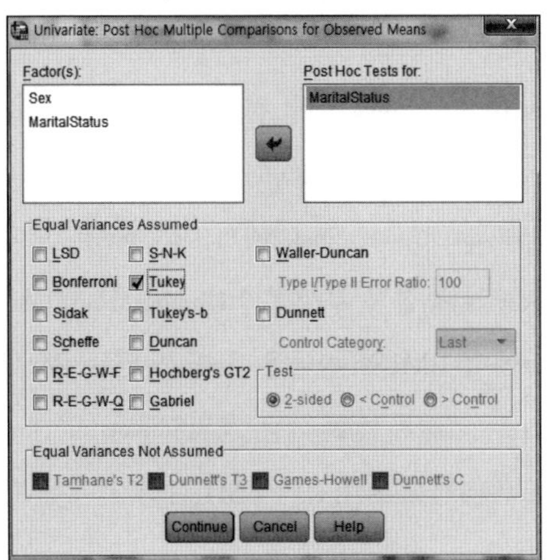

6단계: 결과를 확인한다.

Descriptive Statistics

Dependent Variable: Obesity

Sex	MaritalStatus	Mean	Std. Deviation	N
.00 male	1.00 Spouse	23.9648	2.83736	2676
	2.00 Divorce	23.3923	2.82787	319
	3.00 Single	23.7382	3.56937	804
	Total	23.8688	3.01042	3799
1.00 female	1.00 Spouse	22.9773	3.01086	3017
	2.00 Divorce	23.3500	3.25479	1067
	3.00 Single	21.1462	3.30555	788
	Total	22.7627	3.19744	4872
Total	1.00 Spouse	23.4415	2.97150	5693
	2.00 Divorce	23.3597	3.16071	1386
	3.00 Single	22.4552	3.67638	1592
	Total	23.2473	3.16465	8671

Tests of Between-Subjects Effects

Dependent Variable: Obesity

Source	Type III Sum of Squares	df	Mean Square	F	Sig.
Corrected Model	5288.138[a]	5	1057.628	112.388	.000
Intercept	2633930.186	1	2633930.186	279892.361	.000
Sex	1799.443	1	1799.443	191.216	.000
MaritalStatus	1329.427	2	664.714	70.635	.000
Sex * MaritalStatus	1163.819	2	581.910	61.836	.000
Error	81542.079	8665	9.411		
Total	4772961.943	8671			
Corrected Total	86830.218	8670			

Levene's Test of Equality of Error Variances[a]

Dependent Variable: Obesity

F	df1	df2	Sig.
12.144	5	8665	.000

Profile Plots

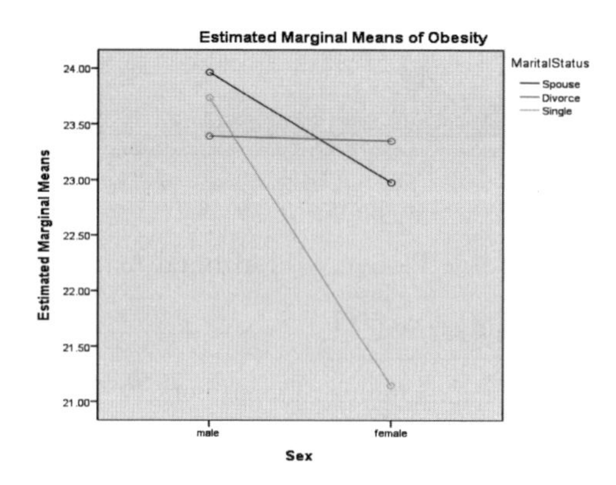

Homogeneous Subsets

Obesity

Tukey HSD[a,b,c]

MaritalStatus	N	Subset 1	Subset 2
3.00 Single	1592	22.4552	
2.00 Divorce	1386		23.3597
1.00 Spouse	5693		23.4415
Sig.		1.000	.681

[해석] BMI(Obesity)에 대한 결혼상태(MaritalStatus)와 성별(Sex)의 효과는 Sex(F=191.22, p<.001)와 MaritalStatus(F=70.64, p<.001)에서 유의한 차이가 있는 것으로 나타났으며, 모든 그룹(Spouse, Divorce, Single)에서 여자(female)보다 남자(male)의 BMI(Obesity)가 높게 나타났다. Tukey의 동질적 부분집합(Homogeneous Subsets)에서 'Spouse, Divorce'과 'Single'의 2개의 집단에서 BMI의 평균은 차이가 있는 것으로 나타났으며, Profile Plots에서 Sex와 MaritalStatus 그룹은 상호작용 효과(interaction effect)가 있는 것으로 나타났으며, Single 집단이 Spouse 집단보다 여자의 BMI 감소가 매우 가파른 것으로 나타났다.

(10) 산점도(scatter diagram)

두 연속형 변수 간의 선형적 관계를 알아보고자 할 때 가장 먼저 실시한다. 두 변수에 대한 데이터 산점도(scatter diagram)를 그리고, 직선관계식을 나타내는 단순회귀분석을 실시한다.

가 R 프로그램 활용

> install.packages('foreign')

> library(foreign)

> rm(list=ls())

> setwd("c:/MachineLearning_ArtificialIntelligence")

> Learning_data=read.spss(file='regression_anova_20190111.sav', use.value.labels=T,use.missings=T,to.data.frame=T)

> attach(Learning_data)

> windows(height=5.5, width=5): 출력 화면의 크기를 지정한다.

> z1=lm(Obesity~Age_r,data=Learning_data)

- Obesity와 Age의 회귀분석을 실시하여 z1 객체에 할당한다.

> plot(Age_r, Obesity, xlim=c(0,100), ylim=c(0,50), col='blue',xlab='Age', ylab='Obesity', main='Scatter diagram of Obesity and Age')

- Obesity와 Age의 산점도를 그린다.

> abline(z1$coef, lty=2, col='red'): z1의 회귀계수에 대한 직선을 그린다.

R Console

```
> ## scatter diagram
>
> install.packages('foreign')
Warning: package 'foreign' is in use and will not be installed
> library(foreign)
> rm(list=ls())
> setwd("c:/MachineLearning_ArtificialIntelligence")
> Learning_data=read.spss(file='regression_anova_20190111.sav',
+  use.value.labels=T,use.missings=T,to.data.frame=T)
> #attach(Learning_data)
> windows(height=5.5, width=5)
> z1=lm(Obesity~Age_r,data=Learning_data)
> plot(Age_r, Obesity, xlim=c(0,100), ylim=c(0,50), col='blue',xlab='Age',
+  ylab='Obesity', main='Scatter diagram of Obesity and Age')
> abline(z1$coef, lty=2, col='red')
> |
```

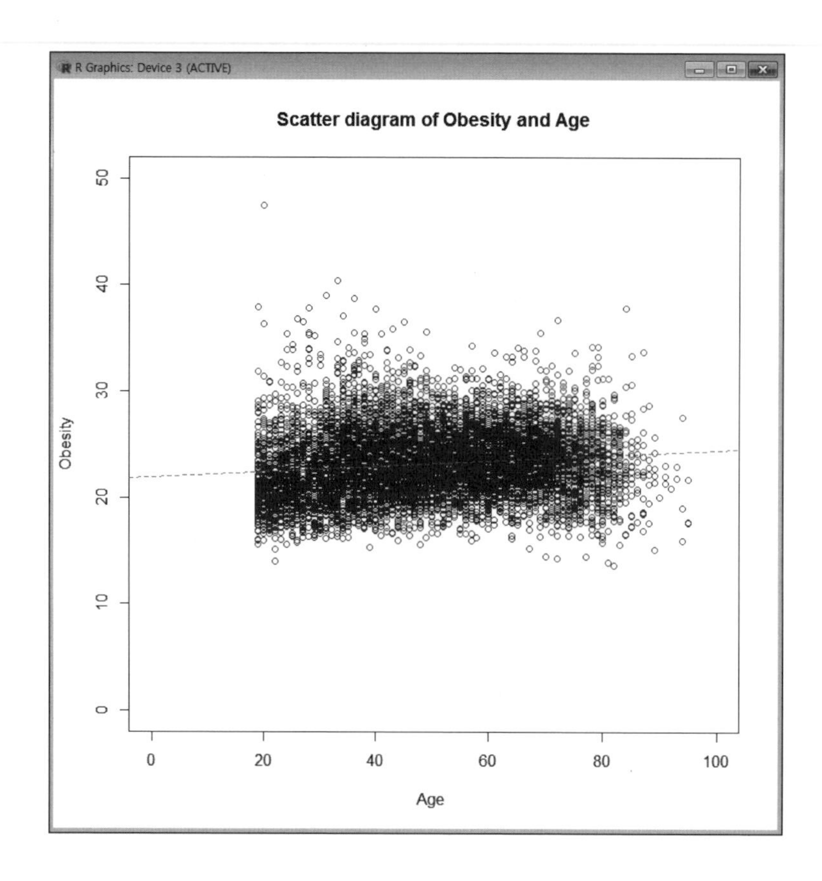

[해석] Obesity와 Age의 산점도는 양(+)의 선형관계(positive linear relationship)를 보이고 있어, Age가 많을수록 BMI(Obesity)가 증가하는 것을 알 수 있다.

나 SPSS 프로그램 활용

1단계: 데이터 파일을 불러온다(분석파일: regression_anova_20190111.sav).

2단계: [Graphs] → [Legacy Dialogs] → [Scatter/Dot] → [Simple Scatter] → [Define]를 선택한다.

3단계: [Y Axis: Obesity, X Axis: Age]를 지정한다.

4단계: [Titles: Scatter diagram of Obesity and Age]를 입력한다.

5단계: 결과를 확인한다.

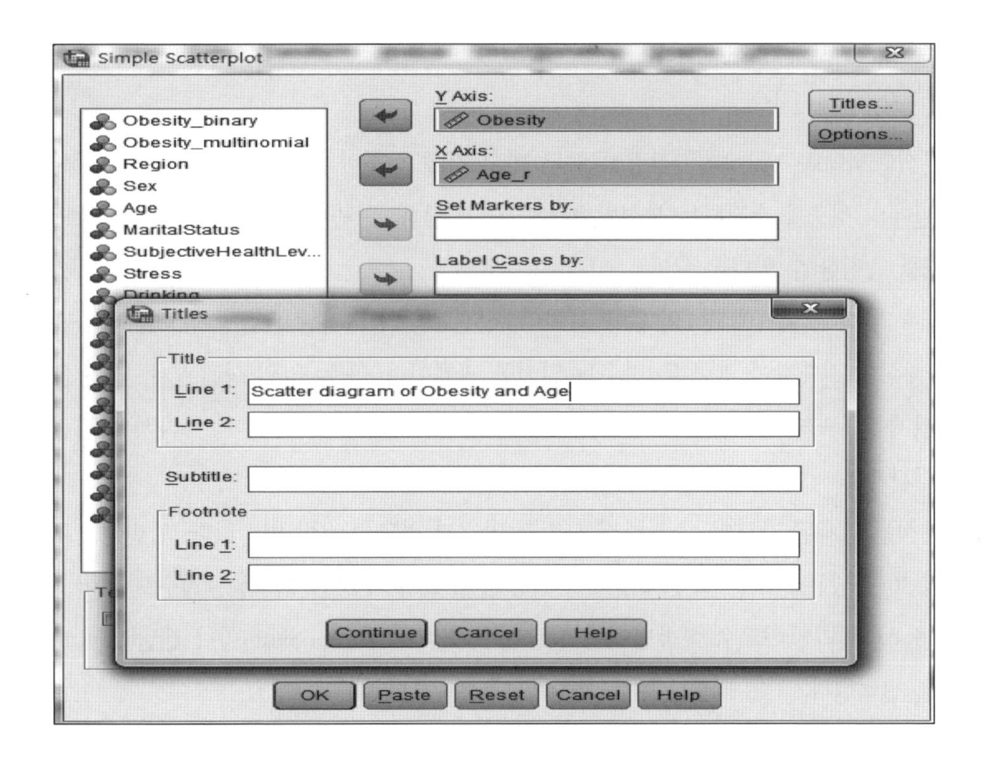

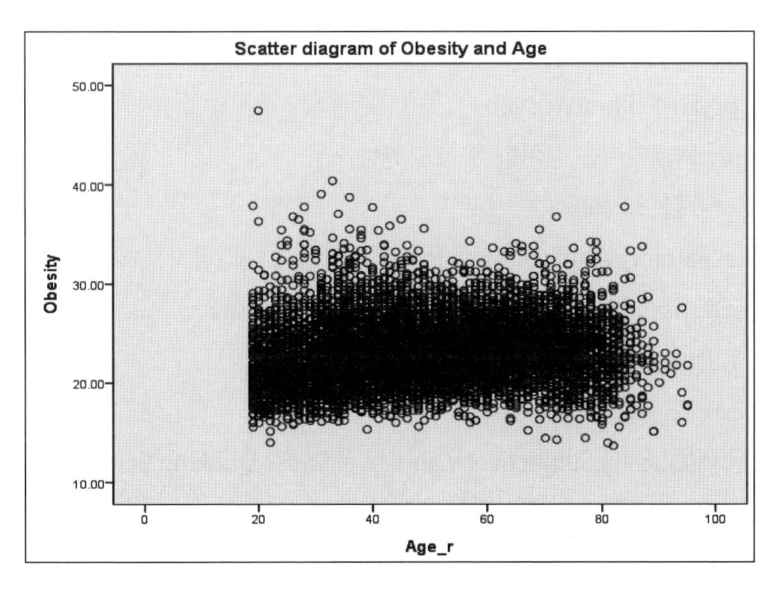

[해석] Obesity와 Age의 산점도는 양(+)의 선형관계(positive linear relationship)를 보이고 있어, Age가 많을수록 BMI(Obesity)가 증가하는 것을 알 수 있다.

(11) 상관분석(correlation analysis)

상관분석(correlation analysis)은 정량적인 두 변수 간에 선형관계가 존재하는지를 파악하고 상관관계의 정도를 측정하는 분석방법으로, 이를 통해 두 변수 간의 관계가 어느 정도 밀접한지를 측정할 수 있다.

상관계수의 범위는 -1에서 1의 값을 가지며, 상관계수의 크기는 관련성 정도를 나타낸다. 상관계수의 절댓값이 크면 두 변수는 밀접한 관계이며, '+'는 양의 상관관계, '-'는 음의 상관관계를 나타내고, '0'은 두 변수 간에 상관관계가 없음을 나타낸다. 따라서 상관관계는 인과관계를 의미하는 것은 아니고 관련성 정도를 검정하는 것이다.

상관분석은 조사된 자료의 수에 따라 모수적 방법과 비모수적 방법이 있다. 일반적으로 표본수가 30이 넘는 경우는 모수적 방법을 사용한다. 모수적 방법에는 상관계수로 피어슨(Pearson)을 선택하고, 비모수적 방법에는 상관계수로 스피어만(Spearman)이나 켄달(Kendall)의 타우를 선택한다.

가 R 프로그램 활용

> install.packages('foreign') ; library(foreign)

> install.packages("psych") ; library(psych)

- 심리측정도구인 psych 패키지를 설치한 후 로딩한다.

> rm(list=ls()): 모든 변수를 초기화한다.

> setwd("c:/MachineLearning_ArtificialIntelligence"): 작업용 디렉터리를 지정한다.

> Learning_data=read.spss(file='regression_anova_20190111.sav',
use.value.labels=T,use.missings=T,to.data.frame=T)

- 데이터 파일을 Learning_data에 할당한다.

> corr_variables=cbind(Obesity,SubjectiveHealthLevel,Stress,Drinking,SaltyFood,
ModeratePhysicalActivity,StrengthExercise,FlexibilityExercise,Walking)

- Obesity ~ Walking의 데이터프레임을 corr_variables에 저장한다.

> with(Learning_data, cor.test(Obesity,SubjectiveHealthLevel))

- Obesity과 SubjectiveHealthLevel의 상관계수와 유의확률을 산출한다.

> with(Learning_data, cor.test(Obesity,Stress))

- Obesity과 Stress의 상관계수와 유의확률을 산출한다.

> with(Learning_data, cor.test(Obesity,Drinking))

- Obesity과 Drinking의 상관계수와 유의확률을 산출한다.

> with(Learning_data, cor.test(Obesity,Age_r))

- Obesity과 Age의 상관계수와 유의확률을 산출한다.

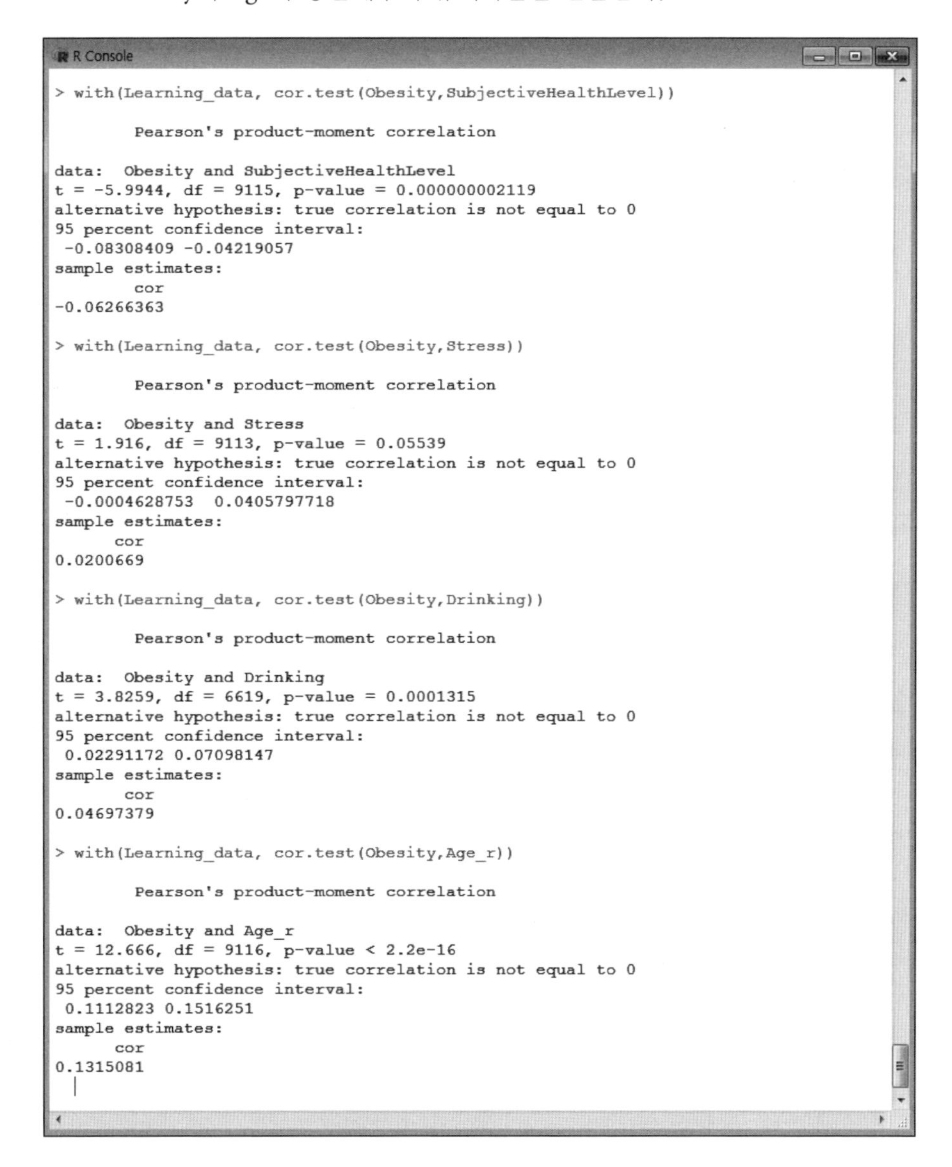

```
R Console
> with(Learning_data, cor.test(Obesity,SubjectiveHealthLevel))

        Pearson's product-moment correlation

data:  Obesity and SubjectiveHealthLevel
t = -5.9944, df = 9115, p-value = 0.000000002119
alternative hypothesis: true correlation is not equal to 0
95 percent confidence interval:
 -0.08308409 -0.04219057
sample estimates:
        cor
-0.06266363

> with(Learning_data, cor.test(Obesity,Stress))

        Pearson's product-moment correlation

data:  Obesity and Stress
t = 1.916, df = 9113, p-value = 0.05539
alternative hypothesis: true correlation is not equal to 0
95 percent confidence interval:
 -0.0004628753  0.0405797718
sample estimates:
      cor
0.0200669

> with(Learning_data, cor.test(Obesity,Drinking))

        Pearson's product-moment correlation

data:  Obesity and Drinking
t = 3.8259, df = 6619, p-value = 0.0001315
alternative hypothesis: true correlation is not equal to 0
95 percent confidence interval:
 0.02291172 0.07098147
sample estimates:
       cor
0.04697379

> with(Learning_data, cor.test(Obesity,Age_r))

        Pearson's product-moment correlation

data:  Obesity and Age_r
t = 12.666, df = 9116, p-value < 2.2e-16
alternative hypothesis: true correlation is not equal to 0
95 percent confidence interval:
 0.1112823 0.1516251
sample estimates:
      cor
0.1315081
```

[해석] Obesity와 SubjectiveHealthLevel은 음(-)의 상관관계(-.062, $p<.001$)를 보이는 것으로 나타났다. Obesity와 [Stress(.02, $p<.1$), Drinking(.047, $p<.001$), Age(.132, $p<.001$)]는 양(+)의 상관관계를 보이는 것으로 나타났다.

> corr.test(corr_variables): 전체 변수 간 상관분석을 실시한다.

```
R Console
> corr.test(corr_variables)
Call:corr.test(x = corr_variables)
Correlation matrix
                         Obesity SubjectiveHealthLevel Stress Drinking SaltyFood ModeratePhysicalActivity StrengthExercise FlexibilityExercise Walking
Obesity                     1.00                 -0.06   0.02     0.05      0.07                     0.02             0.02               -0.02   -0.02
SubjectiveHealthLevel      -0.06                  1.00  -0.10     0.04     -0.02                     0.08             0.11                0.07    0.07
Stress                      0.02                 -0.10   1.00     0.04      0.06                    -0.02            -0.05               -0.05   -0.06
Drinking                    0.05                  0.04   0.04     1.00      0.07                     0.00             0.09                0.00    0.01
SaltyFood                   0.07                 -0.02   0.06     0.07      1.00                    -0.01            -0.02               -0.07   -0.02
ModeratePhysicalActivity    0.02                  0.08  -0.02     0.00     -0.01                     1.00             0.29                0.24    0.09
StrengthExercise            0.02                  0.11  -0.05     0.09     -0.02                     0.29             1.00                0.43    0.10
FlexibilityExercise        -0.02                  0.07  -0.05     0.00     -0.07                     0.24             0.43                1.00    0.12
Walking                    -0.02                  0.07  -0.06     0.01     -0.02                     0.09             0.10                0.12    1.00
Sample Size
                         Obesity SubjectiveHealthLevel Stress Drinking SaltyFood ModeratePhysicalActivity StrengthExercise FlexibilityExercise Walking
Obesity                     9118                  9117   9115     6621      9118                     9118             5467                5467    9117
SubjectiveHealthLevel       9117                  9117   9114     6620      9117                     9117             5466                5466    9116
Stress                      9115                  9114   9115     6620      9115                     9115             5464                5464    9114
Drinking                    6621                  6620   6620     6621      6621                     6621             3955                3955    6620
SaltyFood                   9118                  9117   9115     6621      9118                     9118             5467                5467    9117
ModeratePhysicalActivity    9118                  9117   9115     6621      9118                     9118             5467                5467    9117
StrengthExercise            5467                  5466   5464     3955      5467                     5467             5467                5467    5466
FlexibilityExercise         5467                  5466   5464     3955      5467                     5467             5467                5467    5466
Walking                     9117                  9116   9114     6620      9117                     9117             5466                5466    9117
Probability values (Entries above the diagonal are adjusted for multiple tests.)
                         Obesity SubjectiveHealthLevel Stress Drinking SaltyFood ModeratePhysicalActivity StrengthExercise FlexibilityExercise Walking
Obesity                     0.00                  0.00   0.61     0.00      0.00                     1.00                1                   1    0.59
SubjectiveHealthLevel       0.00                  0.00   0.00     0.01      0.34                     0.00                0                   0    0.00
Stress                      0.06                  0.00   0.00     0.04      0.00                     0.61                0                   0    0.00
Drinking                    0.00                  0.00   0.00     0.00      0.00                     1.00                0                   1    1.00
SaltyFood                   0.00                  0.03   0.00     0.00      0.00                     1.00                1                   0    1.00
ModeratePhysicalActivity    0.11                  0.00   0.06     0.93      0.62                     0.00                0                   0    0.00
StrengthExercise            0.17                  0.00   0.00     0.00      0.26                     0.00                0                   0    0.00
FlexibilityExercise         0.20                  0.00   0.00     0.99      0.00                     0.00                0                   0    0.00
Walking                     0.05                  0.00   0.00     0.29      0.12                     0.00                0                   0    0.00

 To see confidence intervals of the correlations, print with the short=FALSE option
> |
```

corrplot 패키지를 이용하여 상관관계 plot을 작성할 수 있다.

```
R Console
> ## correlation coefficient plot(corrplot)
>
> install.packages('foreign')
Warning: package 'foreign' is in use and will not be installed
> library(foreign)
> install.packages('corrplot')
Warning: package 'corrplot' is in use and will not be installed
> library(corrplot)
> rm(list=ls())
> setwd("c:/MachineLearning_ArtificialIntelligence")
> Learning_data=read.spss(file='regression_anova_20190111.sav',
+  use.value.labels=T,use.missings=T,to.data.frame=T)
> #attach(Learning_data)
> corr_variables=cbind(Obesity,SubjectiveHealthLevel,Stress,Drinking,SaltyFood,
+  ModeratePhysicalActivity,StrengthExercise,FlexibilityExercise,Walking)
> obesity_corr=cor(corr_variables, use='pairwise.complete.obs')
> corrplot(obesity_corr,
+          method="shade",
+          addshade="all",
+          tl.col="red",
+          tl.srt=30,
+          diag=FALSE,
+          addCoef.col="black",
+          order="FPC"      # "FPC": First Principle Component
+   )
> |
```

R Graphics: Device 2 (ACTIVE)

	StrengthExercise	FlexibilityExercise	ModeratePhysicalActivity	Walking	SubjectiveHealthLevel	Drinking	Obesity	SaltyFood	Stress
StrengthExercise		0.43	0.29	0.1	0.11	0.09	0.02	-0.02	-0.05
FlexibilityExercise	0.43		0.24	0.12	0.07	0	-0.02	-0.07	-0.05
ModeratePhysicalActivity	0.29	0.24		0.09	0.08	0	0.02	-0.01	-0.02
Walking	0.1	0.12	0.09		0.07	0.01	-0.02	-0.02	-0.06
SubjectiveHealthLevel	0.11	0.07	0.08	0.07		0.04	-0.06	-0.02	-0.1
Drinking	0.09	0	0	0.01	0.04		0.05	0.07	0.04
Obesity	0.02	-0.02	0.02	-0.02	-0.06	0.05		0.07	0.02
SaltyFood	-0.02	-0.07	-0.01	-0.02	-0.02	0.07	0.07		0.06
Stress	-0.05	-0.05	-0.02	-0.06	-0.1	0.04	0.02	0.06	

1 0.8 0.6 0.4 0.2 0 -0.2 -0.4 -0.6 -0.8 -1

[해석] 모든 변수 간의 관계는 StrengthExercise와 FlexibilityExercise가 가장 강한 양(+)의 상관관계(r=0.43)를 나타내고 있으며, SubjectiveHealthLevel와 Stress는 가장 강한 음(-)의 상관관계(r=-.1)를 나타내고 있다.

ⓑ SPSS 프로그램 활용

1단계: 데이터 파일을 불러온다(분석파일: regression_anova_20190111.sav).

2단계: [Analyze] → [Correlate] → [Bivariate] → [Variables(Obesity~Walking)]을 지정한다.

3단계: 결과를 확인한다.

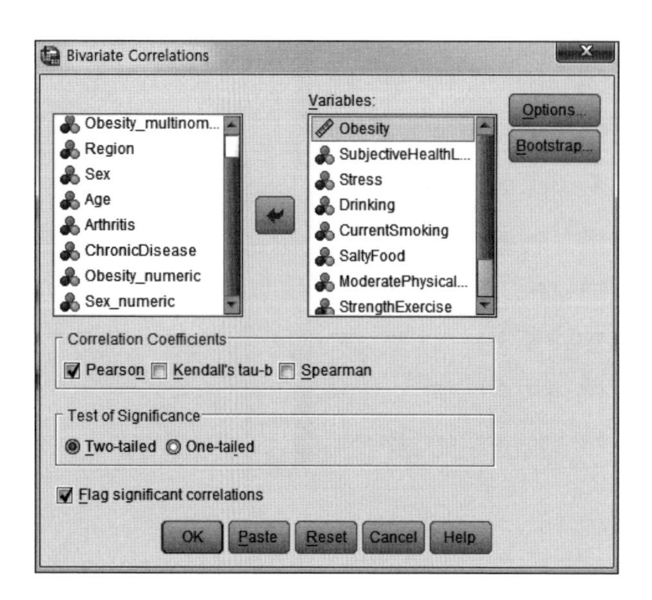

Correlations

		Obesity	SubjectiveHealthLevel	Stress	Drinking	SaltyFood	ModeratePhysicalActivity	StrengthExercise	FlexibilityExercise	Walking
Obesity	Pearson Correlation	1	-.063**	.020	.047**	.069**	.017	.018	-.017	-.021*
	Sig. (2-tailed)		.000	.055	.000	.000	.111	.174	.197	.049
	N	9118	9117	9115	6621	9118	9118	5467	5467	9117
SubjectiveHealthLevel	Pearson Correlation	-.063**	1	-.096**	.042**	-.023*	.080**	.114**	.067**	.075**
	Sig. (2-tailed)	.000		.000	.001	.026	.000	.000	.000	.000
	N	9117	9117	9114	6620	9117	9117	5466	5466	9116
Stress	Pearson Correlation	.020	-.096**	1	.037**	.063**	-.020	-.055**	-.053**	-.060**
	Sig. (2-tailed)	.055	.000		.003	.000	.059	.000	.000	.000
	N	9115	9114	9115	6620	9115	9115	5464	5464	9114
Drinking	Pearson Correlation	.047**	.042**	.037**	1	.070**	-.001	.089**	.000	.013
	Sig. (2-tailed)	.000	.001	.003		.000	.930	.000	.991	.294
	N	6621	6620	6620	6621	6621	6621	3955	3955	6620
SaltyFood	Pearson Correlation	.069**	-.023*	.063**	.070**	1	-.005	-.015	-.068**	-.016
	Sig. (2-tailed)	.000	.026	.000	.000		.619	.260	.000	.117
	N	9118	9117	9115	6621	9118	9118	5467	5467	9117
ModeratePhysicalActivity	Pearson Correlation	.017	.080**	-.020	-.001	-.005	1	.286**	.238**	.086**
	Sig. (2-tailed)	.111	.000	.059	.930	.619		.000	.000	.000
	N	9118	9117	9115	6621	9118	9118	5467	5467	9117
StrengthExercise	Pearson Correlation	.018	.114**	-.055**	.089**	-.015	.286**	1	.427**	.102**
	Sig. (2-tailed)	.174	.000	.000	.000	.260	.000		.000	.000
	N	5467	5466	5464	3955	5467	5467	5467	5467	5466
FlexibilityExercise	Pearson Correlation	-.017	.067**	-.053**	.000	-.068**	.238**	.427**	1	.121**
	Sig. (2-tailed)	.197	.000	.000	.991	.000	.000	.000		.000
	N	5467	5466	5464	3955	5467	5467	5467	5467	5466
Walking	Pearson Correlation	-.021*	.075**	-.060**	.013	-.016	.086**	.102**	.121**	1
	Sig. (2-tailed)	.049	.000	.000	.294	.117	.000	.000	.000	
	N	9117	9116	9114	6620	9117	9117	5466	5466	9117

(12) 편상관분석(partial correlation analysis)

부분상관분석(편상관분석, partial correlation analysis)은 두 변수 간의 상관관계를 분석한다는 점에서는 단순상관분석과 같으나 두 변수에 영향을 미치는 특정 변수를 통제하고 분석한다는 점에서 차이가 있다. 예를 들면, Obesity와 Drinking 간의 피어슨 상관계수를 구했을 때, SubjectiveHealthLevel의 영향을 받게 되어 상관계수가 높게 나타난다. 따라서 Obesity와 Drinking 간의 순수한 상관관계를 알고자 하는 경우 SubjectiveHealthLevel을 통제하여 편상관분석을 실시한다.

연구문제: Obesity와 Drinking 간의 순수한 상관관계는?

㉮ R 프로그램 활용

```
> install.packages('foreign')
> library(foreign)
# If there is missing to the data, use psych packages.
> install.packages("psych") ; library(psych)
```

- 심리측정도구인 psych 패키지를 설치한 후 로딩한다.

```
> rm(list=ls())
> setwd("c:/MachineLearning_ArtificialIntelligence")
> Learning_data=read.spss(file='regression_anova_20190111.sav',
  use.value.labels=T,use.missings=T,to.data.frame=T)
```

- Learning_data 객체에 'regression_anova_20190111.sav'를 데이터 프레임으로 할당한다.

```
> attach(Learning_data)
> cor.test(Obesity,Drinking)
```

: Obesity와 Drinking의 상관분석을 실시한다.

```
> pair_corr = cbind(Obesity, Drinking, SubjectiveHealthLevel)
```

- 3개의 변수(Obesity, Drinking, SubjectiveHealthLevel)를 pair_corr 객체에 저장한다.

```
> partial.r(data=pair_corr, x=c("Obesity","Drinking"), y="SubjectiveHealthLevel")
```

- SubjectiveHealthLevel를 통제하여 편상관분석을 실시한다.

```
R Console
> ## partial correlation analysis
>
> install.packages('foreign')
Warning: package 'foreign' is in use and will not be installed
> library(foreign)
>
> # If there is missing to the data, use psych packages.
> install.packages("psych") ; library(psych)
Warning: package 'psych' is in use and will not be installed
> rm(list=ls())
> setwd("c:/MachineLearning_ArtificialIntelligence")
> Learning_data=read.spss(file='regression_anova_20190111.sav',
+  use.value.labels=T,use.missings=T,to.data.frame=T)
> #attach(Learning_data)
> cor.test(Obesity,Drinking)

        Pearson's product-moment correlation

data:  Obesity and Drinking
t = 3.8259, df = 6619, p-value = 0.0001315
alternative hypothesis: true correlation is not equal to 0
95 percent confidence interval:
 0.02291172 0.07098147
sample estimates:
       cor
0.04697379

> pair_corr = cbind(Obesity, Drinking, SubjectiveHealthLevel)
> partial.r(data=pair_corr, x=c("Obesity","Drinking"), y="SubjectiveHealthLevel")
partial correlations
         Obesity Drinking
Obesity     1.00     0.05
Drinking    0.05     1.00
> |
```

[해석] SubjectiveHealthLevel를 통제한 상태에서 Obesity과 Drinking의 편상관계수는 0.05으로 앞서 분석한 단순상관분석(통제변수를 사용하지 않은 상관분석)의 피어슨 상관계수 0.047(p<.001)보다 높게 나타났다. 즉, 통제변수를 사용하지 않은 Obesity과 Drinking의 상관관계(total effect)는 .047이며, SubjectiveHealthLevel의 영향력(indirect effect) .003이며, Obesity과 Drinking의 순수한 상관관계(direct effect)는 0.05로 나타났다.

If there is no missing to the data, use ppcor packages.

> install.packages('ppcor'): 편상관분석 패키지(ppcor)를 설치한다.

> library(ppcor): 편상관분석 패키지(ppcor)를 로딩한다.

> rm(list=ls())

> setwd("c:/MachineLearning_ArtificialIntelligence")

> Learning_data=read.table(file="missingdelete_partial_correlation.txt",header=T)

- Learning_data 객체에 'missingdelete_partial_correlation.txt'를 데이터 프레임으로

할당한다.

> attach(Learning_data)

> pair_corr = cbind(SubjectiveHealthLevel,Walking)

- 2개의 변수(SubjectiveHealthLevel, Walking)를 pair_corr로 할당한다.

> cor.test(Obesity,Drinking): Obesity와 Drinking의 상관분석을 실시한다.

pcor.test(x, y, z, method = c("pearson", "kendall", "spearman"))

> pcor.test(Obesity,Drinking,SubjectiveHealthLevel)

- SubjectiveHealthLevel를 통제하여 편상관분석을 실시한다.

> pcor.test(Obesity,Drinking,pair_corr)

- 2개의 변수(SubjectiveHealthLevel, Walking)를 통제하여 편상관분석을 실시한다.

R Console

```
> install.packages('ppcor')
Warning: package 'ppcor' is in use and will not be installed
> library(ppcor)
>
> rm(list=ls())
> setwd("c:/MachineLearning_ArtificialIntelligence")
> Learning_data=read.table(file="missingdelete_partial_correlation.txt",header=T)
> #attach(Learning_data)
> pair_corr = cbind(SubjectiveHealthLevel,Walking)
> cor.test(Obesity,Drinking)

        Pearson's product-moment correlation

data:  Obesity and Drinking
t = 3.8243, df = 6617, p-value = 0.0001323
alternative hypothesis: true correlation is not equal to 0
95 percent confidence interval:
 0.02289630 0.07097337
sample estimates:
       cor
0.04696203

> # pcor.test(x, y, z, method = c("pearson", "kendall", "spearman"))
> pcor.test(Obesity,Drinking,SubjectiveHealthLevel)
    estimate        p.value statistic    n gp  Method
1 0.04979652 0.00005061907   4.05542 6619  1 pearson
> pcor.test(Obesity,Drinking,pair_corr)
    estimate        p.value statistic    n gp  Method
1 0.05003762 0.00004659332  4.074797 6619  2 pearson
> |
```

[해석] 통제변수를 사용하지 않은 Obesity와 Drinking의 상관관계(total effect)는 0.047(p<.001)이며, SubjectiveHealthLevel를 통제한 상태에서 Obesity과 Drinking의 편상관계수는 0.0498(p<.001)로 나타났다. 두 변수(SubjectiveHealthLevel, Walking)를 통제한 상태에서 Obesity와 Drinking의 편상관계수는 0.05(p<.001)으로 나타났으며, 두 변수의 영향력은 .003으로 나타났다.

㉯ SPSS 프로그램 활용

1단계: 데이터 파일을 불러온다(분석파일: regression_anova_20190111.sav).

2단계: [Analyze] → [Correlate] → [Partial] → [Variables(Obesity, Drinking), Controlling variables(SubjectiveHealthLevel, Walking)]를 지정한다.

3단계: 결과를 확인한다.

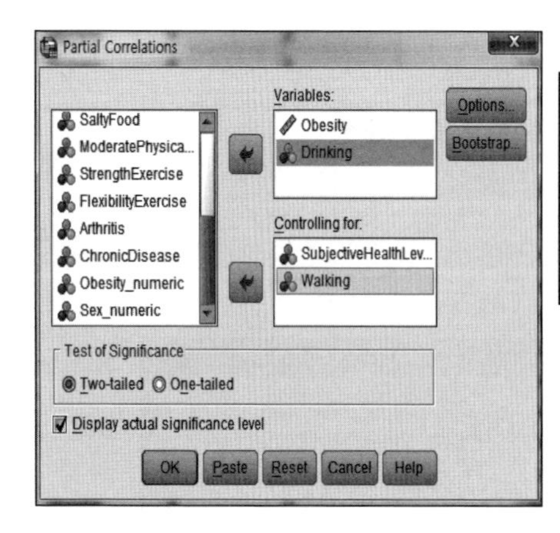

Correlations

Control Variables			Obesity	Drinking
SubjectiveHealthLevel & Walking	Obesity	Correlation	1.000	.050
		Significance (2-tailed)	.	.000
		df	0	6615
	Drinking	Correlation	.050	1.000
		Significance (2-tailed)	.000	.
		df	6615	0

[해석] 두 변수(SubjectiveHealthLevel, Walking)를 통제한 상태에서 Obesity와 Drinking의 편상관계수는 0.05(p<.001)으로 나타났으며, 두 변수의 영향력은 .003(0.05-0.047)으로 나타났다.

(13) 단순회귀분석(simple regression analysis)

회귀분석(regression)은 상관분석과 분산분석의 확장된 개념으로, 연속변수로 측정된 두 변수 간의 관계를 수학적 공식으로 함수화하는 통계적 분석기법($Y=aX+b$)이다. 회귀분석은 종속변수와 독립변수 간의 관계를 함수식으로 분석하는 것으로, 회귀분석은 독립변수의 수와 종속변수의 척도에 따라 다음과 같이 구분한다.

- 단순회귀분석(simple regression analysis): 연속형 독립변수 1개, 연속형 종속변수 1개
- 다중회귀분석(multiple regression analysis): 연속형 독립변수 2개 이상, 연속형 종속변수 1개
- 이분형(binary) 로지스틱 회귀분석: 연속형 독립변수 1개 이상, 이분형 종속변수 1개
- 다항(multinomial) 로지스틱 회귀분석: 연속형 독립변수 1개 이상, 다항 종속변수 1개

연구문제: 지역사회 건강조사 자료에서 SaltyFood는 Obesity에 영향을 미치는가?

㉮ R 프로그램 활용

```
> install.packages('foreign')
> library(foreign)
> rm(list=ls()): 모든 변수를 초기화한다.
> setwd("c:/MachineLearning_ArtificialIntelligence"): 작업용 디렉터리를 지정한다.
> Learning_data=read.spss(file='regression_anova_20190111.sav',
  use.value.labels=F,use.missings=T,to.data.frame=T)
```

- Learning_data 객체에 'regression_anova_20190111.sav'를 데이터 프레임으로 할당한다.

```
> attach(Learning_data)
> input=read.table('input_simple_regression.txt',header=T,sep=",")
```

- 독립변수(SaltyFood)를 구분자(,)로 input 객체에 할당한다.

```
> output=read.table('output_regression.txt',header=T,sep=",")
```

- 종속변수(Obeaity)를 구분자(,)로 output 객체에 할당한다.

```
> input_vars = c(colnames(input))
```

- input 변수를 vector 값으로 input_vars 변수에 할당한다.

```
> output_vars = c(colnames(output))
```

- output 변수를 vector 값으로 output_vars 변수에 할당한다.

```
> form = as.formula(paste(paste(output_vars, collapse = '+'),'~',
  paste(input_vars, collapse = '+')))
```

- 문자열을 결합하는 함수(paste)를 사용하여 회귀식을 form 변수에 할당한다.

```
> form: 회귀식을 출력한다.
> summary(lm(form,data=Learning_data)): 단순회귀분석을 실시한다.
```

- lm(): 회귀분석에 사용되는 함수

```
> ## regression analysis
> # simple regression analysis
> install.packages('foreign')
Warning: package 'foreign' is in use and will not be installed
> library(foreign)
> rm(list=ls())
> setwd("c:/MachineLearning_ArtificialIntelligence")
> Learning_data=read.spss(file='regression_anova_20190111.sav',
+  use.value.labels=T,use.missings=T,to.data.frame=T)
> #attach(Learning_data)
> input=read.table('input_simple_regression.txt',header=T,sep=",")
Warning in read.table("input_simple_regression.txt", header = T, sep = ",") :
  incomplete final line found by readTableHeader on 'input_simple_regression.txt'
> output=read.table('output_regression.txt',header=T,sep=",")
Warning in read.table("output_regression.txt", header = T, sep = ",") :
  incomplete final line found by readTableHeader on 'output_regression.txt'
> input_vars = c(colnames(input))
> output_vars = c(colnames(output))
> form = as.formula(paste(paste(output_vars, collapse = '+'),'~',
+  paste(input_vars, collapse = '+')))
> form
Obesity ~ SaltyFood
> summary(lm(form,data=Learning_data))

Call:
lm(formula = form, data = Learning_data)

Residuals:
    Min      1Q  Median      3Q     Max
-9.4021 -2.2333 -0.2116  1.9000 24.3924

Coefficients:
            Estimate Std. Error t value Pr(>|t|)
(Intercept) 23.07401    0.03847 599.858  < 2e-16 ***
SaltyFood    0.50074    0.07603   6.586 4.76e-11 ***
---
Signif. codes:  0 '***' 0.001 '**' 0.01 '*' 0.05 '.' 0.1 ' ' 1

Residual standard error: 3.168 on 9116 degrees of freedom
Multiple R-squared:  0.004736,	Adjusted R-squared:  0.004627
F-statistic: 43.38 on 1 and 9116 DF,  p-value: 4.761e-11

> |
```

[해석] 결정계수 R^2은 총변동(total variation) 중에서 회귀선에 의해 설명되는 비율을 의미하며, 지역사회 건강조사 자료의 BMI(Obesity)의 변동(variation) 중에서 0.47%가 짠음식섭취(SaltyFood)에 의해 설명된다는 것을 의미한다. 따라서 $0 \leq R^2 \leq 1$의 범위를 가지고 1에 가까울수록 회귀선이 표본을 설명하는 데 유의하다. F통계량은 회귀식이 유의한가를 검정하는 것으로 F통계량 43.38에 대한 유의 확률이 p=.000<.001로 회귀식은 유의하다고 할 수 있다. 그리고 회귀식의 설명력은 매우 약한 것으로 나타났다(R^2=0.0047). 회귀식은 Obesity=23.07+0.5SaltyFood으로 회귀식의 상수값과 회귀계수는 통계적으로 유의하다(p<.001).

> install.packages('lm.beta'): 표준화 회귀계수 산출 패키지(lm.beta)를 설치한다.

> library(lm.beta)

> lm1=lm(form,data=Learning_data)

- 단순회귀분석을 실시하여 lm1객체에 할당한다.

> lm.beta(lm1): lm1객체의 표준화 회귀계수를 산출하여 화면에 출력한다.

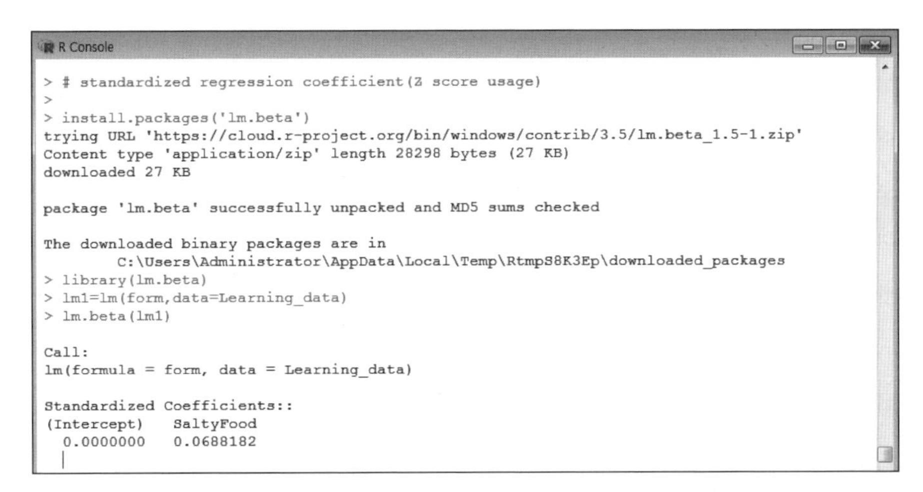

```
R Console
> # standardized regression coefficient(Z score usage)
>
> install.packages('lm.beta')
trying URL 'https://cloud.r-project.org/bin/windows/contrib/3.5/lm.beta_1.5-1.zip'
Content type 'application/zip' length 28298 bytes (27 KB)
downloaded 27 KB

package 'lm.beta' successfully unpacked and MD5 sums checked

The downloaded binary packages are in
        C:\Users\Administrator\AppData\Local\Temp\RtmpS8K3Ep\downloaded_packages
> library(lm.beta)
> lm1=lm(form,data=Learning_data)
> lm.beta(lm1)

Call:
lm(formula = form, data = Learning_data)

Standardized Coefficients::
(Intercept)   SaltyFood
  0.0000000   0.0688182
```

[해석] 표준화 회귀계수(standardized regression coefficient)는 회귀계수의 크기를 비교하기 위하여 회귀분석에 사용한 모든 변수를 표준화한 회귀계수를 뜻한다. 표준화 회귀계수가 크다는 것은 종속변수에 미치는 영향이 크다는 것이다. 본 연구의 표준화 회귀선은 Obesity= 0.069SaltyFood이 된다. 즉, SaltyFood이 한 단위 증가하면 BMI(Obesity)가 0.069씩 증가하는 것을 의미한다. 즉, SaltyFood를 많이 섭취할수록 BMI(Obesity)는 높아지는 것으로 나타났다.

> anova(lm(form,data=Learning_data))

- 회귀식의 분산분석표를 산출한다.

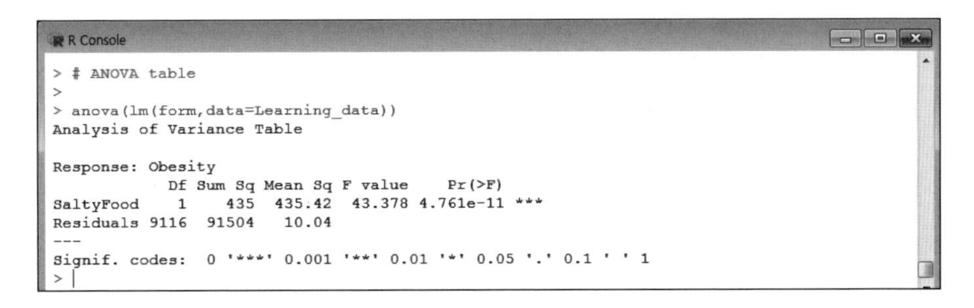

```
R Console
> # ANOVA table
>
> anova(lm(form,data=Learning_data))
Analysis of Variance Table

Response: Obesity
            Df Sum Sq Mean Sq F value    Pr(>F)
SaltyFood    1    435  435.42  43.378 4.761e-11 ***
Residuals 9116  91504   10.04
---
Signif. codes:  0 '***' 0.001 '**' 0.01 '*' 0.05 '.' 0.1 ' ' 1
>
```

[해석] 분산분석표는 회귀선의 모델이 적합한지를 검정하는 것으로, 단순회귀분석에서는 F 통계량(43.38, $p<.001$)과 같다. 따라서 회귀식은 유의한 것으로 나타났다.

■ SaltyFood에 대한 Obesity의 추정값 얻기

> simple_reg=lm(form,data=Learning_data)

- 단순회귀분석을 실시하여 simple_reg객체에 할당한다.

> SaltyFood_new=1:5

- 1부터 5까지 1씩 증가한 값을 SaltyFood_new 객체에 할당한다.

> Obesity_new=predict(simple_reg, newdata=data.frame(SaltyFood=SaltyFood_new))

- 새로운 SaltyFood 값에 대한 Obesity의 추정값을 산출하여 Obesity_new 객체에 할당한다.

> Obesity_new: Obesity의 추정값을 화면에 출력한다.

- SaltyFood가 1일 때 Obesity의 추정값은 23.57을 나타낸다.
- SaltyFood가 5일 때 Obesity의 추정값은 25.58을 나타낸다.

R Console

```
> # estimated value(Obesity ~ SaltyFood)
>
> simple_reg=lm(form,data=Learning_data)
> SaltyFood_new=1:5
> Obesity_new=predict(simple_reg, newdata=data.frame(SaltyFood=SaltyFood_new))
> Obesity_new
       1        2        3        4        5
23.57475 24.07549 24.57622 25.07696 25.57770
> |
```

㉯ SPSS 프로그램 활용

1단계: 데이터 파일을 불러온다(분석파일: regression_anova_20190111.sav).

2단계: [Analyze] → [Regression] → [Linear] → [Dependent(Obesity), Independent(SaltyFood)]를 지정한다.

3단계: [Statistics] → [Estimates, Model fit]을 선택한다.

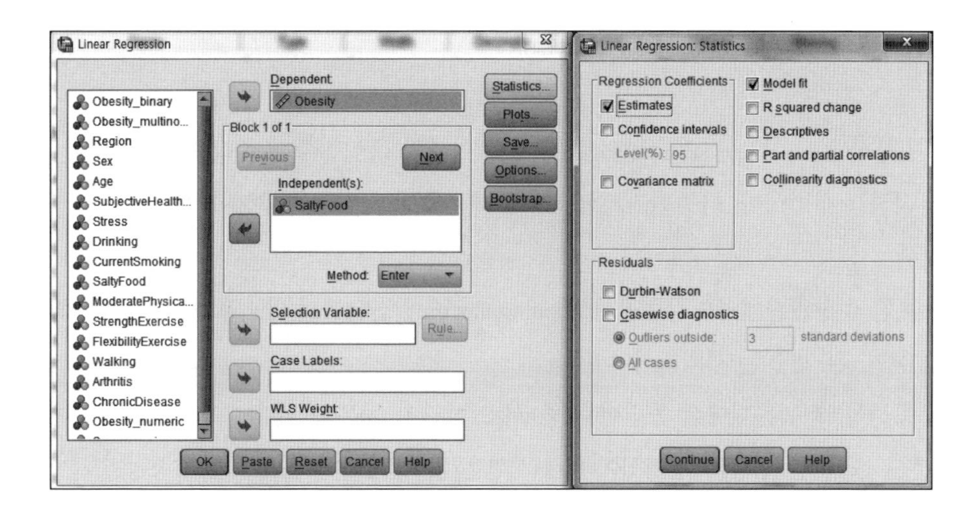

4단계: 결과를 확인한다.

Model Summary

Model	R	R Square	Adjusted R Square	Std. Error of the Estimate
1	.069[a]	.005	.005	3.16823

a. Predictors: (Constant), SaltyFood

ANOVA[a]

Model		Sum of Squares	df	Mean Square	F	Sig.
1	Regression	435.419	1	435.419	43.378	.000[b]
	Residual	91503.781	9116	10.038		
	Total	91939.200	9117			

a. Dependent Variable: Obesity

b. Predictors: (Constant), SaltyFood

Coefficients[a]

Model		Unstandardized Coefficients		Standardized Coefficients	t	Sig.
		B	Std. Error	Beta		
1	(Constant)	23.074	.038		599.858	.000
	SaltyFood	.501	.076	.069	6.586	.000

a. Dependent Variable: Obesity

[해석] 회귀식은 Obesity=23.074+0.501SaltyFood으로 회귀식의 상수값과 회귀계수는 통계적으로 유의하다(p<.001). 표준화 회귀계수는 0.069이며, 회귀식의 설명력은 매우 약하게 나타났다(R^2=0.005). 따라서 SaltyFood를 많이 섭취할수록 BMI(Obesity)는 높아지는 것으로 나타났다.

(14) 다중회귀분석(multiple regression analysis)

다중회귀분석(multiple regression analysis)은 두 개 이상의 독립변수가 종속변수에 미치는 영향을 분석하는 방법이다. 다중회귀분석에서 고려해야 할 사항은 다음과 같다.

- 독립변수 간의 상관관계, 즉 다중공선성(multicollinearity) 진단에서 다중공선성이 높은 변수(공차한계가 낮은 변수)는 제외되어야 한다.
  - 다중공선성: 회귀분석에서 독립변수 중 서로 상관이 높은 변수가 포함되어 있을 때는 분산 · 공분산 행렬의 행렬식이 0에 가까운 값이 되어 회귀계수의 추정정밀도가 매우 나빠지는 현상을 말한다.
  - VIF(Variance Inflation Factor, 분산팽창지수)는 OLS(Ordinary Least Square, 보통최소자승법) 회귀분석에서 다중공선성의 정도를 검정하기 위해 사용되며, 일반적으로 독립변수가 다른 변수로부터 독립적이기 위해서는 VIF가 5나 10보다 작아야 한다(Montgomery & Runger, 2003: p. 461).
- 잔차항 간의 자기상관(autocorrelation)이 없어야 한다. 즉 상호 독립적이어야 한다.
- 편회귀잔차도표(partial regression residual plot)를 이용하여 종속변수와 독립변수의 등분산성(equivariance)을 확인해야 한다.
- 다중회귀분석에서 독립변수를 투입하는 방식은 크게 두 가지가 있다.
  - 입력방법(Enter method): 독립변수를 동시에 투입하는 방법으로 다중회귀모형을 한 번에 구성할 수 있다[lm() 함수 사용)].
  - 단계선택법(Stepwise method): 독립변수의 통계적 유의성을 검정하여 회귀모형을 구성하는 방법으로, 유의도가 낮은 독립변수는 단계적으로 제외하고 적합한 변수만으로 다중회귀모형을 구성한다[step() 함수 사용].

연구문제: 지역사회 건강조사 자료에서 BMI(Obesity)에 영향을 미치는 독립변수(SubjectiveHealthLevel ~ ChronicDisease)는 무엇인가?

가 R 프로그램 활용

① 입력(동시 투입)방법에 의한 다중회귀분석

```
> install.packages('foreign')
> library(foreign)
> rm(list=ls())
> setwd("c:/MachineLearning_ArtificialIntelligence")
> Learning_data=read.spss(file='regression_anova_20190111.sav',
  use.value.labels=F,use.missings=T,to.data.frame=T)
```

- 독립변수와 종속변수를 데이터프레임으로 Learning_data 객체에 할당한다.

```
> attach(Learning_data)
> input=read.table('input_multiple_regression.txt',header=T,sep=",")
```

- 독립변수(SubjectiveHealthLevel ~ ChronicDisease)를 구분자(,)로 input 객체에 할당한다.

```
> output=read.table('output_regression.txt',header=T,sep=",")
```

- 종속변수(Obeaity)를 구분자(,)로 output 객체에 할당한다.

```
> input_vars = c(colnames(input))
```

- input 변수를 vector 값으로 input_vars 변수에 할당한다.

```
> output_vars = c(colnames(output))
```

- output 변수를 vector 값으로 output_vars 변수에 할당한다.

```
> form = as.formula(paste(paste(output_vars, collapse = '+'),'~',
  paste(input_vars, collapse = '+')))
```

- 문자열을 결합하는 함수(paste)를 사용하여 회귀식을 form 변수에 할당한다.

```
> form: 회귀식을 출력한다.
> summary(lm(form,data=Learning_data))
```

- 모든 독립변수(SubjectiveHealthLevel ~ ChronicDisease)에 대해 1차 다중회귀분석을 실시한다.

```
> install.packages('foreign')
Warning: package 'foreign' is in use and will not be installed
> library(foreign)
> rm(list=ls())
> setwd("c:/MachineLearning_ArtificialIntelligence")
> Learning_data=read.spss(file='regression_anova_20190111.sav',
+  use.value.labels=T,use.missings=T,to.data.frame=T)
> #attach(Learning_data)
> input=read.table('input_multiple_regression.txt',header=T,sep=",")
Warning in read.table("input_multiple_regression.txt", header = T, sep = ",") :
  incomplete final line found by readTableHeader on 'input_multiple_regression.txt'
> output=read.table('output_regression.txt',header=T,sep=",")
Warning in read.table("output_regression.txt", header = T, sep = ",") :
  incomplete final line found by readTableHeader on 'output_regression.txt'
> input_vars = c(colnames(input))
> output_vars = c(colnames(output))
> form = as.formula(paste(paste(output_vars, collapse = '+'),'~',
+  paste(input_vars, collapse = '+')))
> form
Obesity ~ SubjectiveHealthLevel + Stress + Drinking + CurrentSmoking +
    SaltyFood + ModeratePhysicalActivity + StrengthExercise +
    FlexibilityExercise + Walking + Arthritis + ChronicDisease
> summary(lm(form,data=Learning_data))

Call:
lm(formula = form, data = Learning_data)

Residuals:
    Min      1Q  Median      3Q     Max
-8.0372 -2.0980 -0.1679  1.7662 15.5985

Coefficients:
                         Estimate Std. Error t value    Pr(>|t|)
(Intercept)              22.40751    0.17367 129.023     < 2e-16 ***
SubjectiveHealthLevel    -0.02211    0.11302  -0.196      0.8449
Stress                    0.23192    0.11922   1.945      0.0518 .
Drinking                  0.17978    0.11671   1.540      0.1236
CurrentSmoking            0.61468    0.12151   5.059 0.000000447 ***
SaltyFood                 0.26199    0.12150   2.156      0.0311 *
ModeratePhysicalActivity  0.34190    0.14541   2.351      0.0188 *
StrengthExercise          0.36034    0.15484   2.327      0.0200 *
FlexibilityExercise      -0.24637    0.12291  -2.005      0.0451 *
Walking                  -0.17156    0.13809  -1.242      0.2142
Arthritis                 0.38238    0.18883   2.025      0.0430 *
ChronicDisease            1.54254    0.12181  12.664     < 2e-16 ***
---
Signif. codes:  0 '***' 0.001 '**' 0.01 '*' 0.05 '.' 0.1 ' ' 1

Residual standard error: 3.018 on 3165 degrees of freedom
  (5941 observations deleted due to missingness)
Multiple R-squared:  0.07285,	Adjusted R-squared:  0.06963
F-statistic: 22.61 on 11 and 3165 DF,  p-value: < 2.2e-16
```

[해석] Intercept(B=22.41, p<.001), Stress(B=0.23, p<.1), CurrentSmoking(B= 0.61, p<.001), SaltyFood(B=0.26, p<.05), ModeratePhysicalActivity(B= 0.34, p<.05), StrengthExercise(B= 0.36, p<.05), Arthritis(B= 0.38, p<.05), ChronicDisease(B= 1.54, p<.001)는 Obesity에 양(+)의 영향을 미치는 것으로 나타났다. 그러나 FlexibilityExercise(B= -0.25, p<.05)는 Obesity에 음(-)의 영향을 미치는 것으로 나타났다. SubjectiveHealthLevel, Drinking, Walking은 Obesity에 영향을 미치지 않는 것으로 나타났다. 회귀식의 통계적 유의성을 나타내는 F값이 22.61(p<.001)로 추정 회귀식은 유의한 것으로 나타났다.

2차 다중회귀분석

```
> rm(list=ls())
> setwd("c:/MachineLearning_ArtificialIntelligence")
> Learning_data=read.spss(file='regression_anova_20190111.sav',
  use.value.labels=F,use.missings=T,to.data.frame=T)
> attach(Learning_data)
> significant_model=read.table('input_multiple_regression_significance.txt',
  header=T,sep=",")
```

- 유의한 독립변수(Stress, CurrentSmoking, SaltyFood, ModeratePhysicalActivity, StrengthExercise, FlexibilityExercise, Arthritis, ChronicDisease)만 구분자(,)로 significant_model 객체에 할당한다.

```
> output=read.table('output_regression.txt',header=T,sep=",")
> input_vars = c(colnames(significant_model))
> output_vars = c(colnames(output))
> form = as.formula(paste(paste(output_vars, collapse = '+'),'~',
  paste(input_vars, collapse = '+')))
> form
> sel=lm(form,data=Learning_data)
```

- 유의한 독립변수에 대해 다중회귀분석을 실시한다.

> anova(sel): 회귀계수를 검정(요인에 대한 분산분석 결과) 한다.

> install.packages('Rcmdr'): VIF 함수를 포함하는 Rcmdr 패키지를 설치한다.

> library(Rcmdr)

> vif(sel): 독립변수의 다중공선성 검정(VIF)을 실시한다.

```
R Console
> ## multiple regression analysis(significant variables)
> rm(list=ls())
> setwd("c:/MachineLearning_ArtificialIntelligence")
> Learning_data=read.spss(file='regression_anova_20190111.sav',
+  use.value.labels=T,use.missings=T,to.data.frame=T)
> #attach(Learning_data)
> significant_model=read.table('input_multiple_regression_significance.txt',
+  header=T,sep=",")
Warning in read.table("input_multiple_regression_significance.txt", header = T,  :
  incomplete final line found by readTableHeader on 'input_multiple_regression_significance.txt'
> output=read.table('output_regression.txt',header=T,sep=",")
Warning in read.table("output_regression.txt", header = T, sep = ",") :
  incomplete final line found by readTableHeader on 'output_regression.txt'
> input_vars = c(colnames(significant_model))
> output_vars = c(colnames(output))
> form = as.formula(paste(paste(output_vars, collapse = '+'),'~',
+  paste(input_vars, collapse = '+')))
> form
Obesity ~ Stress + CurrentSmoking + SaltyFood + ModeratePhysicalActivity +
    StrengthExercise + FlexibilityExercise + Arthritis + ChronicDisease
> sel=lm(form,data=Learning_data)
> anova(sel)
Analysis of Variance Table

Response: Obesity
                           Df Sum Sq Mean Sq  F value    Pr(>F)
Stress                      1     64   64.46   6.8790  0.008752 **
CurrentSmoking              1    161  161.19  17.2006 3.429e-05 ***
SaltyFood                   1    198  198.36  21.1672 4.331e-06 ***
ModeratePhysicalActivity    1     44   43.61   4.6534  0.031047 *
StrengthExercise            1     19   18.97   2.0246  0.154838
FlexibilityExercise         1     16   15.87   1.6933  0.193240
Arthritis                   1    478  477.69  50.9757 1.094e-12 ***
ChronicDisease              1   2009 2009.19 214.4056 < 2.2e-16 ***
Residuals                4262  39939    9.37
---
Signif. codes:  0 '***' 0.001 '**' 0.01 '*' 0.05 '.' 0.1 ' ' 1
> install.packages('Rcmdr')
Warning: package 'Rcmdr' is in use and will not be installed
> library(Rcmdr)
> vif(sel)
                  Stress           CurrentSmoking                SaltyFood
                1.019351                 1.034977                 1.018303
ModeratePhysicalActivity         StrengthExercise      FlexibilityExercise
                1.102758                 1.309653                 1.277196
               Arthritis           ChronicDisease
                1.095513                 1.093400
> |
```

[해석] 2차 회귀분석 모형에서 유의하지 않은 독립변수 StrengthExercise와 FlexibilityExercise를 제거하고 3차 회귀분석을 실시한다.

```
# 3차 다중회귀분석
> summary(lm(Obesity~Stress+CurrentSmoking+SaltyFood+
  ModeratePhysicalActivity+Arthritis+ChronicDisease,data=Learning_data))
```

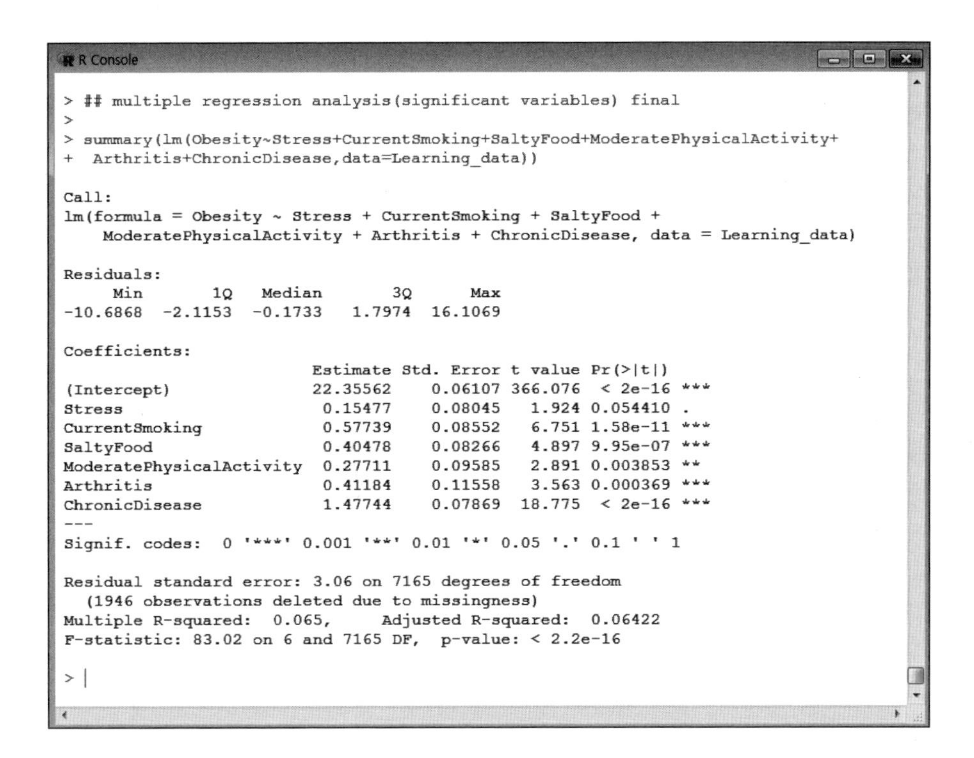

```
R Console
> ## multiple regression analysis(significant variables) final
>
> summary(lm(Obesity~Stress+CurrentSmoking+SaltyFood+ModeratePhysicalActivity+
+  Arthritis+ChronicDisease,data=Learning_data))

Call:
lm(formula = Obesity ~ Stress + CurrentSmoking + SaltyFood +
    ModeratePhysicalActivity + Arthritis + ChronicDisease, data = Learning_data)

Residuals:
     Min       1Q   Median       3Q      Max
-10.6868  -2.1153  -0.1733   1.7974  16.1069

Coefficients:
                         Estimate Std. Error t value Pr(>|t|)
(Intercept)              22.35562    0.06107 366.076  < 2e-16 ***
Stress                    0.15477    0.08045   1.924 0.054410 .
CurrentSmoking            0.57739    0.08552   6.751 1.58e-11 ***
SaltyFood                 0.40478    0.08266   4.897 9.95e-07 ***
ModeratePhysicalActivity  0.27711    0.09585   2.891 0.003853 **
Arthritis                 0.41184    0.11558   3.563 0.000369 ***
ChronicDisease            1.47744    0.07869  18.775  < 2e-16 ***
---
Signif. codes:  0 '***' 0.001 '**' 0.01 '*' 0.05 '.' 0.1 ' ' 1

Residual standard error: 3.06 on 7165 degrees of freedom
  (1946 observations deleted due to missingness)
Multiple R-squared:  0.065,	Adjusted R-squared:  0.06422
F-statistic: 83.02 on 6 and 7165 DF,  p-value: < 2.2e-16

> |
```

[해석] 3차 회귀분석 모형에서 Intercept(B=22.36, p<.01), Stress(B= 0.15 p<.05), Current Smoking(B= 0.58 p<.001), SaltyFood(B= 0.40 p<.001), ModeratePhysicalActivity(B= 0.28, p<.01), Arthritis(B= 0.41, p<.001), ChronicDisease(B= 1.48, p<.001)은 Obesity에 양(+)의 영향을 미치는 것으로 나타났다.

회귀식은 22.36+0.15Stress+0.58CurrentSmoking+0.40SaltyFood+0.28ModeratePhysical Activity+0.41Arthritis+1.48ChronicDisease로 회귀식의 설명력은 6.42%(Adjusted R^2[5])로 나타났다. F통계량(83.02)에 대한 유의확률이 p=.000<.001로 추정 회귀식은 유의하다고 할 수 있다.

5 Adjusted R^2은 다중회귀분석에서 독립변수가 추가되면 결정계수(R^2)가 커지는 단점을 보강하기 위해 사용된다.

표준화 회귀계수 산출

> install.packages('lm.beta'): 표준화 회귀계수 산출 패키지(lm.beta)를 설치한다.

> library(lm.beta)

> lm1=lm(Obesity~Stress+CurrentSmoking+SaltyFood+ModeratePhysicalActivity+Arthritis+ChronicDisease,data=Learning_data)

- 유의한 변수만 다중회귀분석을 실시하여 lm1객체에 할당한다

> lm.beta(lm1): lm1객체의 표준화 회귀계수를 산출하여 화면에 출력한다.

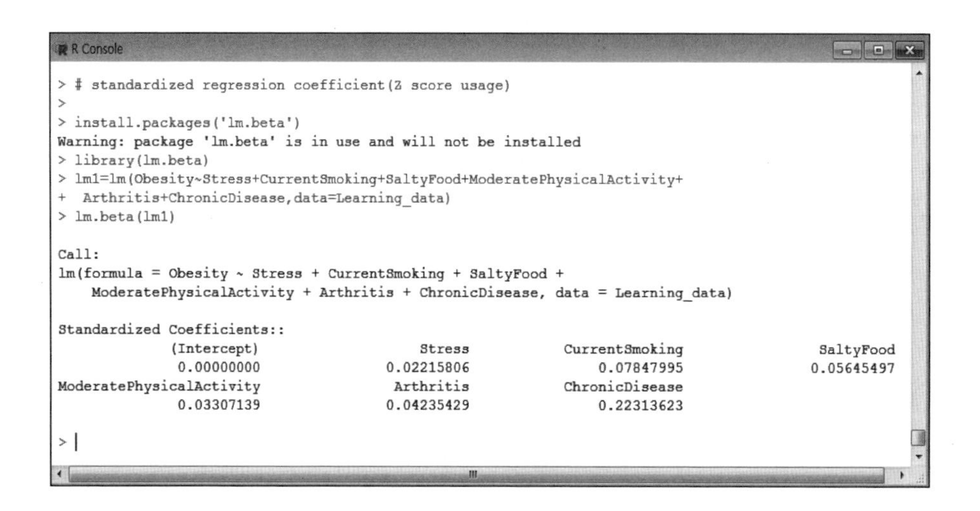

```
R Console
> # standardized regression coefficient(Z score usage)
>
> install.packages('lm.beta')
Warning: package 'lm.beta' is in use and will not be installed
> library(lm.beta)
> lm1=lm(Obesity~Stress+CurrentSmoking+SaltyFood+ModeratePhysicalActivity+
+  Arthritis+ChronicDisease,data=Learning_data)
> lm.beta(lm1)

Call:
lm(formula = Obesity ~ Stress + CurrentSmoking + SaltyFood +
    ModeratePhysicalActivity + Arthritis + ChronicDisease, data = Learning_data)

Standardized Coefficients::
             (Intercept)                  Stress          CurrentSmoking               SaltyFood
              0.00000000              0.02215806              0.07847995              0.05645497
ModeratePhysicalActivity               Arthritis          ChronicDisease
              0.03307139              0.04235429              0.22313623

> |
```

[해석] 회귀계수의 크기를 비교하기 위한 표준화 회귀계수에 의한 표준화 회귀식은 0.022Stress+0.078CurrentSmoking+0.056SaltyFood+0.033ModeratePhysicalActivity+0.042Arthritis+0.223ChronicDisease로 회귀식에 대한 독립변수의 영향력은 ChronicDisease, CurrentSmoking, SaltyFood, Arthritis, ModeratePhysicalActivity, Stress 순으로 나타났다.

분산팽창지수(vif) 산출

```
> # VIF(variance inflation factor)
>
> install.packages('Rcmdr')
Warning: package 'Rcmdr' is in use and will not be installed
> library(Rcmdr)
> sel=lm(Obesity~Stress+CurrentSmoking+SaltyFood+ModeratePhysicalActivity+
+  Arthritis+ChronicDisease,data=Learning_data)
> anova(sel)
Analysis of Variance Table

Response: Obesity
                           Df Sum Sq Mean Sq  F value        Pr(>F)
Stress                      1     40    39.8   4.2544       0.03919 *
CurrentSmoking              1    282   282.0  30.1067 0.00000004229 ***
SaltyFood                   1    292   291.9  31.1672 0.00000002454 ***
ModeratePhysicalActivity    1     41    40.5   4.3284       0.03752 *
Arthritis                   1    710   709.6  75.7589     < 2.2e-16 ***
ChronicDisease              1   3302  3301.7 352.4977     < 2.2e-16 ***
Residuals                7165  67111     9.4
---
Signif. codes:  0 '***' 0.001 '**' 0.01 '*' 0.05 '.' 0.1 ' ' 1
> vif(sel)
                  Stress           CurrentSmoking                SaltyFood
                1.016522                 1.035448                 1.018516
ModeratePhysicalActivity                Arthritis           ChronicDisease
                1.002853                 1.082709                 1.082403
> |
```

[해석] 일반적으로 독립변수가 다른 변수로부터 독립적이기 위해서는 VIF가 5나 10보다 작아야 한다(Montgomery & Runger, 2003: p. 461). 따라서 모든 독립변수의 VIF가 10보다 작기 때문에 다중공선성의 문제는 없다.

공차한계(tolerance) 산출

> tol=c(1.017, 1.035, 1.019, 1.003, 1.083, 1.082)

- sel 객체의 독립변수에 대한 VIF의 값을 tol 벡터에 할당한다.

> tolerance = 1/tol: 독립변수의 공차한계를 산출한다.

> tolerance: 독립변수의 공차한계를 화면에 출력한다.

```
> ## tolerance function
>
> tol=c(1.017, 1.035, 1.019, 1.003, 1.083, 1.082)
> tolerance = 1/tol
> tolerance
[1] 0.9832842 0.9661836 0.9813543 0.9970090 0.9233610 0.9242144
> |
```

[해석] 공차한계(tolerance)가 낮은 변수는 상대적으로 다중공선성이 높은 변수로 본 추정 회귀식의 독립변수 중에서는 Arthritis의 다중공선성이 가장 높은 것으로 나타났다.

잔차의 자기상관 검정

> library(lmtest)

> dwtest(sel)

```
R Console
> # Durbin-Watson test
>
> library(lmtest)
Loading required package: zoo

Attaching package: 'zoo'

The following objects are masked from 'package:base':

    as.Date, as.Date.numeric

> dwtest(sel)

        Durbin-Watson test

data:  sel
DW = 1.9457, p-value = 0.01065
alternative hypothesis: true autocorrelation is greater than 0

> |
```

[해석] 귀무가설(회귀모형의 잔차는 상호독립이다)이 채택되어(D=1.9457, *p*>.01) 잔차 간의 자기상관이 없는 것으로 나타났다.

> confint(sel): 회귀계수에 대한 95% CI(신뢰영역)를 분석한다.

```
R Console
> # confidence interval(CI)
>
> confint(sel)
                                2.5 %     97.5 %
(Intercept)               22.235908095 22.4753318
Stress                    -0.002930136  0.3124626
CurrentSmoking             0.409744209  0.7450368
SaltyFood                  0.242743348  0.5668245
ModeratePhysicalActivity   0.089204598  0.4650100
Arthritis                  0.185266413  0.6384055
ChronicDisease             1.323176947  1.6316961
> |
```

② 단계적 투입방법에 의한 다중회귀분석

> library(MASS): MASS 패키지를 로딩한다.

> rm(list=ls())

> setwd("c:/MachineLearning_ArtificialIntelligence")

> Learning_data=read.spss(file='regression_anova_20190111.sav',
  use.value.labels=F,use.missings=F,to.data.frame=T)

> attach(Learning_data)

> input=read.table('input_multiple_regression.txt',header=T,sep=",")

> output=read.table('output_regression.txt',header=T,sep=",")

> input_vars = c(colnames(input))

> output_vars = c(colnames(output))

> form = as.formula(paste(paste(output_vars, collapse = '+'),'~',
  paste(input_vars, collapse = '+')))

> form

> sel=lm(form,data=Learning_data)

- 다중회귀분석을 실시하여 sel 객체에 할당한다.

> setp_sel=step(sel, direction='both')

- sel 객체에 대해 단계적 회귀분석을 실시하여 setp_sel 객체에 할당한다.
- 'direction=' 옵션은 변수선택법('both', 'backward', 'forward')를 지정한다.

> summary(setp_sel): 최종 모형을 화면에 출력한다.

```
R Console
> #setp_sel=step(sel, direction='both')
> #setp_sel=step(sel, direction='forward')
> summary(setp_sel)

Call:
lm(formula = Obesity ~ Stress + Drinking + CurrentSmoking + SaltyFood +
    ModeratePhysicalActivity + StrengthExercise + FlexibilityExercise +
    Arthritis + ChronicDisease, data = Learning_data)

Residuals:
    Min      1Q  Median      3Q     Max
-10.379  -2.102  -0.200   1.799  25.033

Coefficients:
                          Estimate Std. Error t value       Pr(>|t|)
(Intercept)              22.554368   0.069047 326.653        < 2e-16 ***
Stress                    0.133509   0.067768   1.970        0.04886 *
Drinking                 -0.015156   0.008829  -1.717        0.08608 .
CurrentSmoking           -0.017501   0.008964  -1.952        0.05092 .
SaltyFood                 0.432913   0.074197   5.835 0.00000000557 ***
ModeratePhysicalActivity  0.192648   0.085840   2.244        0.02484 *
StrengthExercise          0.251843   0.085489   2.946        0.00323 **
FlexibilityExercise      -0.247799   0.087851  -2.821        0.00480 **
Arthritis                 0.438710   0.102523   4.279 0.00001895302 ***
ChronicDisease            1.499099   0.071327  21.017        < 2e-16 ***
---
Signif. codes:  0 '***' 0.001 '**' 0.01 '*' 0.05 '.' 0.1 ' ' 1

Residual standard error: 3.075 on 9108 degrees of freedom
Multiple R-squared:  0.06307,	Adjusted R-squared:  0.06214
F-statistic: 68.12 on 9 and 9108 DF,  p-value: < 2.2e-16

> |
```

③ 회귀분석에서의 통제변수의 사용

> install.packages('foreign')

> library(foreign)

> rm(list=ls())

> setwd("c:/MachineLearning_ArtificialIntelligence")

> Learning_data=read.spss(file='regression_anova_20190111.sav',

use.value.labels=F,use.missings=T,to.data.frame=T)

> attach(Learning_data)

통제변수(Sex)가 사용되지 않는 모형

> summary(lm(Obesity~SaltyFood,data=Learning_data))

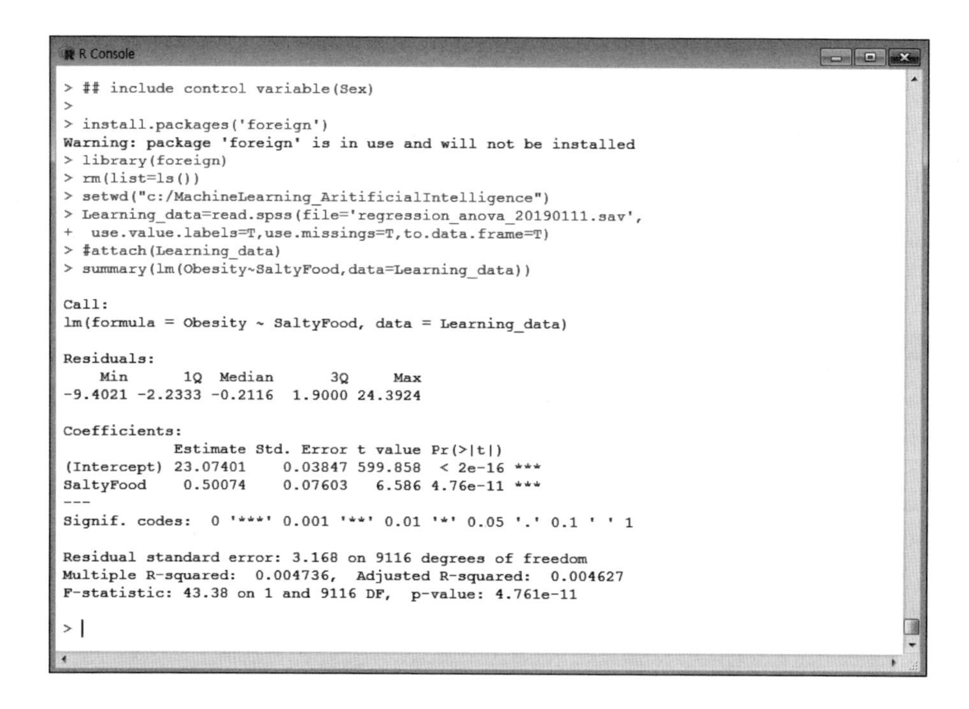

```
R Console
> ## include control variable(Sex)
>
> install.packages('foreign')
Warning: package 'foreign' is in use and will not be installed
> library(foreign)
> rm(list=ls())
> setwd("c:/MachineLearning_AritificialIntelligence")
> Learning_data=read.spss(file='regression_anova_20190111.sav',
+  use.value.labels=T,use.missings=T,to.data.frame=T)
> #attach(Learning_data)
> summary(lm(Obesity~SaltyFood,data=Learning_data))

Call:
lm(formula = Obesity ~ SaltyFood, data = Learning_data)

Residuals:
    Min      1Q  Median      3Q     Max
-9.4021 -2.2333 -0.2116  1.9000 24.3924

Coefficients:
            Estimate Std. Error t value Pr(>|t|)
(Intercept) 23.07401    0.03847 599.858  < 2e-16 ***
SaltyFood    0.50074    0.07603   6.586 4.76e-11 ***
---
Signif. codes:  0 '***' 0.001 '**' 0.01 '*' 0.05 '.' 0.1 ' ' 1

Residual standard error: 3.168 on 9116 degrees of freedom
Multiple R-squared:  0.004736,  Adjusted R-squared:  0.004627
F-statistic: 43.38 on 1 and 9116 DF,  p-value: 4.761e-11

> |
```

[해석] 통제변수(Sex)를 사용하지 않는 모형의 SaltyFood(B=0.50, p<.001)의 비표준화 회귀계수(Beta)는 통제변수(Sex)의 영향력(indirect effect)이 포함된 total effect이다.

통제변수(Sex)가 포함된 모형

> with(Learning_data, cor.test(Sex_numeric,SaltyFood))

- Sex_numeric(value label이 numeric으로 정의)와 SaltyFood의 상관분석

> summary(lm(Obesity~Sex+SaltyFood,data=Learning_data))

- Sex(통제변수)가 포함된 회귀모형

```
R Console
> ## include control variable(Sex)
>
> install.packages('foreign')
Warning: package 'foreign' is in use and will not be installed
> library(foreign)
> rm(list=ls())
> setwd("c:/MachineLearning_ArtificialIntelligence")
> Learning_data=read.spss(file='regression_anova_20190111.sav',
+  use.value.labels=T,use.missings=T,to.data.frame=T)
> with(Learning_data, cor.test(Sex_numeric,SaltyFood))

        Pearson's product-moment correlation

data:  Sex_numeric and SaltyFood
t = -10.479, df = 9116, p-value < 2.2e-16
alternative hypothesis: true correlation is not equal to 0
95 percent confidence interval:
 -0.12933657 -0.08877259
sample estimates:
      cor
-0.1091

> summary(lm(Obesity~Sex+SaltyFood,data=Learning_data))

Call:
lm(formula = Obesity ~ Sex + SaltyFood, data = Learning_data)

Residuals:
    Min      1Q  Median      3Q     Max
-8.9473 -2.1281 -0.2128  1.8540 24.8472

Coefficients:
            Estimate Std. Error t value Pr(>|t|)
(Intercept) 23.73267    0.05450 435.490  < 2e-16 ***
Sexfemale   -1.11347    0.06622 -16.814  < 2e-16 ***
SaltyFood    0.36255    0.07533   4.813 1.51e-06 ***
---
Signif. codes:  0 '***' 0.001 '**' 0.01 '*' 0.05 '.' 0.1 ' ' 1

Residual standard error: 3.12 on 9115 degrees of freedom
Multiple R-squared:  0.03468,	Adjusted R-squared:  0.03446
F-statistic: 163.7 on 2 and 9115 DF,  p-value: < 2.2e-16

> |
```

[해석] 상관분석에서 Sex와 SaltyFood는 음()의 상관관계(-0.11, $p<.001$)를 보이는 것으로 나타나, 여자보다 남자의 SaltyFood 섭취가 많은 것으로 나타났다. 따라서 Sex를 통제변수로 사용하여 SaltyFood의 순수한 영향력(direct effect)를 파악할 수 있다. (만약, Sex와 SaltyFood가 관계가 없다면 Sex를 통제변수로 사용할 필요가 없다.) 통제변수(Sex)를 포함한 모형의 SaltyFood(B= 0.36, $p<.001$)의 비표준화 회귀계수(Beta)는 통제변수(Sex)의 영향력(indirect effect)이 제거된 순수한 영향력(direct effect)이다.

나 SPSS 프로그램 활용

① 입력(동시 투입)방법에 의한 다중회귀분석

1단계: 데이터 파일을 불러온다(분석파일: regression_anova_20190111.sav).

2단계: [Analyze] → [Regression] → [Linear] → [Dependent(Obesity), Independent(SubjectiveHealthLevel ~ ChronicDisease)]를 지정 → [Method: Enter]을 선택한다.

3단계: [Statistics] → [Estimates, Model fit 등]을 선택한다.

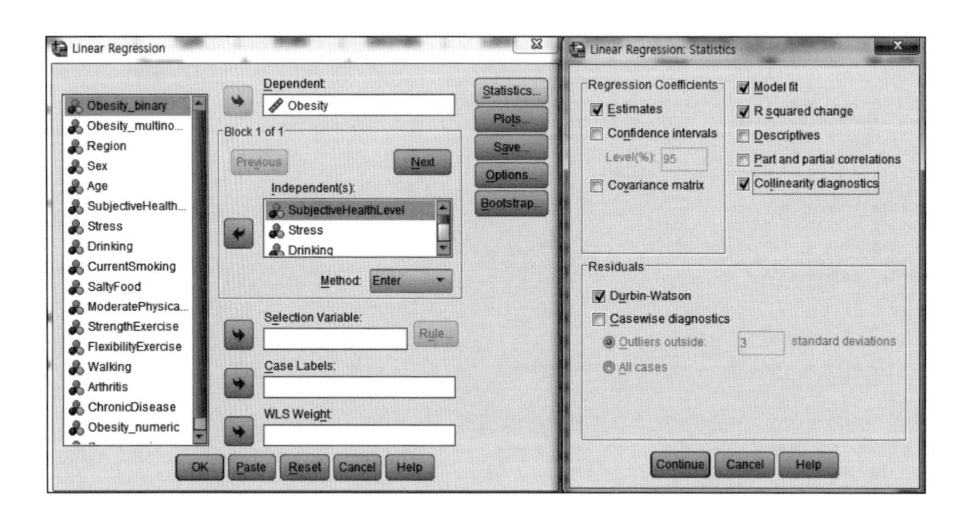

4단계: 결과를 확인한다.

Model Summary[b]

Model	R	R Square	Adjusted R Square	Std. Error of the Estimate	Change Statistics: R Square Change	F Change	df1	df2	Sig. F Change	Durbin-Watson
1	.270[a]	.073	.070	3.01789	.073	22.608	11	3165	.000	1.911

a. Predictors: (Constant), ChronicDisease, ModeratePhysicalActivity, Drinking, Stress, Walking, SaltyFood, CurrentSmoking, SubjectiveHealthLevel, FlexibilityExercise, Arthritis, StrengthExercise

b. Dependent Variable: Obesity

ANOVA[a]

Model		Sum of Squares	df	Mean Square	F	Sig.
1	Regression	2264.975	11	205.907	22.608	.000[b]
	Residual	28825.812	3165	9.108		
	Total	31090.787	3176			

a. Dependent Variable: Obesity

[해석] 독립변수들과 종속변수의 상관관계는 .27이며, 독립변수들의 분산은 종속변수의 분산을 7.0%(Adjusted R^2=.070) 정도 설명한다. 더빈-왓슨 검정을 실시한 결과 (독립변수 수:

5개, 관찰치 수: n > 30)에서 임계치는 '1.07≤DW≤1.83'으로 'DW<1.07'이면 자기상관이 있고, 'DW>1.83'이면 자기상관이 없다. 따라서 본 분석결과에서의 'DW=1.911>1.83'으로 '회귀모형의 잔차는 상호독립이다'라는 귀무가설이 유의수준 0.05에서 채택되어 잔차 간에 자기상관이 없는 것으로 나타났다(표 6 참조). 회귀식의 통계적 유의성을 나타내는 분산분석표는 F값이 22.61(p<.001)로 유의하게 나타났다.

〈표 6〉 더빈-왓슨 검정의 상한과 하한

n	k = 1		k = 2		k = 3		k = 4		k = 5	
	d_L	d_U	d_L	d_U	d_L	d_U	d_L	d_U	d_L	d_U
15	1.08	1.36	0.95	1.54	0.82	1.75	0.69	1.97	0.56	2.21
16	1.10	1.37	0.98	1.54	0.86	1.73	0.74	1.93	0.62	2.15
17	1.13	1.38	1.02	1.54	0..90	1.71	0.78	1.90	0.67	2.10
18	1.16	1.39	1.05	1.53	0.93	1.69	0.82	1.87	0.71	2.06
19	1.18	1.40	1.08	1.53	0.97	1.68	0.86	1.85	0.75	2.02
20	1.20	1.41	1.10	1.54	1.00	1.68	0.90	1.83	0.79	1.99
21	1.22	1.42	1.13	1.54	1.03	1.67	0.93	1.81	0.83	1.96
22	1.24	1.43	1.15	1.54	1.05	1.66	0.96	1.80	0.86	1.94
23	1.26	1.44	1.17	1.54	1.08	1.66	0.99	1.79	0.90	1.92
24	1.27	1.45	1.19	1.55	1.10	1.66	0.01	1.78	0.93	1.90
25	1.29	1.45	1.21	1.55	1.12	1.66	1.04	1.77	0.95	1.89
26	1.30	1.46	1.22	1.55	1.14	1.65	1.06	1.76	0.98	1.88
27	1.32	1.47	1.24	1.56	1.16	1.65	1.08	1.76	1.01	1.86
28	1.33	1.48	1.26	1.56	1.18	1.65	1.10	1.75	1.03	1.85
29	1.34	1.48	1.27	1.56	1.20	1.65	1.12	1.74	1.05	1.84
30	1.35	1.49	1.28	1.57	1.21	1.65	1.14	1.74	1.07	1.83

k = 독립변수의 수
d_L = 하한, d_U = 상한
n = 관측치 수

Coefficients[a]

Model		Unstandardized Coefficients B	Unstandardized Coefficients Std. Error	Standardized Coefficients Beta	t	Sig.	Collinearity Statistics Tolerance	Collinearity Statistics VIF
1	(Constant)	22.408	.174		129.023	.000		
	SubjectiveHealthLevel	-.022	.113	-.004	-.196	.845	.911	1.098
	Stress	.232	.119	.034	1.945	.052	.968	1.033
	Drinking	.180	.117	.027	1.540	.124	.940	1.064
	CurrentSmoking	.615	.122	.090	5.059	.000	.931	1.074
	SaltyFood	.262	.121	.037	2.156	.031	.978	1.023
	ModeratePhysicalActivity	.342	.145	.042	2.351	.019	.906	1.104
	StrengthExercise	.360	.155	.046	2.327	.020	.747	1.339
	FlexibilityExercise	-.246	.123	-.039	-2.005	.045	.772	1.296
	Walking	-.172	.138	-.022	-1.242	.214	.978	1.023
	Arthritis	.382	.189	.036	2.025	.043	.916	1.092
	ChronicDisease	1.543	.122	.229	12.664	.000	.898	1.113

a. Dependent Variable: Obesity

[해석] Intercept(B=22.41, $p<.001$), Stress(B=0.23, $p<.1$), CurrentSmoking(B= 0.61, $p<.001$), SaltyFood(B=0.26, $p<.05$), ModeratePhysicalActivity(B= 0.34, $p<.05$), StrengthExercise(B= 0.36, $p<.05$), Arthritis(B= 0.38, $p<.05$), ChronicDisease(B= 1.54, $p<.001$)는 Obesity에 양(+)의 영향을 미치는 것으로 나타났다. 그러나 FlexibilityExercise(B= -0.25, $p<.05$)는 Obesity에 음(-)의 영향을 미치는 것으로 나타났다. SubjectiveHealthLevel, Drinking, Walking은 Obesity에 영향을 미치지 않는 것으로 나타났다. 회귀식의 통계적 유의성을 나타내는 F값이 22.61($p<.001$)로 추정 회귀식은 유의한 것으로 나타났다. 모든 독립변수의 VIF가 10보다 작기 때문에 다중공선성의 문제는 없다.

5단계: 유의한 변수만 다중회귀분석을 실시한다.

Coefficients[a]

Model		Unstandardized Coefficients B	Unstandardized Coefficients Std. Error	Standardized Coefficients Beta	t	Sig.	Collinearity Statistics Tolerance	Collinearity Statistics VIF
1	(Constant)	22.356	.061		366.076	.000		
	Stress	.155	.080	.022	1.924	.054	.984	1.017
	CurrentSmoking	.577	.086	.078	6.751	.000	.966	1.035
	SaltyFood	.405	.083	.056	4.897	.000	.982	1.019
	ModeratePhysicalActivity	.277	.096	.033	2.891	.004	.997	1.003
	Arthritis	.412	.116	.042	3.563	.000	.924	1.083
	ChronicDisease	1.477	.079	.223	18.775	.000	.924	1.082

a. Dependent Variable: Obesity

[해석] 최종 회귀분석 모형에서 Intercept(B=22.36, $p<.01$), Stress(B= 0.15 $p<.05$), Current Smoking(B= 0.58 $p<.001$), SaltyFood(B= 0.40 $p<.001$), ModeratePhysicalActivity(B= 0.28, $p<.01$), Arthritis(B= 0.41, $p<.001$), ChronicDisease(B= 1.48, $p<.001$)은 Obesity에 양(+)의 영향을 미치는 것으로 나타났다.

② 단계적 투입 방법에 의한 다중회귀분석

1단계: 데이터 파일을 불러온다(분석파일: regression_anova_20190111.sav).

2단계: [Analyze] → [Regression] → [Linear] → [Dependent(Obesity), Independent(SubjectiveHealthLevel~ ChronicDisease)]를 지정 → [Method: Stepwise]을 선택한다.

3단계: [Statistics] → [Estimates, Model fit 등]을 선택한다.

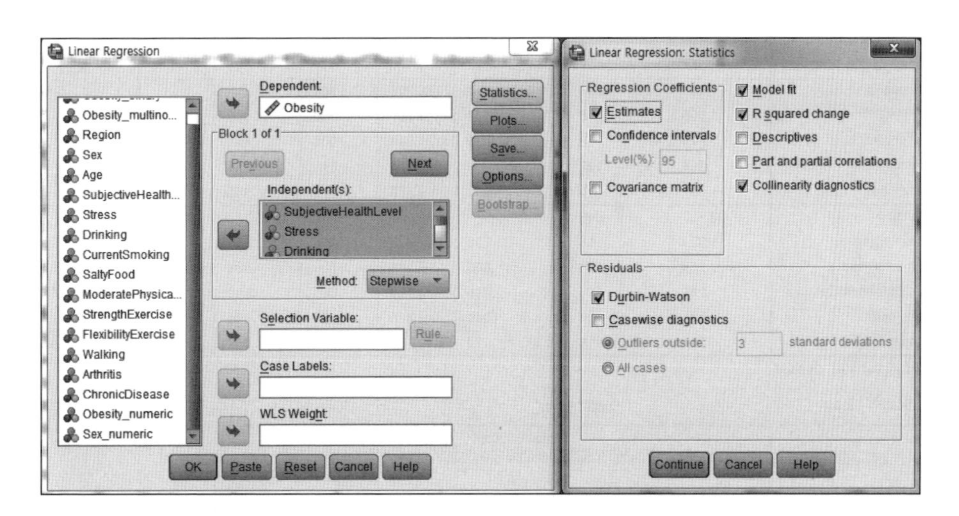

4단계: 결과를 확인한다.

Model Summary[f]

Model	R	R Square	Adjusted R Square	Std. Error of the Estimate	Change Statistics					Durbin-Watson
					R Square Change	F Change	df1	df2	Sig. F Change	
1	.231[a]	.053	.053	3.04463	.053	178.990	1	3175	.000	
2	.252[b]	.064	.063	3.02844	.010	35.047	1	3174	.000	
3	.256[c]	.066	.065	3.02581	.002	6.516	1	3173	.011	
4	.260[d]	.067	.066	3.02342	.002	6.025	1	3172	.014	
5	.262[e]	.069	.067	3.02193	.001	4.125	1	3171	.042	1.946

Coefficients[a]

Model		Unstandardized Coefficients		Standardized Coefficients	t	Sig.	Collinearity Statistics	
		B	Std. Error	Beta			Tolerance	VIF
1	(Constant)	22.760	.065		349.190	.000		
	ChronicDisease	1.558	.116	.231	13.379	.000	1.000	1.000
2	(Constant)	22.540	.075		301.505	.000		
	ChronicDisease	1.601	.116	.237	13.794	.000	.996	1.004
	CurrentSmoking	.698	.118	.102	5.920	.000	.996	1.004
3	(Constant)	22.472	.079		283.394	.000		
	ChronicDisease	1.604	.116	.238	13.828	.000	.996	1.004
	CurrentSmoking	.705	.118	.103	5.986	.000	.995	1.005
	ModeratePhysicalActivity	.354	.139	.044	2.553	.011	.999	1.001
4	(Constant)	22.402	.084		266.326	.000		
	ChronicDisease	1.595	.116	.237	13.760	.000	.995	1.005
	CurrentSmoking	.674	.118	.098	5.696	.000	.984	1.016
	ModeratePhysicalActivity	.354	.139	.044	2.552	.011	.999	1.001
	SaltyFood	.297	.121	.042	2.455	.014	.988	1.012
5	(Constant)	22.337	.090		248.148	.000		
	ChronicDisease	1.603	.116	.238	13.823	.000	.994	1.006
	CurrentSmoking	.659	.119	.096	5.556	.000	.980	1.020
	ModeratePhysicalActivity	.360	.139	.045	2.598	.009	.999	1.001
	SaltyFood	.281	.121	.040	2.315	.021	.984	1.016
	Stress	.240	.118	.035	2.031	.042	.989	1.011

a. Dependent Variable: Obesity

Coefficients[a]

Model		Unstandardized Coefficients		Standardized Coefficients	t	Sig.	Collinearity Statistics	
		B	Std. Error	Beta			Tolerance	VIF
1	(Constant)	22.760	.065		349.190	.000		
	ChronicDisease	1.558	.116	.231	13.379	.000	1.000	1.000
2	(Constant)	22.540	.075		301.505	.000		
	ChronicDisease	1.601	.116	.237	13.794	.000	.996	1.004
	CurrentSmoking	.698	.118	.102	5.920	.000	.996	1.004
3	(Constant)	22.472	.079		283.394	.000		
	ChronicDisease	1.604	.116	.238	13.828	.000	.996	1.004
	CurrentSmoking	.705	.118	.103	5.986	.000	.995	1.005
	ModeratePhysicalActivity	.354	.139	.044	2.553	.011	.999	1.001
4	(Constant)	22.402	.084		266.326	.000		
	ChronicDisease	1.595	.116	.237	13.760	.000	.995	1.005
	CurrentSmoking	.674	.118	.098	5.696	.000	.984	1.016
	ModeratePhysicalActivity	.354	.139	.044	2.552	.011	.999	1.001
	SaltyFood	.297	.121	.042	2.455	.014	.988	1.012
5	(Constant)	22.337	.090		248.148	.000		
	ChronicDisease	1.603	.116	.238	13.823	.000	.994	1.006
	CurrentSmoking	.659	.119	.096	5.556	.000	.980	1.020
	ModeratePhysicalActivity	.360	.139	.045	2.598	.009	.999	1.001
	SaltyFood	.281	.121	.040	2.315	.021	.984	1.016
	Stress	.240	.118	.035	2.031	.042	.989	1.011

a. Dependent Variable: Obesity

[해석] 모형 1은 ChronicDisease가 투입된 경우로, ChronicDisease가 Obesity을 5.3% (R^2=.053) 설명하는 것으로 나타났다.

모형 2는 ChronicDisease과 CurrentSmoking이 동시에 투입된 경우로, ChronicDisease과 CurrentSmoking이 Obesity을 6.3%(Adjusted R^2=.063) 설명하고 있다.

모형 3은 ChronicDisease, CurrentSmoking, ModeratePhysicalActivity가 동시에 투입된 경우로, ChronicDisease, CurrentSmoking, ModeratePhysicalActivity가 Obesity을 6.5%(Adjusted R^2=.065) 설명하고 있다.

모형 4는 ChronicDisease, CurrentSmoking, Moderate PhysicalActivity, SaltyFood가 동시에 투입된 경우로, ChronicDisease, CurrentSmoking, ModeratePhysicalActivity, SaltyFood가 Obesity을 6.6%(Adjusted R^2=.066) 설명하고 있다.

모형 5는 ChronicDisease, CurrentSmoking, ModeratePhysicalActivity, SaltyFood, Stress가 동시에 투입된 경우로, ChronicDisease, CurrentSmoking, ModeratePhysicalActivity, SaltyFood, Stress가 Obesity을 6.7%(Adjusted R^2=.067) 설명하고 있다.

(15) 요인분석(factor analysis)

요인분석(factor analysis)은 여러 변수들 간의 상관관계를 분석하여 상관이 높은 문항이나 변인들을 묶어서 몇 개의 요인으로 규명하고 그 요인의 의미를 부여하는 통계분석 방법으로, 측정도구의 타당성(validity)을 파악하기 위해 사용한다. 또한 빅데이터 분석에서 수많은 키워드(변수)를 축약할 때도 요인분석을 사용한다. 타당성(validity)은 측정도구(설문지)를 통하여 측정한 것이 실제에 얼마나 가깝게 측정되었는가를 나타낸다. 즉 타당성은 측정하고자 하는 개념이나 속성이 정확하게 측정되었는가를 나타내는 개념으로, 탐색적 요인분석(Exploratory Factor Analysis, EFA)이나 확인적 요인분석(Confirmatory Factor Analysis, CFA)을 통해 검정된다. 탐색적 요인분석(본서에서 설명하는 요인분석)은 이론상으로 체계화되거나 정립되지 않은 연구에서 연구의 방향을 파악하기 위한 탐색적 목적을 가진 분석방법으로 전통적 요인분석이라고도 한다. 확인적 요인분석은 강력한 이론적인 배경 하에 요인과 변수들의 관련성을 이미 설정해 놓은 상태에서 요인과 변수들의 타당성을 평가하기 위한 목적으로 사용된다.

■ **요인분석 절차**

- 모상관행렬이 단위행렬(대각선이 1이고 나머지는 0인 행렬)인지 바틀렛 검정(Bartlett's test)으로 검정하여 귀무가설이 기각되면 변수들의 상관관계가 통계적으로 유의하여 요인분석에 적합하다.

- 최소요인 추출단계에서 얻은 고유값을 스크리차트로 표시하였을 때, 한군데 이상 꺽어지는 곳이 있으면 요인분석에 적합하다.
- 요인 수 결정: 고유값(eigen value: 요인을 설명할 수 있는 변수들의 분산 크기)이 1보다 크면 변수 1개 이상을 설명할 수 있다는 것을 의미한다. 일반적으로 고유값이 1 이상인 경우를 기준으로 요인 수를 결정한다.
- 공통분산(communality)은 총분산 중 요인이 설명하는 분산비율로, 일반적으로 사회과학 분야에서는 총분산의 60%정도 설명하는 요인을 선정한다.
- 요인부하량(factor loading)은 각 변수와 요인 간에 상관관계의 정도를 나타내는 것으로, 해당 변수를 설명하는 비율을 나타낸다. 일반적으로 요인부하량이 절댓값 0.4 이상이면 유의한 변수로 간주한다.
- 요인회전(factor rotation): 요인에 포함되는 변수의 분류를 명확히 하기 위해 요인축을 회전시키는 것으로, 직각회전(varimax)과 사각회전(oblique)을 많이 사용한다.

연구문제: 지역사회 건강조사 자료에서 비만에 영향을 미치는 요인을 측정하기 위해 수집된 11개의 건강상태 변수(SubjectiveHealthLevel, Stress, Drinking, CurrentSmoking, SaltyFood, ModeratePhysicalActivity, StrengthExercise, FlexibilityExercise, Walking, Arthritis, ChronicDisease)은 타당한가?

가 R 프로그램 활용

```
# 1차 요인분석을 실시한다.
> install.packages('foreign')
> library(foreign)
> library(MASS)
> rm(list=ls())
> setwd("c:/MachineLearning_ArtificialIntelligence")
> Learning_data=read.spss(file='obesity_factor_analysis_data.sav',
  use.value.labels=T,use.missings=F,to.data.frame=T)
> attach(Learning_data)
> fact1=cbind(SubjectiveHealthLevel,Stress,Drinking,CurrentSmoking,
  SaltyFood,ModeratePhysicalActivity,StrengthExercise,FlexibilityExercise,
```

Walking,Arthritis,ChronicDisease)

- 11개의 건강상태 변수를 데이터프레임으로 fact1 객체에 할당한다.

> install.packages("psych"): KMO 분석을 실시하는 psych 패키지를 설치한다.

> library(psych)

> KMO(fact1): Kaiser-Meyer-Oklin Test를 실시한다.

> bartlett.test(list(SubjectiveHealthLevel,Stress,Drinking,CurrentSmoking, SaltyFood,ModeratePhysicalActivity,StrengthExercise,FlexibilityExercise, Walking,Arthritis,ChronicDisease))

- Bartlett 구형성 검정을 실시한다.

```
R Console
> ## factor analysis (data file: obesity_factor_analysis_data.sav)
>
> install.packages('foreign')
Warning: package 'foreign' is in use and will not be installed
> library(foreign)
> library(MASS)
> rm(list=ls())
> setwd("c:/MachineLearning_ArtificialIntelligence")
> Learning_data=read.spss(file='obesity_factor_analysis_data.sav',
+  use.value.labels=T,use.missings=F,to.data.frame=T)
Warning in read.spss(file = "obesity_factor_analysis_data.sav", use.value.labels = T,$
  Undeclared level(s) 9 added in variable: MaritalStatus
Warning in read.spss(file = "obesity_factor_analysis_data.sav", use.value.labels = T,$
  Undeclared level(s) 9 added in variable: EconomicActivity
> #attach(Learning_data)
> fact1=cbind(SubjectiveHealthLevel,Stress,Drinking,CurrentSmoking,
+  SaltyFood,ModeratePhysicalActivity,StrengthExercise,FlexibilityExercise,
+  Walking,Arthritis,ChronicDisease)
> install.packages("psych")
Warning: package 'psych' is in use and will not be installed
> library(psych)
> KMO(fact1)
Kaiser-Meyer-Olkin factor adequacy
Call: KMO(r = fact1)
Overall MSA =  0.6
MSA for each item =
   SubjectiveHealthLevel                   Stress                 Drinking
                    0.61                     0.58                     0.54
          CurrentSmoking               SaltyFood ModeratePhysicalActivity
                    0.56                     0.62                     0.72
        StrengthExercise      FlexibilityExercise                  Walking
                    0.59                     0.60                     0.76
               Arthritis           ChronicDisease
                    0.60                     0.55
> bartlett.test(list(SubjectiveHealthLevel,Stress,Drinking,CurrentSmoking,
+  SaltyFood,ModeratePhysicalActivity,StrengthExercise,FlexibilityExercise,
+  Walking,Arthritis,ChronicDisease))

        Bartlett test of homogeneity of variances

data:  list(SubjectiveHealthLevel, Stress, Drinking, CurrentSmoking,     SaltyFood, M$
Bartlett's K-squared = 1271.5, df = 10, p-value < 2.2e-16

> |
```

[해석] KMO 값이 0.6이며, 바틀렛 검정(변수들 간의 상관이 0인지를 검정) 결과 유의하여 (p<.001) 상관행렬이 요인분석을 하기에 적합하다고 할 수 있다.

스크리차트 작성

> library(graphics): graphics 패키지를 로딩한다.

> scr=princomp(fact1)

 - 주성분분석(Principle Component Analysis)을 실시하여 scr 객체에 할당한다.

> screeplot(scr,npcs=9,type='lines',main='Scree Plot'): 스크리 도표를 작성한다.

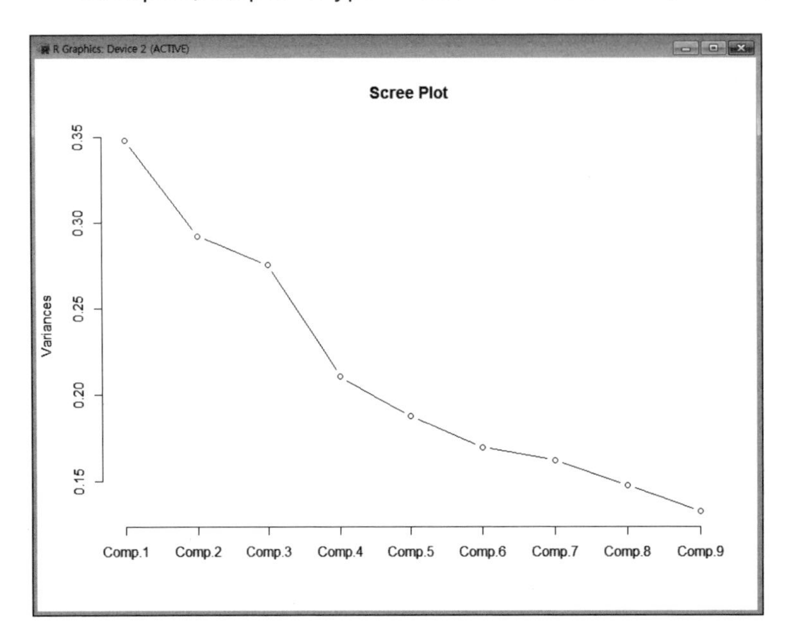

[해석] 고유값을 보여주는 스크리 도표로 가로축은 요인의 수, 세로축은 고유값의 분산을 나타낸다. 고유값의 그래프가 요인5 부터 완만해지고, 또한 요인1에서 요인5까지 꺽이는 형태를 보여 요인분석에 적합한 자료인 것으로 나타났다.

고유값 산출

> eigen(cor(fact1))$val: fact1벡터의 고유값을 산출한다(요인 수 결정).

R Console

```
> # eigen value
>
> eigen(cor(fact1))$val
 [1] 1.7655879 1.4554762 1.2911507 1.0030794 0.9566317 0.9237680 0.8038425 0.7972514
 [9] 0.7717361 0.7007686 0.5307074
> |
```

[해석] 요인분석의 목적이 변수의 수를 줄이는 것이기 때문에 상기 결과에서 고유값이 1 이상인 요인은 4개(1.766~1.003)로 나타났다.

요인분석

> FA1=factanal(fact1, factors=4, rotation='none'): 요인분석을 실시한다.

- factors=4(상기 eigen 함수의 결과에서 고유값 1 이상인 요인 수 결정)
- rotation: none(회전하지 않음), varimax(직각회전), promax(사각회전)

> FA1

> VA1=factanal(fact1, factors=4, rotation='varimax')

> VA1

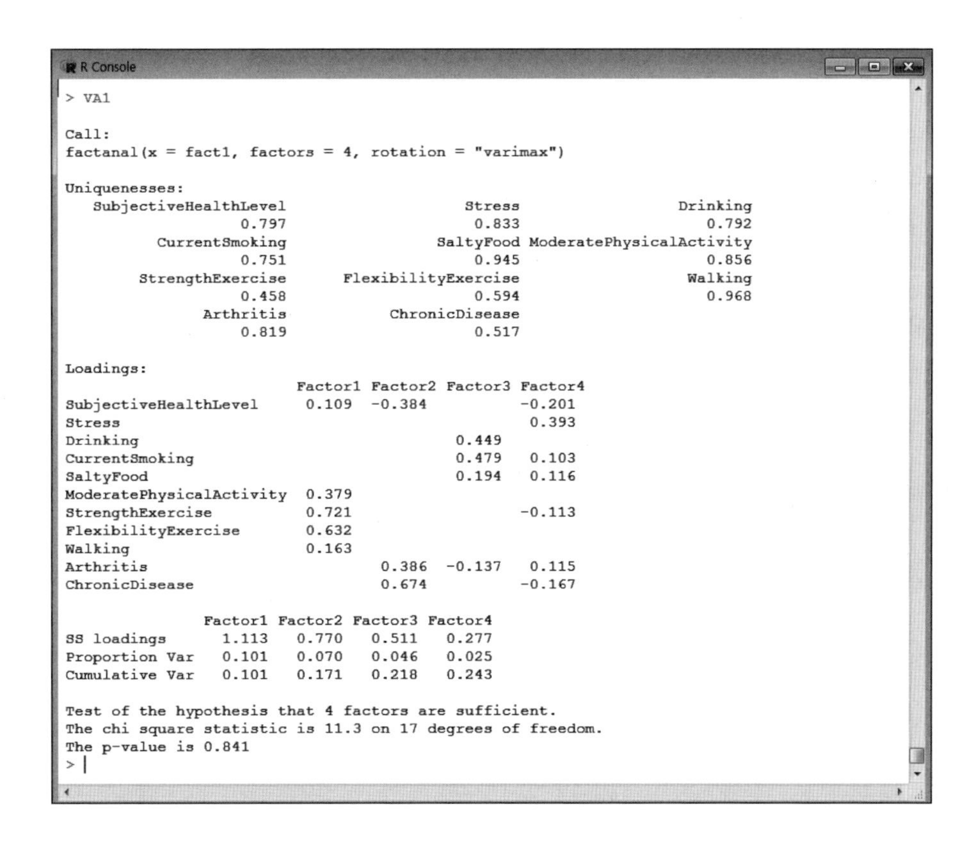

```
> VA1

Call:
factanal(x = fact1, factors = 4, rotation = "varimax")

Uniquenesses:
   SubjectiveHealthLevel                   Stress                 Drinking
                   0.797                    0.833                    0.792
          CurrentSmoking                SaltyFood ModeratePhysicalActivity
                   0.751                    0.945                    0.856
        StrengthExercise      FlexibilityExercise                  Walking
                   0.458                    0.594                    0.968
               Arthritis           ChronicDisease
                   0.819                    0.517

Loadings:
                         Factor1 Factor2 Factor3 Factor4
SubjectiveHealthLevel     0.109  -0.384          -0.201
Stress                                            0.393
Drinking                                  0.449
CurrentSmoking                            0.479   0.103
SaltyFood                                 0.194   0.116
ModeratePhysicalActivity  0.379
StrengthExercise          0.721                  -0.113
FlexibilityExercise       0.632
Walking                   0.163
Arthritis                         0.386  -0.137   0.115
ChronicDisease                    0.674          -0.167

               Factor1 Factor2 Factor3 Factor4
SS loadings      1.113   0.770   0.511   0.277
Proportion Var   0.101   0.070   0.046   0.025
Cumulative Var   0.101   0.171   0.218   0.243

Test of the hypothesis that 4 factors are sufficient.
The chi square statistic is 11.3 on 17 degrees of freedom.
The p-value is 0.841
> |
```

[해석] 상기 1차 직각회전 요인분석 결과 각 요인에서 요인부하량이 0.3 미만인 변수(SubjectiveHealthLevel, SaltyFood, Walking)는 제거한 후 2차 요인분석을 실시한다.

2차 요인분석 고유값 산출

> fact2=cbind(Stress,Drinking,CurrentSmoking,ModeratePhysicalActivity,
StrengthExercise,FlexibilityExercise,Arthritis,ChronicDisease)

- 2차 요인 분석에 필요한 8개의 건강상태 변수를 데이터프레임으로 fact2 객체에 할당한다.

> eigen(cor(fact2))$val

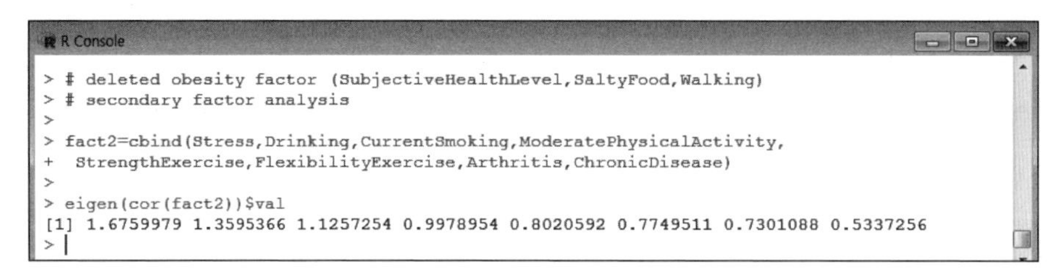

```
R Console
> # deleted obesity factor (SubjectiveHealthLevel,SaltyFood,Walking)
> # secondary factor analysis
>
> fact2=cbind(Stress,Drinking,CurrentSmoking,ModeratePhysicalActivity,
+  StrengthExercise,FlexibilityExercise,Arthritis,ChronicDisease)
>
> eigen(cor(fact2))$val
[1] 1.6759979 1.3595366 1.1257254 0.9978954 0.8020592 0.7749511 0.7301088 0.5337256
> |
```

[해석] 상기 2차 요인분석 결과에서 고유값이 1 이상인 요인은 3개(1.68~1.13)으로 나타났다.

2차 요인분석

> VA1=factanal(fact2, factors=3, rotation='varimax')

> VA1

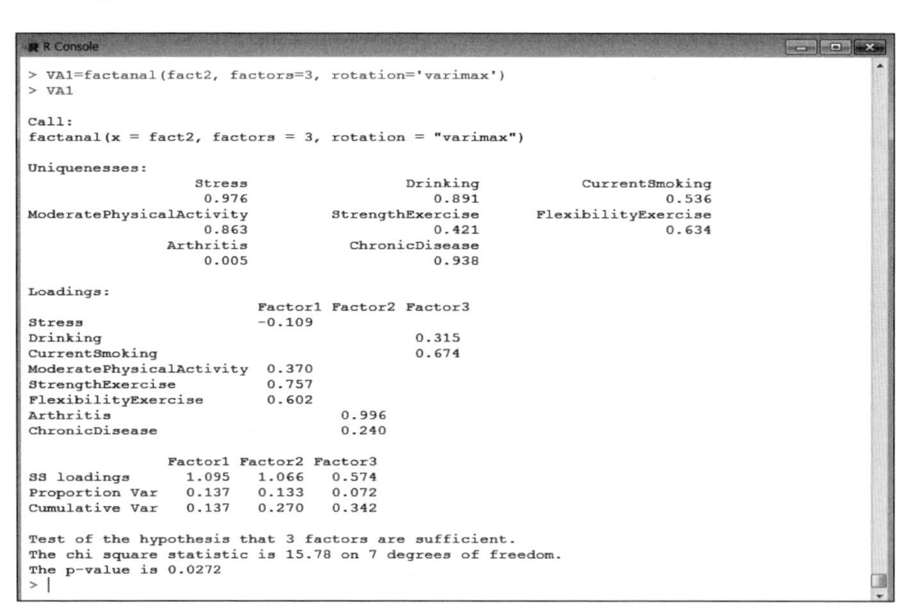

```
R Console
> VA1=factanal(fact2, factors=3, rotation='varimax')
> VA1

Call:
factanal(x = fact2, factors = 3, rotation = "varimax")

Uniquenesses:
                  Stress                 Drinking          CurrentSmoking
                   0.976                    0.891                   0.536
ModeratePhysicalActivity         StrengthExercise     FlexibilityExercise
                   0.863                    0.421                   0.634
               Arthritis           ChronicDisease
                   0.005                    0.938

Loadings:
                         Factor1 Factor2 Factor3
Stress                   -0.109
Drinking                                  0.315
CurrentSmoking                            0.674
ModeratePhysicalActivity  0.370
StrengthExercise          0.757
FlexibilityExercise       0.602
Arthritis                         0.996
ChronicDisease                    0.240

               Factor1 Factor2 Factor3
SS loadings      1.095   1.066   0.574
Proportion Var   0.137   0.133   0.072
Cumulative Var   0.137   0.270   0.342

Test of the hypothesis that 3 factors are sufficient.
The chi square statistic is 15.78 on 7 degrees of freedom.
The p-value is 0.0272
> |
```

[해석] 상기 2차 직각회전 요인분석 결과 각 요인에서 요인부하량이 0.3 미만인 변수(Stress)는 제거한 후 3차 요인분석을 실시한다.

3차 요인분석 고유값 산출

> fact3=cbindDrinking,CurrentSmoking,ModeratePhysicalActivity,
StrengthExercise,FlexibilityExercise,Arthritis,ChronicDisease)

- 3차 요인 분석에 필요한 7개의 건강상태 변수를 데이터프레임으로 fact3 객체에 할당한다.

> eigen(cor(fact3))$val

```
R Console
> # Third factor analysis( deleted obesity factor 'Stress')
>
> fact3=cbind(Drinking,CurrentSmoking,ModeratePhysicalActivity,
+  StrengthExercise,FlexibilityExercise,Arthritis,ChronicDisease)
>
> eigen(cor(fact3))$val
[1] 1.6601138 1.3577306 1.1106614 0.8190149 0.7819108 0.7350329 0.5355355
> |
```

[해석] 상기 2차 요인분석 결과에서 고유값이 1 이상인 요인은 3개(1.66~1.11)로 나타났다.

3차 요인분석

> VA1=factanal(fact3, factors=3, rotation='varimax')

> VA1

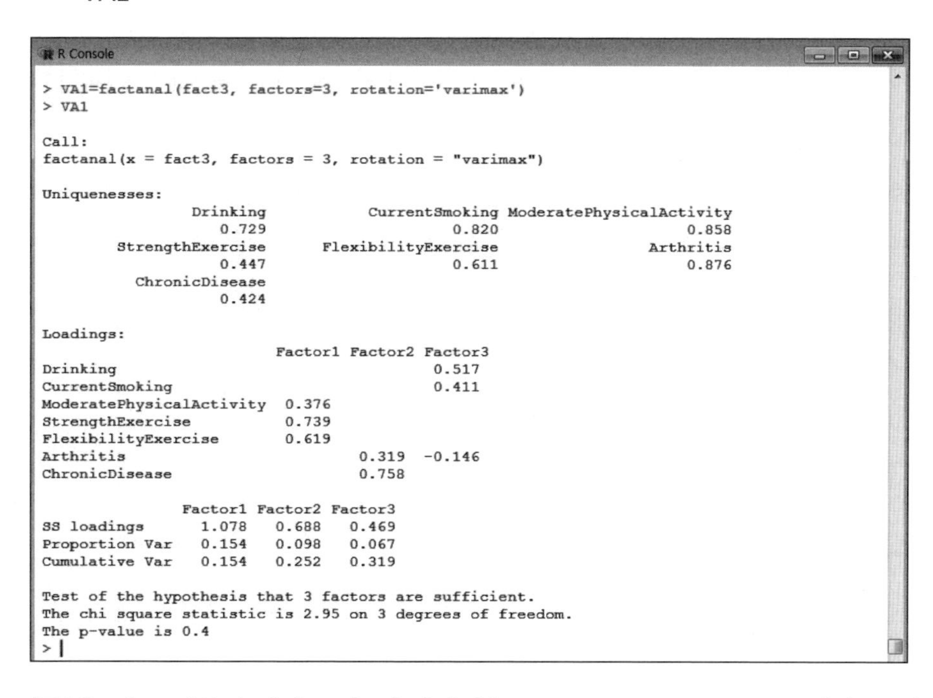

```
R Console
> VA1=factanal(fact3, factors=3, rotation='varimax')
> VA1

Call:
factanal(x = fact3, factors = 3, rotation = "varimax")

Uniquenesses:
                Drinking           CurrentSmoking ModeratePhysicalActivity
                   0.729                    0.820                    0.858
        StrengthExercise      FlexibilityExercise                Arthritis
                   0.447                    0.611                    0.876
          ChronicDisease
                   0.424

Loadings:
                         Factor1 Factor2 Factor3
Drinking                                  0.517
CurrentSmoking                            0.411
ModeratePhysicalActivity  0.376
StrengthExercise          0.739
FlexibilityExercise       0.619
Arthritis                         0.319  -0.146
ChronicDisease                    0.758

               Factor1 Factor2 Factor3
SS loadings      1.078   0.688   0.469
Proportion Var   0.154   0.098   0.067
Cumulative Var   0.154   0.252   0.319

Test of the hypothesis that 3 factors are sufficient.
The chi square statistic is 2.95 on 3 degrees of freedom.
The p-value is 0.4
> |
```

[해석] 3차 요인분석 결과 요인1의 설명력은 15.4%(Proportion Var: 0.154)이며, 요인2의 설

명력은 9.8%, 요인3의 설명력은 6.7%로 나타났다. 본 요인분석에서는 요인1을 운동요인(ModeratePhysicalActivity, StrengthExercise, FlexibilityExercise), 요인2를 질환요인(Arthritis, ChronicDisease), 요인3을 음주흡연요인(Drinking, CurrentSmoking)으로 명명하였다.

요인점수(factor score)를 저장한다. 상기 3차 요인분석의 결과로 산출된 3개 요인에 대한 요인점수를 파일로 저장하여 상관분석이나 회귀분석 등을 실시할 수 있다.

> VA2=factanal(fact3, factors=3, rotation='varimax',scores='regression')$scores
  - 3차 요인분석의 결과로 산출된 3개 요인의 요인점수를 VA2 객체에 저장한다.
> library(MASS): write.matrix()함수가 포함된 MASS 패키지를 로딩한다.
> write.matrix(VA2, "factor_score.txt")
  - VA2 객체에 저장된 factor score를 factor_score.txt 파일에 출력한다.
> VA4= read.table('factor_score.txt',header=T)
  - factor_score.txt 데이터 파일을 VA4에 할당한다.
> attach(VA4): 실행 데이터를 'VA4'로 고정시킨다.
> obesity_factor_score=cbind(Learning_data,Factor1,Factor2,Factor3,Factor4)
  - 3차 요인분석의 결과로 산출된 요인점수가 저장된 변수(Factor1~Factor3)를 결합하여 obesity_factor_score 객체에 할당한다.
> write.matrix(obesity_factor_score, "regression_factor_score.txt")
  - obesity_factor_score 객체를 regression_factor_score.txt 파일에 출력한다.

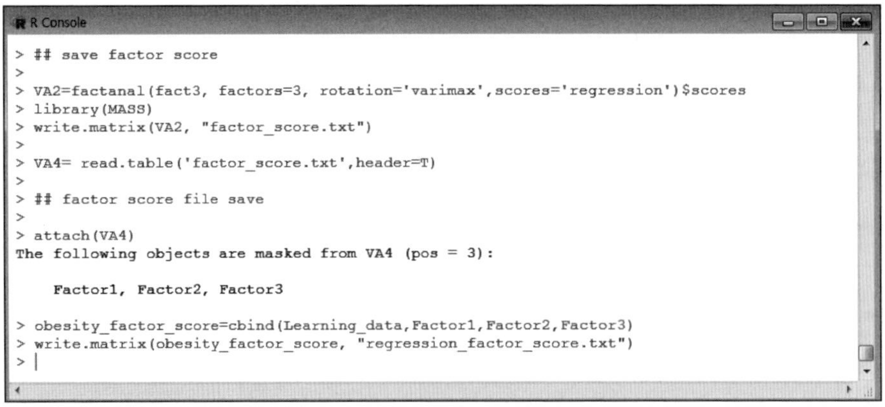

```
R Console
> ## save factor score
>
> VA2=factanal(fact3, factors=3, rotation='varimax',scores='regression')$scores
> library(MASS)
> write.matrix(VA2, "factor_score.txt")
>
> VA4= read.table('factor_score.txt',header=T)
>
> ## factor score file save
>
> attach(VA4)
The following objects are masked from VA4 (pos = 3):

    Factor1, Factor2, Factor3

> obesity_factor_score=cbind(Learning_data,Factor1,Factor2,Factor3)
> write.matrix(obesity_factor_score, "regression_factor_score.txt")
> |
```

다중회귀분석을 실시한다.

> regression_factor=read.table(file="regression_factor_score.txt",header=T)

> summary(lm(Obesity~Factor1+Factor2+Factor3,data=regression_factor))

- 다중회귀분석을 실시한다.

> install.packages('lm.beta'): 표준화 회귀계수 산출 패키지(lm.beta)를 설치한다.

> library(lm.beta)

> lm1=lm(Obesity~Factor1+Factor2+Factor3,data=regression_factor)

> lm.beta(lm1)

```
R Console
> ## regression : regression_factor_score.txt
>
> regression_factor=read.table(file="regression_factor_score.txt",header=T)
> summary(lm(Obesity~Factor1+Factor2+Factor3,data=regression_factor))

Call:
lm(formula = Obesity ~ Factor1 + Factor2 + Factor3, data = regression_factor)

Residuals:
    Min      1Q  Median      3Q     Max
-8.0697 -2.1127 -0.2002  1.8222 15.9712

Coefficients:
            Estimate Std. Error t value Pr(>|t|)
(Intercept) 23.24785    0.05377 432.351  < 2e-16 ***
Factor1      0.07289    0.06580   1.108    0.268
Factor2      0.93190    0.06969  13.372  < 2e-16 ***
Factor3      0.54083    0.08731   6.194 6.61e-10 ***
---
Signif. codes:  0 '***' 0.001 '**' 0.01 '*' 0.05 '.' 0.1 ' ' 1

Residual standard error: 3.031 on 3173 degrees of freedom
Multiple R-squared:  0.06255,	Adjusted R-squared:  0.06166
F-statistic: 70.57 on 3 and 3173 DF,  p-value: < 2.2e-16

>
> install.packages('lm.beta')
Warning: package 'lm.beta' is in use and will not be installed
> library(lm.beta)
> lm1=lm(Obesity~Factor1+Factor2+Factor3,data=regression_factor)
> lm.beta(lm1)

Call:
lm(formula = Obesity ~ Factor1 + Factor2 + Factor3, data = regression_factor)

Standardized Coefficients::
(Intercept)     Factor1     Factor2     Factor3
 0.00000000  0.01905255  0.23012651  0.10664950

> |
```

[해석] Factor2(질환요인)($p<.001$)과 Factor3(음주흡연요인)($p<.001$)은 BMI(Obesity)에 양(+)의 영향을 미치는 것으로 나타났으며, Factor1(운동요인)($p>.1$)은 BMI(Obesity)에 영향을 미치지 않는 것으로 나타났다. 그리고 Factor2(질환요인) 요인이 Factor3(음주흡연요인) 요인보다 BMI(Obesity) 증가에 더 영향을 미치는 것으로 나타났다.

❹ SPSS 프로그램 활용

1단계: 데이터 파일을 불러온다(분석파일: obesity_factor_analysis_data.sav).

2단계: [Analyze] → [Dimension Reduction] → [Factor] → [변수(SubjectiveHealthLevel ~ ChronicDisease)]를 선택한다.

3단계: [Descriptives: Coefficients, KMO test] → [Extraction: scree plot] → [Rotation: Varimax]를 선택한다.

4단계: [Option] → [Coefficient Display Format: Sorted by size]을 선택한다.

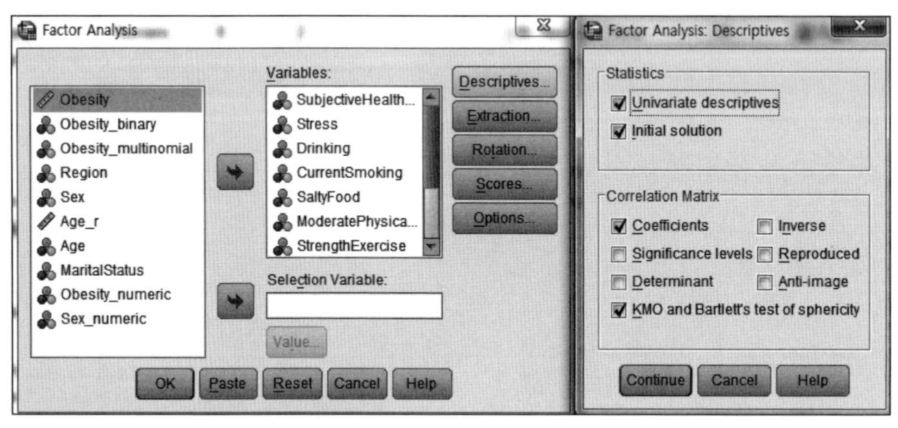

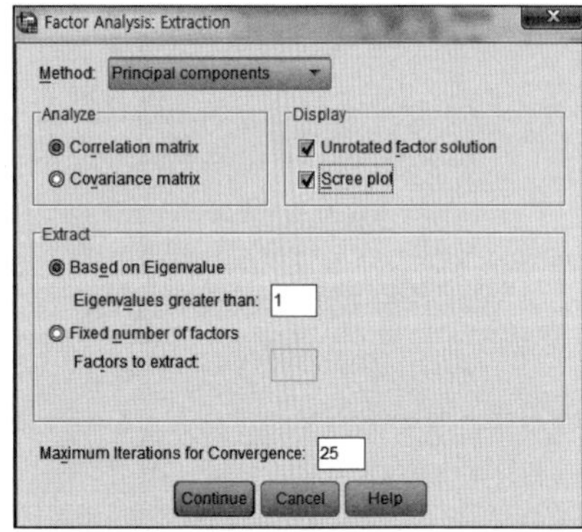

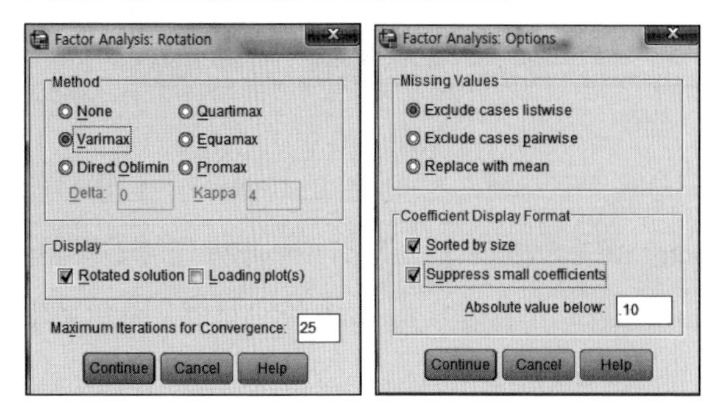

5단계: 결과를 확인한다.

KMO and Bartlett's Test

Kaiser-Meyer-Olkin Measure of Sampling Adequacy.		.601
Bartlett's Test of Sphericity	Approx. Chi-Square	1948.498
	df	55
	Sig.	.000

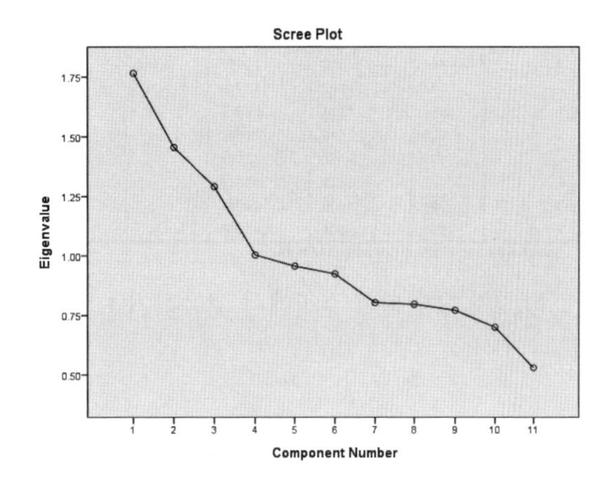

[해석] KMO 값이 0.601이며, 바틀렛 검정 결과 유의하여(p<.001) 상관행렬이 요인분석을 하기에 적합하다고 할 수 있다. 고유값의 그래프가 요인5 부터 완만해지고, 또한 요인1에서 요인5까지 꺽이는 형태를 보여 요인분석에 적합한 자료인 것으로 나타났다.

Communalities

	Initial	Extraction
SubjectiveHealthLevel	1.000	.473
Stress	1.000	.757
Drinking	1.000	.609
CurrentSmoking	1.000	.528
SaltyFood	1.000	.297
ModeratePhysicalActivity	1.000	.411
StrengthExercise	1.000	.637
FlexibilityExercise	1.000	.598
Walking	1.000	.107
Arthritis	1.000	.469
ChronicDisease	1.000	.629

Extraction Method: Principal Component

[해석] Communality는 총분산 중 요인이 설명하는 분산비율로 일반적으로 사회과학 분야에서는 총분산의 60% 정도 설명하는 요인을 선정하나, 본 연구에서는 모든 요인이 이분형(0, 1)으로 30% 이상의 요인을 선정하였다. 따라서 SaltyFood(.297)와 Walking(.107)은 30% 이하로 나타나 제거하고 2차 요인분석을 실시하였다.

Total Variance Explained

Component	Initial Eigenvalues			Extraction Sums of Squared Loadings			Rotation Sums of Squared Loadings		
	Total	% of Variance	Cumulative %	Total	% of Variance	Cumulative %	Total	% of Variance	Cumulative %
1	1.711	19.010	19.010	1.711	19.010	19.010	1.686	18.731	18.731
2	1.454	16.152	35.162	1.454	16.152	35.162	1.445	16.057	34.788
3	1.224	13.596	48.758	1.224	13.596	48.758	1.257	13.970	48.758
4	.998	11.094	59.852						
5	.805	8.948	68.800						
6	.801	8.898	77.698						
7	.772	8.578	86.276						
8	.704	7.820	94.096						
9	.531	5.904	100.000						

Extraction Method: Principal Component Analysis.

[해석] 2차 요인분석 결과에서 고유값이 1 이상인 요인은 3개 요인(1.711 ~ 1.224)으로 나타났다.

Rotated Component Matrix[a]

	Component		
	1	2	3
StrengthExercise	.807		
FlexibilityExercise	.770		
ModeratePhysicalActivity	.605		
ChronicDisease		.706	
Arthritis		.667	-.159
SubjectiveHealthLevel	.140	-.665	-.196
CurrentSmoking			.753
Drinking	.136		.715
Stress	-.161	.193	.326

Extraction Method: Principal Component Analysis.

[해석] 상기 2차 직각회전 요인분석 결과 각 요인에서 요인부하량이 0.3 미만인 변수(SubjectiveHealthLevel)는 제거한 후 3차 요인분석을 실시한다.

Total Variance Explained

Component	Initial Eigenvalues			Extraction Sums of Squared Loadings			Rotation Sums of Squared Loadings		
	Total	% of Variance	Cumulative %	Total	% of Variance	Cumulative %	Total	% of Variance	Cumulative %
1	1.675	20.942	20.942	1.675	20.942	20.942	1.673	20.909	20.909
2	1.359	16.991	37.933	1.359	16.991	37.933	1.255	15.686	36.595
3	1.126	14.080	52.014	1.126	14.080	52.014	1.234	15.419	52.014
4	.998	12.469	64.483						
5	.802	10.031	74.514						
6	.775	9.691	84.205						
7	.730	9.125	93.330						
8	.534	6.670	100.000						

Extraction Method: Principal Component Analysis.

[해석] 3차 요인분석 결과에서 고유값이 1 이상인 요인은 3개로 나타났다. 요인1의 고유값의 합계는 1.675이며 설명력은 약 20.94%이다. 요인2의 고유값의 합계는 1.359이며 설명력은 약 16.99%이다. 요인3의 고유값의 합계는 1.126이며 설명력은 약 14.08%이다.

Rotated Component Matrix[a]

	Component		
	1	2	3
StrengthExercise	.810		
FlexibilityExercise	.770		
ModeratePhysicalActivity	.608		
Arthritis		.786	
ChronicDisease		.766	
CurrentSmoking		-.101	.759
Drinking	.132		.733
Stress	-.175	.167	.324

Extraction Method: Principal Component Analysis.

[해석] 3차 요인분석 결과에서 요인1을 운동요인(ModeratePhysicalActivity, StrengthExercise, FlexibilityExercise), 요인2를 질환요인(Arthritis, ChronicDisease), 요인3을 음주흡연요인(Drinking, CurrentSmoking)으로 명명하였다.

■ **요인분석을 이용한 회귀분석**

- 건강상태 변수를 요인으로 묶어 회귀분석을 실시할 수 있다.

1단계: [Analyze] → [Dimension Reduction] → [Factor] → [Scores] → [Save as Variables] → [Method - Regression]을 선택한다.

※ 요인분석이 끝나면 편집기창에 세개의 새로운 요인변수(FAC1_1~FAC3_1)가 추가된다.

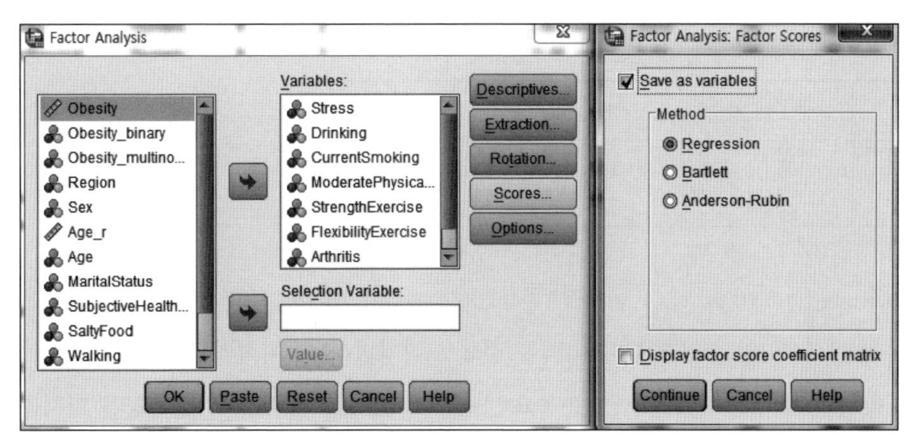

2단계: [Analyze] → [Regression - Linear]을 선택한다.

3단계: [Dependent(Obesity), Independent(FAC1_1 ~ FAC3_1)]을 지정한다.

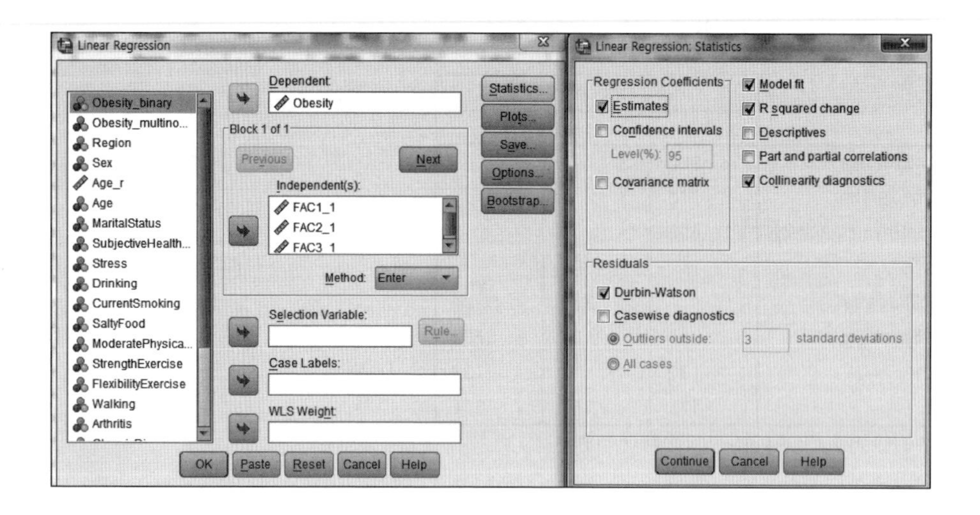

4단계: 결과를 확인한다.

Model Summary[b]

Model	R	R Square	Adjusted R Square	Std. Error of the Estimate	Change Statistics					Durbin-Watson
					R Square Change	F Change	df1	df2	Sig. F Change	
1	.227[a]	.051	.051	3.04774	.051	57.458	3	3175	.000	1.911

a. Predictors: (Constant), FAC3_1, FAC2_1, FAC1_1

b. Dependent Variable: Obesity

ANOVA[a]

Model		Sum of Squares	df	Mean Square	F	Sig.
1	Regression	1601.125	3	533.708	57.458	.000[b]
	Residual	29491.746	3175	9.289		
	Total	31092.870	3178			

a. Dependent Variable: Obesity

b. Predictors: (Constant), FAC3_1, FAC2_1, FAC1_1

Coefficients[a]

Model		Unstandardized Coefficients		Standardized Coefficients	t	Sig.	Collinearity Statistics	
		B	Std. Error	Beta			Tolerance	VIF
1	(Constant)	23.247	.054		430.069	.000		
	FAC1_1	.102	.054	.033	1.890	.059	1.000	1.000
	FAC2_1	.610	.054	.195	11.281	.000	1.000	1.000
	FAC3_1	.348	.054	.111	6.445	.000	1.000	1.000

a. Dependent Variable: Obesity

[해석] Factor1(운동요인)($p<.1$), Factor2(질환요인)($p<.001$)과 Factor3(음주흡연요인)($p<.001$)은 BMI(Obesity)에 모두 양(+)의 영향을 미치는 것으로 나타났다. 회귀식의 설명력은 5.1%이며, 그리고 질환요인, 음주흡연요인, 운동요인 순으로 BMI(Obesity) 증가에 영향을 미치는 것으로 나타났다.

(16) 신뢰성 분석(reliability analysis)

신뢰성(reliability)은 동일한 측정(measurement) 대상(변수)에 대해 같거나 유사한 측정도구(questionnaire)를 사용하여 매번 반복 측정할 경우 동일하거나 비슷한 결과를 얻을 수 있는 정도를 말한다. 즉 신뢰성은 측정한 다변량(multivariate) 변수 사이의 일관된 정도를 의미하며, 신뢰성 정도는 동일한 개념에 대하여 반복적으로 측정했을 때 나타나는 측정값들의 분산(variance)을 의미한다. R에서는 크론바흐 알파계수(Cronbach's alpha coefficient)를 이용하여 신뢰성을 측정할 수 있다.

연구문제: 지역사회 건강조사 자료에서 비만에 영향을 미치는 요인을 측정하기 위해 수집된 11개의 건강상태 변수(SubjectiveHealthLevel, Stress, Drinking, CurrentSmoking, SaltyFood, ModeratePhysicalActivity, StrengthExercise, FlexibilityExercise, Walking, Arthritis, ChronicDisease)에 대한 신뢰성을 측정하라.

가 R 프로그램 활용

> install.packages('psych'): 신뢰성 분석을 실시하는 패키지를 설치한다

> library(psych)

> rm(list=ls())

> setwd("c:/MachineLearning_ArtificialIntelligence")

> Learning_data=read.spss(file='obesity_factor_analysis_data.sav', use.value.labels=T,use.missings=F,to.data.frame=T)

> attach(Learning_data)

> factor1=cbind(SubjectiveHealthLevel,Stress,Drinking,CurrentSmoking, SaltyFood,ModeratePhysicalActivity,StrengthExercise,FlexibilityExercise, Walking,Arthritis,ChronicDisease)

- 신뢰성 분석에 필요한 변수(SubjectiveHealthLevel~ChronicDisease)를 결합하여 factor1에 할당한다.

> alpha(factor1): Cronbach's alpha를 산출한다.

R Console

```
> factor1=cbind(SubjectiveHealthLevel,Stress,Drinking,CurrentSmoking,
+  SaltyFood,ModeratePhysicalActivity,StrengthExercise,FlexibilityExercise,
+  Walking,Arthritis,ChronicDisease)
> alpha(factor1)
Warning in alpha(factor1) :
  Some items were negatively correlated with the total scale and probably
should be reversed.
To do this, run the function again with the 'check.keys=TRUE' option
Some items ( Stress CurrentSmoking SaltyFood Arthritis ChronicDisease ) were negatively correlated w$
probably should be reversed.
To do this, run the function again with the 'check.keys=TRUE' option
Reliability analysis
Call: alpha(x = factor1)

  raw_alpha std.alpha G6(smc) average_r  S/N   ase mean   sd median_r
      0.19       0.2    0.26     0.022 0.25 0.021 0.36 0.14   0.0016

 lower alpha upper     95% confidence boundaries
0.15 0.19 0.23

 Reliability if an item is dropped:
                         raw_alpha std.alpha G6(smc) average_r   S/N alpha se  var.r
SubjectiveHealthLevel        0.257     0.257    0.30    0.0335 0.346    0.020 0.0114
Stress                       0.230     0.235    0.29    0.0298 0.307    0.020 0.0133
Drinking                     0.152     0.171    0.23    0.0202 0.206    0.022 0.0132
CurrentSmoking               0.184     0.200    0.26    0.0243 0.249    0.021 0.0127
SaltyFood                    0.186     0.197    0.26    0.0239 0.245    0.021 0.0139
ModeratePhysicalActivity     0.117     0.121    0.19    0.0135 0.137    0.023 0.0117
StrengthExercise             0.059     0.068    0.12    0.0072 0.073    0.025 0.0078
FlexibilityExercise          0.081     0.094    0.14    0.0102 0.103    0.024 0.0085
Walking                      0.171     0.181    0.25    0.0216 0.221    0.022 0.0138
Arthritis                    0.204     0.225    0.27    0.0282 0.290    0.021 0.0119
ChronicDisease               0.232     0.224    0.27    0.0280 0.288    0.020 0.0117
                            med.r
SubjectiveHealthLevel     0.00163
Stress                    0.00354
Drinking                 -0.00444
CurrentSmoking            0.00376
SaltyFood                 0.00163
ModeratePhysicalActivity  0.00163
StrengthExercise         -0.00095
FlexibilityExercise      -0.00185
Walking                   0.00354
Arthritis                 0.00354
ChronicDisease            0.00354
```

[해석] 건강상태 변수들의 표준화 신뢰도(std.alpha)는 0.2로 나타났으며, (SubjectiveHealthLevel, Stress, Arthritis, ChronicDisease)를 제거 했을 때 신뢰도는 향상되는 것으로 나타나, (SubjectiveHealthLevel, Stress, Arthritis, ChronicDisease)를 제거하고 2차 신뢰성 분석을 실시한다.

```
# 2차 신뢰성 분석
> factor1=cbind(Drinking,CurrentSmoking,SaltyFood,ModeratePhysicalActivity,
  StrengthExercise,FlexibilityExercise,Walking)
```

- 2차 신뢰성 분석에 필요한 변수(Drinking,~Walking)를 결합하여 factor1에 할당한다.

```
> alpha(factor1)
```

```
+   StrengthExercise,FlexibilityExercise,Walking)
> alpha(factor1)
Warning in alpha(factor1) :
  Some items were negatively correlated with the total scale and probably
should be reversed.
To do this, run the function again with the 'check.keys=TRUE' option
Some items ( CurrentSmoking SaltyFood ) were negatively correlated with the total scale and
probably should be reversed.
To do this, run the function again with the 'check.keys=TRUE' option
Reliability analysis
Call: alpha(x = factor1)

  raw_alpha std.alpha G6(smc) average_r  S/N   ase mean  sd median_r
      0.35      0.35    0.37      0.073 0.55 0.018 0.41 0.2    0.014

 lower alpha upper     95% confidence boundaries
0.31 0.35 0.38

 Reliability if an item is dropped:
                         raw_alpha std.alpha G6(smc) average_r  S/N alpha se  var.r   med.r
Drinking                      0.32      0.33    0.35     0.076 0.50    0.019 0.0213 -0.0018
CurrentSmoking                0.36      0.37    0.38     0.089 0.58    0.017 0.0187  0.0697
SaltyFood                     0.38      0.39    0.40     0.097 0.64    0.017 0.0203  0.0757
ModeratePhysicalActivity      0.29      0.29    0.31     0.064 0.41    0.020 0.0175  0.0035
StrengthExercise              0.21      0.21    0.21     0.043 0.27    0.022 0.0084  0.0035
FlexibilityExercise           0.26      0.26    0.26     0.056 0.36    0.020 0.0083  0.0136
Walking                       0.35      0.36    0.38     0.085 0.55    0.018 0.0217  0.0136

 Item statistics
                            n raw.r std.r r.cor r.drop mean   sd
Drinking                 3177  0.46  0.44 0.224  0.135 0.66 0.47
CurrentSmoking           3177  0.40  0.38 0.131  0.073 0.30 0.46
SaltyFood                3177  0.35  0.34 0.048  0.029 0.27 0.45
ModeratePhysicalActivity 3177  0.46  0.50 0.343  0.200 0.18 0.39
StrengthExercise         3177  0.58  0.59 0.582  0.332 0.20 0.40
FlexibilityExercise      3177  0.55  0.53 0.469  0.222 0.44 0.50
Walking                  3177  0.36  0.40 0.143  0.086 0.81 0.39

Non missing response frequency for each item
                            0    1 miss
Drinking                 0.34 0.66    0
CurrentSmoking           0.70 0.30    0
SaltyFood                0.73 0.27    0
ModeratePhysicalActivity 0.82 0.18    0
StrengthExercise         0.80 0.20    0
FlexibilityExercise      0.56 0.44    0
Walking                  0.19 0.81    0
> |
```

[해석] 2차 신뢰성 분석 결과 건강상태 변수들의 표준화 신뢰도(std.alpha)는 0.35로 증가된 것으로 나타났다.

ⓝ SPSS 프로그램 활용

1단계: 데이터 파일을 불러온다(분석파일: obesity_factor_analysis_data.sav).

2단계: [Analyze] → [Scale] → [Reliability Analysis] → [변수(SubjectiveHealthLevel~ChronicDisease)]를 선택한다.

3단계: [Statistics] → [Item, Scale, Scale if item delete]를 선택한다.

4단계: 결과를 확인한다.

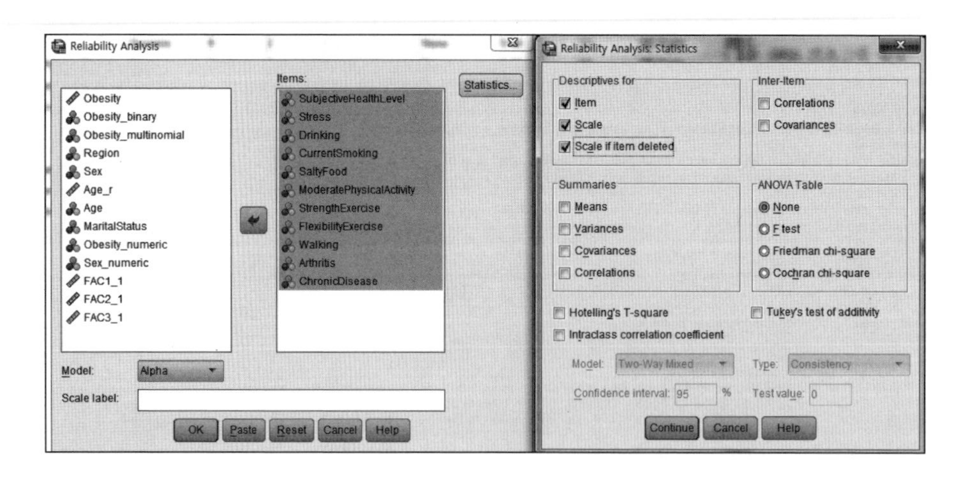

Reliability Statistics

Cronbach's Alpha	N of Items
.188	11

Item-Total Statistics

	Scale Mean if Item Deleted	Scale Variance if Item Deleted	Corrected Item-Total Correlation	Cronbach's Alpha if Item Deleted
SubjectiveHealthLevel	3.5672	2.409	-.080	.257
Stress	3.7114	2.385	-.044	.230
Drinking	3.3456	2.173	.096	.152
CurrentSmoking	3.7107	2.265	.042	.184
SaltyFood	3.7340	2.282	.037	.186
ModeratePhysicalActivity	3.8240	2.178	.178	.117
StrengthExercise	3.8071	2.047	.283	.059
FlexibilityExercise	3.5713	1.999	.204	.081
Walking	3.1970	2.298	.067	.171
Arthritis	3.9100	2.463	-.021	.204
ChronicDisease	3.6941	2.381	-.046	.232

[해석] 건강상태 변수들의 표준화 신뢰도(std.alpha)는 0.188로 나타났으며, (SubjectiveHealthLevel, Stress, Arthritis, ChronicDisease)를 제거 했을 때 신뢰도는 향상되는 것으로 나타나, 제거하고 2차 신뢰성 분석을 실시한다.

Reliability Statistics

Cronbach's Alpha	N of Items
.347	7

Item-Total Statistics

	Scale Mean if Item Deleted	Scale Variance if Item Deleted	Corrected Item-Total Correlation	Cronbach's Alpha if Item Deleted
Drinking	2.1997	1.527	.135	.322
CurrentSmoking	2.5650	1.615	.073	.359
SaltyFood	2.5885	1.678	.028	.383
ModeratePhysicalActivity	2.6782	1.566	.199	.287
StrengthExercise	2.6612	1.430	.332	.210
FlexibilityExercise	2.4256	1.402	.222	.263
Walking	2.0513	1.668	.086	.346

[해석] 2차 신뢰성 분석 결과 건강상태 변수들의 표준화 신뢰도(std.alpha)는 0.347로 증가된 것으로 나타났다.

(17) 다변량 분산분석(multivariate analysis of variance)

다변량 분산분석(MANOVA, Multivariate Analysis of Variance)은 2개의 연속형 종속변수[BMI(Obesity), 연령(Age)]와 2개의 범주형 독립변수[결혼상태(MaritalStatus), 성별(Sex)]의 집단 간 종속변수들의 평균 차이를 검정한다.

연구문제: 지역사회 건강조사 자료의 독립변수(MaritalStatus, Sex) 간에 종속변수(Obesity, Age)의 평균의 차이가 있는가?

가 R 프로그램 활용

```
> rm(list=ls())
> setwd("c:/MachineLearning_ArtificialIntelligence")
> Learning_data=read.spss(file='regression_anova_20190111.sav',
  use.value.labels=T,use.missings=T,to.data.frame=T)
> attach(Learning_data)
> tapply(Obesity, MaritalStatus, mean,na.rm=T)
```

- 결혼상태별(무응답 제외) Obesity의 평균을 산출한다.
- mean,na.rm=T: 결혼상태의 무응답을 분석에서 제외한다.

```
> tapply(Obesity, MaritalStatus, sd,na.rm=T)
> tapply(Obesity, Sex, mean,na.rm=T)
> tapply(Obesity, Sex, sd,na.rm=T)
> tapply(Obesity, list(MaritalStatus,Sex), mean,na.rm=T)
```

- 결혼상태별 성별 Obesity의 평균을 산출한다.

```
> tapply(Obesity, list(MaritalStatus,Sex), sd,na.rm=T)
> tapply(Age_r, MaritalStatus, mean,na.rm=T)
```

- 결혼상태별(무응답 제외) Age의 평균을 산출한다.

```
> tapply(Age_r, MaritalStatus, sd,na.rm=T)
> tapply(Age_r, Sex, mean,na.rm=T)
> tapply(Age_r, Sex, sd,na.rm=T)
> tapply(Age_r, list(MaritalStatus,Sex), mean,na.rm=T)
```

- 결혼상태별 성별 Age의 평균을 산출한다.

```
> tapply(Age_r, list(MaritalStatus,Sex), sd,na.rm=T)
```

```
R Console
> setwd("c:/MachineLearning_ArtificialIntelligence")
> Learning_data=read.spss(file='regression_anova_20190111.sav',
+  use.value.labels=T,use.missings=T,to.data.frame=T)
> #attach(Learning_data)
> tapply(Obesity, MaritalStatus, mean,na.rm=T)
  Spouse  Divorce   Single
23.44145 23.35970 22.45520
> tapply(Obesity, MaritalStatus, sd,na.rm=T)
  Spouse  Divorce   Single
2.971503 3.160714 3.676377
> tapply(Obesity, Sex, mean,na.rm=T)
    male   female
23.84494 22.69670
> tapply(Obesity, Sex, sd,na.rm=T)
    male   female
3.003212 3.216114
> tapply(Obesity, list(MaritalStatus,Sex), mean,na.rm=T)
            male   female
Spouse  23.96479 22.97726
Divorce 23.39227 23.34996
Single  23.73819 21.14616
> tapply(Obesity, list(MaritalStatus,Sex), sd,na.rm=T)
            male   female
Spouse  2.837363 3.010865
Divorce 2.827873 3.254794
Single  3.569367 3.305552
> tapply(Age_r, MaritalStatus, mean,na.rm=T)
  Spouse  Divorce   Single
53.40418 63.45815 30.10364
> tapply(Age_r, MaritalStatus, sd,na.rm=T)
   Spouse    Divorce     Single
13.676239 12.863069  9.540015
> tapply(Age_r, Sex, mean,na.rm=T)
    male   female
49.52217 49.87187
> tapply(Age_r, Sex, sd,na.rm=T)
    male   female
16.87393 16.97597
> tapply(Age_r, list(MaritalStatus,Sex), mean,na.rm=T)
            male   female
Spouse  55.21898 51.79450
Divorce 60.60815 64.31022
Single  31.16045 29.02538
> tapply(Age_r, list(MaritalStatus,Sex), sd,na.rm=T)
             male    female
Spouse  14.111965 13.070897
Divorce 12.316581 12.905862
Single   9.130321  9.829906
> |
```

[해석] 상기 기술통계량에서 MaritalStatus(Spouse, Divorce, Single)와 Sex(male, female) 에 따른 BMI(Obesity)와 연령(Age)의 평균을 비교한 결과, 결혼상태의 모든 그룹에서 여자보다 남자의 BMI 평균이 높은 것으로 나타났으며, 결혼상태의 이혼/사별/별거 그룹은 남자보다 여자의 연령 평균이 높은 것으로 나타났다.

> y=cbind(Obesity, Age_r): 종속변수를 y벡터로 할당한다.

> Mfit=manova(y~MaritalStatus+Sex+MaritalStatus:Sex)

- 이원 다변량 분산분석(Two-Way MANOVA)을 실시한다.
- y: 종속변수
- MaritalStatus: 독립변수(MaritalStatus)의 효과 분석
- Sex: 독립변수(Sex)의 효과 분석
- MaritalStatus:Sex: MaritalStatus와 Sex의 상호작용 효과분석

> Mfit: 다변량 분산분석(Two-Way MANOVA) 결과를 화면에 출력한다.

> summary(Mfit,test='Wilks'): 윌크스(Wilks)의 다변량 검정(test)을 화면에 출력한다.

> summary(Mfit,test='Pillai'): 필라이(Pillai)의 다변량 검정을 화면에 출력한다.

> summary(Mfit,test='Roy'): 로이(Roys)의 다변량 검정을 화면에 출력한다.

> summary(Mfit,test='Hotelling'): 호텔링(Hotelling)의 다변량 검정을 화면에 출력한다.

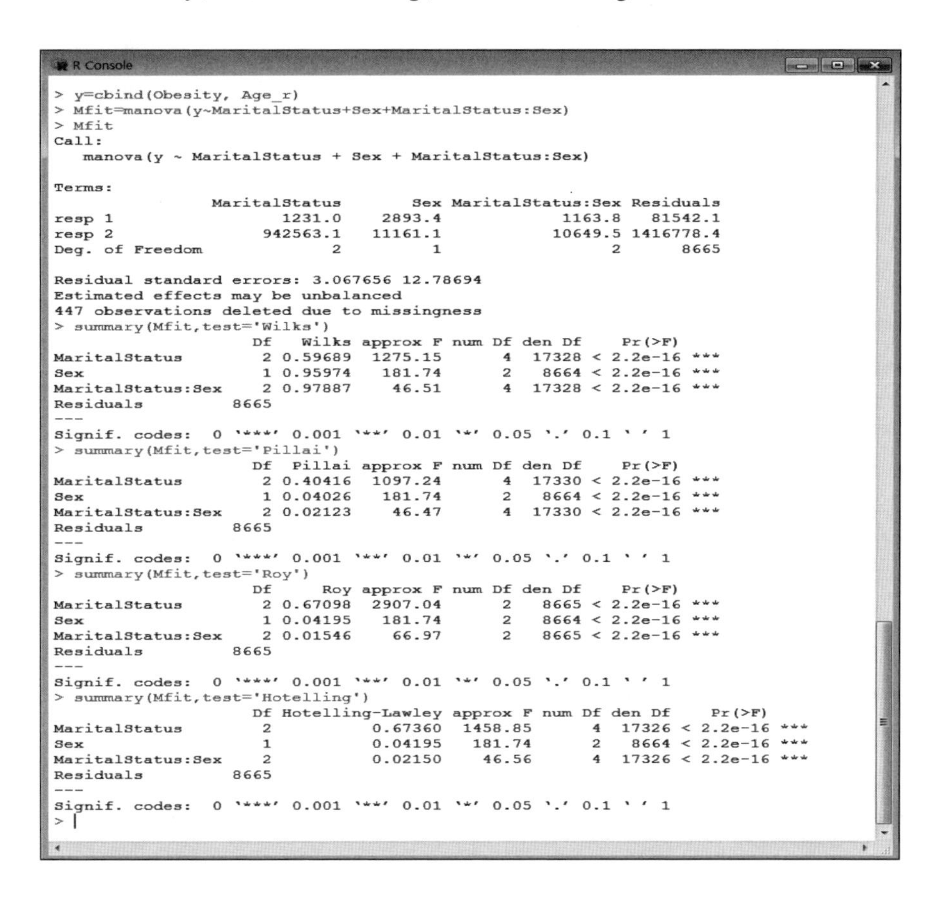

```
R Console
> y=cbind(Obesity, Age_r)
> Mfit=manova(y~MaritalStatus+Sex+MaritalStatus:Sex)
> Mfit
Call:
   manova(y ~ MaritalStatus + Sex + MaritalStatus:Sex)

Terms:
                MaritalStatus       Sex MaritalStatus:Sex Residuals
resp 1                 1231.0    2893.4            1163.8   81542.1
resp 2               942563.1   11161.1           10649.5 1416778.4
Deg. of Freedom             2         1                 2      8665

Residual standard errors: 3.067656 12.78694
Estimated effects may be unbalanced
447 observations deleted due to missingness
> summary(Mfit,test='Wilks')
                    Df   Wilks approx F num Df den Df    Pr(>F)
MaritalStatus        2 0.59689  1275.15      4  17328 < 2.2e-16 ***
Sex                  1 0.95974   181.74      2   8664 < 2.2e-16 ***
MaritalStatus:Sex    2 0.97887    46.51      4  17328 < 2.2e-16 ***
Residuals         8665
---
Signif. codes:  0 '***' 0.001 '**' 0.01 '*' 0.05 '.' 0.1 ' ' 1
> summary(Mfit,test='Pillai')
                    Df  Pillai approx F num Df den Df    Pr(>F)
MaritalStatus        2 0.40416  1097.24      4  17330 < 2.2e-16 ***
Sex                  1 0.04026   181.74      2   8664 < 2.2e-16 ***
MaritalStatus:Sex    2 0.02123    46.47      4  17330 < 2.2e-16 ***
Residuals         8665
---
Signif. codes:  0 '***' 0.001 '**' 0.01 '*' 0.05 '.' 0.1 ' ' 1
> summary(Mfit,test='Roy')
                    Df     Roy approx F num Df den Df    Pr(>F)
MaritalStatus        2 0.67098  2907.04      2   8665 < 2.2e-16 ***
Sex                  1 0.04195   181.74      2   8664 < 2.2e-16 ***
MaritalStatus:Sex    2 0.01546    66.97      2   8665 < 2.2e-16 ***
Residuals         8665
---
Signif. codes:  0 '***' 0.001 '**' 0.01 '*' 0.05 '.' 0.1 ' ' 1
> summary(Mfit,test='Hotelling')
                    Df Hotelling-Lawley approx F num Df den Df    Pr(>F)
MaritalStatus        2          0.67360  1458.85      4  17326 < 2.2e-16 ***
Sex                  1          0.04195   181.74      2   8664 < 2.2e-16 ***
MaritalStatus:Sex    2          0.02150    46.56      4  17326 < 2.2e-16 ***
Residuals         8665
---
Signif. codes:  0 '***' 0.001 '**' 0.01 '*' 0.05 '.' 0.1 ' ' 1
>
```

[해석] 상기 다변량 검정에서 MaritalStatus(Wilks 람다= .597, p<.001)와 Sex(Wilks 람다= .960, p<.001)로 MaritalStatus와 Sex 집단 간 Obesity와 Age는 유의한 차이(significant difference)가 있는 것으로 나타났다. 상호작용 효과검정(interaction effect test)에서 MaritalStatus:Sex의 Wilks 람다는 .979이며 F=46.51로 유의한 차이(p<.001)가 나타나, '상호작용이 없다'는 귀무가설이 기각되어 Single에서 여자의 BMI(Obesity)의 평균이 남자보다 가장 낮았으며, Spouse에서 여자의 연령(Age)의 평균이 남자보다 가장 낮은 것으로 나타났다.

개체-간 효과 검정(between-subjects effect test)

> summary.aov(Mfit)

```
R Console
> ## between-subjects effect test
>
> summary.aov(Mfit)
 Response Obesity :
                    Df Sum Sq Mean Sq F value    Pr(>F)
MaritalStatus        2   1231  615.48  65.404 < 2.2e-16 ***
Sex                  1   2893 2893.35 307.459 < 2.2e-16 ***
MaritalStatus:Sex    2   1164  581.91  61.836 < 2.2e-16 ***
Residuals         8665  81542    9.41
---
Signif. codes:  0 '***' 0.001 '**' 0.01 '*' 0.05 '.' 0.1 ' ' 1

 Response Age_r :
                    Df  Sum Sq Mean Sq  F value    Pr(>F)
MaritalStatus        2  942563  471282 2882.352 < 2.2e-16 ***
Sex                  1   11161   11161   68.261 < 2.2e-16 ***
MaritalStatus:Sex    2   10649    5325   32.566 8.121e-15 ***
Residuals         8665 1416778     164
---
Signif. codes:  0 '***' 0.001 '**' 0.01 '*' 0.05 '.' 0.1 ' ' 1

447 observations deleted due to missingness
> |
```

[해석] 상기 개체-간 효과검정에서 MaritalStatus에 따른 BMI(Obesity)(F=65.40, p<.001)와 Age(F=2882.35, p<.001)의 평균은 유의한 차이가 있는 것으로 나타났다. Sex에 따른 BMI(Obesity)(F=307.46, p<.001)와 Age(F=68.26, p<.001)의 평균에도 유의한 차이가 나타났다. 그리고 MaritalStatus:Sex의 BMI(Obesity)(F=61.87, p<.001)와 Age(F=32.57 p<.001)의 평균에 유의한 차이가 있는 것으로 나타났다.

나 SPSS 프로그램 활용

1단계: 데이터 파일을 불러온다(분석파일: regression_anova_20190111.sav).

2단계: [Analyze] → [General Linear Model] → [Multivariate] → [Dependent Variables(Obesity, Age_r))] → [Fixed Factor(MaritalStatus, Sex)]을 선택한다.

3단계: [Options] → [Descriptive statistics], [Model] → [Sum of squares-Type I]를 선택한다.

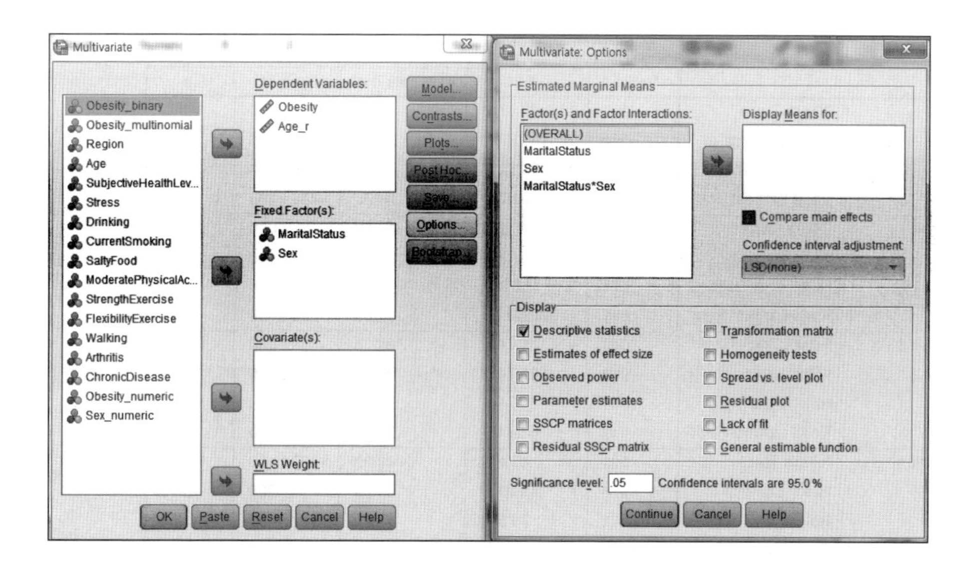

4단계: 결과를 확인한다.

Descriptive Statistics

	MaritalStatus	Sex	Mean	Std. Deviation	N
Obesity	1.00 Spouse	.00 male	23.9648	2.83736	2676
		1.00 female	22.9773	3.01086	3017
		Total	23.4415	2.97150	5693
	2.00 Divorce	.00 male	23.3923	2.82787	319
		1.00 female	23.3500	3.25479	1067
		Total	23.3597	3.16071	1386
	3.00 Single	.00 male	23.7382	3.56937	804
		1.00 female	21.1462	3.30555	788
		Total	22.4552	3.67638	1592
	Total	.00 male	23.8688	3.01042	3799
		1.00 female	22.7627	3.19744	4872
		Total	23.2473	3.16465	8671
Age_r	1.00 Spouse	.00 male	55.22	14.112	2676
		1.00 female	51.79	13.071	3017
		Total	53.40	13.676	5693
	2.00 Divorce	.00 male	60.61	12.317	319
		1.00 female	64.31	12.906	1067
		Total	63.46	12.863	1386
	3.00 Single	.00 male	31.16	9.130	804
		1.00 female	29.03	9.830	788
		Total	30.10	9.540	1592
	Total	.00 male	50.58	16.554	3799
		1.00 female	50.85	16.587	4872
		Total	50.73	16.572	8671

[해석] MaritalStatus(Spouse, Divorce, Single)와 Sex(male, female)에 따른 BMI(Obesity)와 연령(Age)의 평균을 비교한 결과, 결혼상태의 모든 그룹에서 여자보다 남자의 BMI 평균이 높은 것으로 나타났으며, 결혼상태의 이혼/사별/별거 그룹은 남자보다 여자의 연령 평균이 높은 것으로 나타났다.

Multivariate Tests[a]

Effect		Value	F	Hypothesis df	Error df	Sig.
Intercept	Pillai's Trace	.986	306180.874[b]	2.000	8664.000	.000
	Wilks' Lambda	.014	306180.874[b]	2.000	8664.000	.000
	Hotelling's Trace	70.679	306180.874[b]	2.000	8664.000	.000
	Roy's Largest Root	70.679	306180.874[b]	2.000	8664.000	.000
MaritalStatus	Pillai's Trace	.404	1097.243	4.000	17330.000	.000
	Wilks' Lambda	.597	1275.150[b]	4.000	17328.000	.000
	Hotelling's Trace	.674	1458.852	4.000	17326.000	.000
	Roy's Largest Root	.671	2907.042[c]	2.000	8665.000	.000
Sex	Pillai's Trace	.040	181.741[b]	2.000	8664.000	.000
	Wilks' Lambda	.960	181.741[b]	2.000	8664.000	.000
	Hotelling's Trace	.042	181.741[b]	2.000	8664.000	.000
	Roy's Largest Root	.042	181.741[b]	2.000	8664.000	.000
MaritalStatus * Sex	Pillai's Trace	.021	46.473	4.000	17330.000	.000
	Wilks' Lambda	.979	46.515[b]	4.000	17328.000	.000
	Hotelling's Trace	.021	46.557	4.000	17326.000	.000
	Roy's Largest Root	.015	66.972[c]	2.000	8665.000	.000

[해석] 상기 다변량 검정에서 MaritalStatus(Wilks 람다= .597, p<.001)와 Sex(Wilks 람다= .960, p<.001)로 MaritalStatus와 Sex 집단 간 Obesity와 Age는 유의한 차이(significant difference)가 있는 것으로 나타났다. 상호작용 효과검정(interaction effect test)에서 MaritalStatus:Sex의 Wilks 람다는 .979이며 F=46.51로 유의한 차이(p<.001)가 나타나, '상호작용이 없다'는 귀무가설이 기각되어 Single에서 여자의 BMI(Obesity)의 평균이 남자보다 가장 낮았으며, Spouse에서 여자의 연령(Age)의 평균이 남자보다 가장 낮은 것으로 나타났다.

Tests of Between-Subjects Effects

Source	Dependent Variable	Type I Sum of Squares	df	Mean Square	F	Sig.
Corrected Model	Obesity	5288.138[a]	5	1057.628	112.388	.000
	Age_r	964373.608[b]	5	192874.722	1179.620	.000
Intercept	Obesity	4686131.725	1	4686131.725	497967.820	.000
	Age_r	22317962.00	1	22317962.00	136496.393	.000
MaritalStatus	Obesity	1230.968	2	615.484	65.404	.000
	Age_r	942563.052	2	471281.526	2882.352	.000
Sex	Obesity	2893.351	1	2893.351	307.460	.000
	Age_r	11161.059	1	11161.059	68.261	.000
MaritalStatus * Sex	Obesity	1163.819	2	581.910	61.836	.000
	Age_r	10649.496	2	5324.748	32.566	.000
Error	Obesity	81542.079	8665	9.411		
	Age_r	1416778.396	8665	163.506		
Total	Obesity	4772961.943	8671			
	Age_r	24699114.00	8671			
Corrected Total	Obesity	86830.218	8670			
	Age_r	2381152.004	8670			

[해석] 개체-간 효과검정에서 MaritalStatus에 따른 BMI(Obesity)(F=65.40, *p*<.001)와 Age(F=2882.35, *p*<.001)의 평균은 유의한 차이가 있는 것으로 나타났다. Sex에 따른 BMI(Obesity)(F=307.46, *p*<.001)와 Age(F=68.26, *p*<.001)의 평균에도 유의한 차이가 나타났다. 그리고 MaritalStatus:Sex의 BMI(Obesity)(F=61.87, *p*<.001)와 Age(F=32.57 *p*<.001)의 평균에 유의한 차이가 있는 것으로 나타났다.

(18) 이분형 로지스틱 회귀분석(binary logistic regression analysis)

로지스틱 회귀분석(logistic regression)은 독립변수는 연속형 변수를 가지며, 종속변수는 범주형 변수를 가지는 비선형 회귀분석을 말한다. 로지스틱 회귀분석은 독립변수가 종속변수에 미치는 영향을 승산의 확률인 오즈비(odds ratio)로 검정한다. 여기서 회귀계수는 승산율(odds ratio)의 변화를 추정하는 것으로 결괏값에 엔티로그(inverse log)를 취하여 해석한다. 이분형(binary, dichotomous) 로지스틱 회귀분석은 독립변수들이 양적 변수를 가지고 종속변수가 2개의 범주(0, 1)를 가지는 회귀모형의 분석을 말한다.

연구문제: 지역사회 건강조사 자료에서 비만여부[Obesity_binary(Normal, Obesity)]에 영향을 미치는 건강상태 요인(SubjectiveHealthLevel~ChronicDisease)은 무엇인가?

가 R 프로그램 활용

```
> install.packages('foreign')
> library(foreign)
> rm(list=ls())
> setwd("c:/MachineLearning_ArtificialIntelligence")
> Learning_data=read.spss(file='regression_anova_20190111.sav',
  use.value.labels=T,use.missings=T,to.data.frame=T)
> attach(Learning_data)
> input=read.table('input_multiple_regression.txt',header=T,sep=",")
```

- 독립변수(SubjectiveHealthLevel~ChronicDisease)를 구분자(,)로 input 객체에 할당한다.

```
> output=read.table('output_binary_logistic.txt',header=T,sep=",")
```

- 종속변수(Obesity_binary)를 구분자(,)로 output 객체에 할당한다.

> input_vars = c(colnames(input))

- input 변수를 vector 값으로 input_vars 변수에 할당한다.

> output_vars = c(colnames(output))

- output 변수를 vector 값으로 output_vars 변수에 할당한다.

> form = as.formula(paste(paste(output_vars, collapse = '+'),'~', paste(input_vars, collapse = '+')))

- 문자열을 결합하는 함수(paste)를 사용하여 로지스틱 회귀모형의 함수식을 form 변수에 할당한다.

> form: 로지스틱 회귀모형의 함수식을 출력한다.

> summary(glm(form, family=binomial,data=Learning_data))

- 이분형 로지스틱 회귀분석을 실시한다.

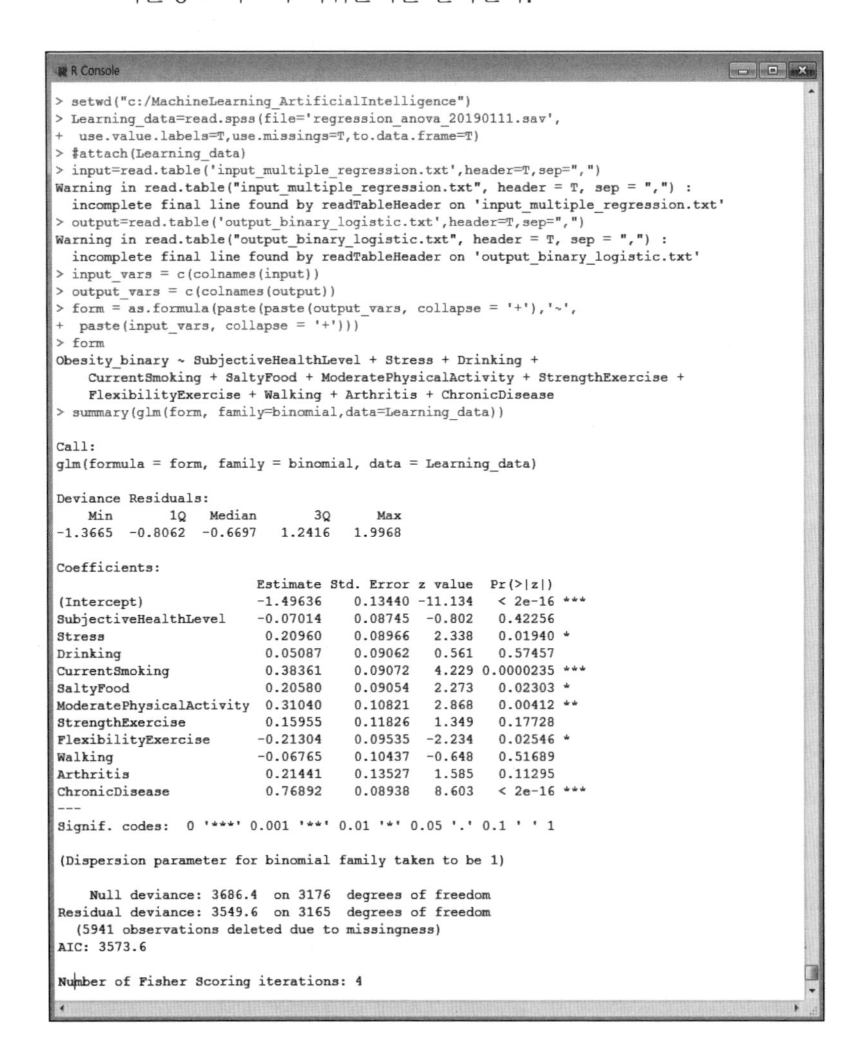

```
R Console
> setwd("c:/MachineLearning_ArtificialIntelligence")
> Learning_data=read.spss(file='regression_anova_20190111.sav',
+  use.value.labels=T,use.missings=T,to.data.frame=T)
> #attach(Learning_data)
> input=read.table('input_multiple_regression.txt',header=T,sep=",")
Warning in read.table("input_multiple_regression.txt", header = T, sep = ",") :
  incomplete final line found by readTableHeader on 'input_multiple_regression.txt'
> output=read.table('output_binary_logistic.txt',header=T,sep=",")
Warning in read.table("output_binary_logistic.txt", header = T, sep = ",") :
  incomplete final line found by readTableHeader on 'output_binary_logistic.txt'
> input_vars = c(colnames(input))
> output_vars = c(colnames(output))
> form = as.formula(paste(paste(output_vars, collapse = '+'),'~',
+  paste(input_vars, collapse = '+')))
> form
Obesity_binary ~ SubjectiveHealthLevel + Stress + Drinking +
    CurrentSmoking + SaltyFood + ModeratePhysicalActivity + StrengthExercise +
    FlexibilityExercise + Walking + Arthritis + ChronicDisease
> summary(glm(form, family=binomial,data=Learning_data))

Call:
glm(formula = form, family = binomial, data = Learning_data)

Deviance Residuals:
    Min       1Q   Median       3Q      Max
-1.3665  -0.8062  -0.6697   1.2416   1.9968

Coefficients:
                         Estimate Std. Error z value  Pr(>|z|)
(Intercept)              -1.49636    0.13440 -11.134   < 2e-16 ***
SubjectiveHealthLevel    -0.07014    0.08745  -0.802   0.42256
Stress                    0.20960    0.08966   2.338   0.01940 *
Drinking                  0.05087    0.09062   0.561   0.57457
CurrentSmoking            0.38361    0.09072   4.229 0.0000235 ***
SaltyFood                 0.20580    0.09054   2.273   0.02303 *
ModeratePhysicalActivity  0.31040    0.10821   2.868   0.00412 **
StrengthExercise          0.15955    0.11826   1.349   0.17728
FlexibilityExercise      -0.21304    0.09535  -2.234   0.02546 *
Walking                  -0.06765    0.10437  -0.648   0.51689
Arthritis                 0.21441    0.13527   1.585   0.11295
ChronicDisease            0.76892    0.08938   8.603   < 2e-16 ***
---
Signif. codes:  0 '***' 0.001 '**' 0.01 '*' 0.05 '.' 0.1 ' ' 1

(Dispersion parameter for binomial family taken to be 1)

    Null deviance: 3686.4  on 3176  degrees of freedom
Residual deviance: 3549.6  on 3165  degrees of freedom
  (5941 observations deleted due to missingness)
AIC: 3573.6

Number of Fisher Scoring iterations: 4
```

[해석] Intercept(B=-1.50, p<.001), Stress(B=0.21, p<.1), CurrentSmoking(B= 0.38, p<.001), SaltyFood(B=0.21, p<.1), ModeratePhysicalActivity(B= 0.31, p<.05), ChronicDisease(B= 0.77, p<.001)는 Obesity에 양(+)의 영향을 미치는 것으로 나타났다. 그러나 FlexibilityExercise(B= -0.21, p<.1)는 Obesity에 음(-)의 영향을 미치는 것으로 나타났다. SubjectiveHealthLevel, Drinking, StrengthExercise, Walking, Arthritis은 Obesity에 영향을 미치지 않는 것으로 나타났다. 따라서 Stress, CurrentSmoking, SaltyFood, ModeratePhysicalActivity, ChronicDisease가 있을수록 비만율은 증가하고, FlexibilityExercise가 있을수록 비만율은 감소하는 것으로 나타났다.

> exp(coef(glm(form, family=binomial,data=Learning_data)))

- 오즈비(odds ratio)를 산출한다.

> exp(confint(glm(form, family=binomial,data=Learning_data)))

- 신뢰구간(confidence interval)을 산출한다.

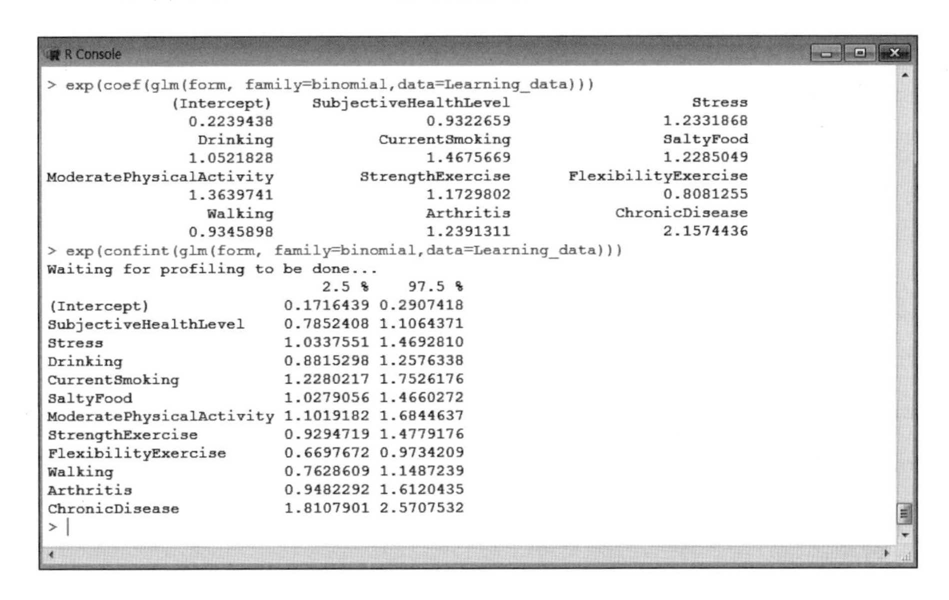

```
R Console
> exp(coef(glm(form, family=binomial,data=Learning_data)))
             (Intercept)    SubjectiveHealthLevel                   Stress
               0.2239438                0.9322659                1.2331868
                Drinking           CurrentSmoking               SaltyFood
               1.0521828                1.4675669                1.2285049
ModeratePhysicalActivity         StrengthExercise      FlexibilityExercise
               1.3639741                1.1729802                0.8081255
                 Walking                Arthritis           ChronicDisease
               0.9345898                1.2391311                2.1574436
> exp(confint(glm(form, family=binomial,data=Learning_data)))
Waiting for profiling to be done...
                             2.5 %    97.5 %
(Intercept)              0.1716439 0.2907418
SubjectiveHealthLevel    0.7852408 1.1064371
Stress                   1.0337551 1.4692810
Drinking                 0.8815298 1.2576338
CurrentSmoking           1.2280217 1.7526176
SaltyFood                1.0279056 1.4660272
ModeratePhysicalActivity 1.1019182 1.6844637
StrengthExercise         0.9294719 1.4779176
FlexibilityExercise      0.6697672 0.9734209
Walking                  0.7628609 1.1487239
Arthritis                0.9482292 1.6120435
ChronicDisease           1.8107901 2.5707532
> |
```

[해석] 95% 신뢰구간에서 Stress가 있을 경우 비만인 확률이 1.03-1.47배, CurrentSmoking가 있을 경우 비만인 확률이 1.23-1.75배, SaltyFood가 있을 경우 비만인 확률이 1.03-1.47배, ModeratePhysicalActivity가 있을 경우 비만인 확률이 1.10-1.68배, ChronicDisease가 있을 경우 비만인 확률이 1.81-2.57배로 나타났다. FlexibilityExercise 가 있을 경우 비만인 확률이 0.67-0.97배로 나타났다.

이분형 로지스틱 회귀모델의 결정계수(coefficient of determination) 산출

> install.packages('pscl'); library(pscl)

> model=glm(form, family=binomial,data=Learning_data)

> pR2(model)

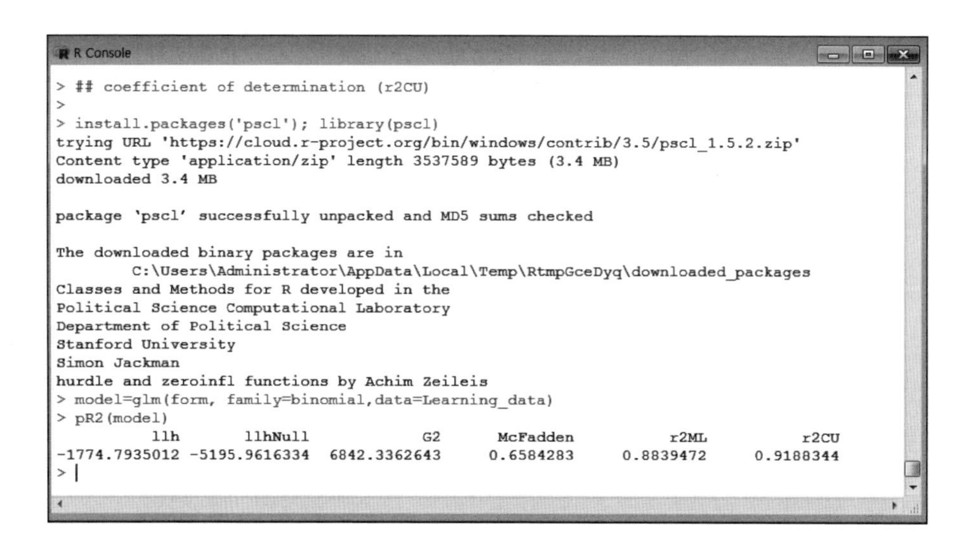

```
R Console
> ## coefficient of determination (r2CU)
>
> install.packages('pscl'); library(pscl)
trying URL 'https://cloud.r-project.org/bin/windows/contrib/3.5/pscl_1.5.2.zip'
Content type 'application/zip' length 3537589 bytes (3.4 MB)
downloaded 3.4 MB

package 'pscl' successfully unpacked and MD5 sums checked

The downloaded binary packages are in
        C:\Users\Administrator\AppData\Local\Temp\RtmpGceDyq\downloaded_packages
Classes and Methods for R developed in the
Political Science Computational Laboratory
Department of Political Science
Stanford University
Simon Jackman
hurdle and zeroinfl functions by Achim Zeileis
> model=glm(form, family=binomial,data=Learning_data)
> pR2(model)
          llh       llhNull            G2      McFadden          r2ML          r2CU
-1774.7935012 -5195.9616334  6842.3362643     0.6584283     0.8839472     0.9188344
>
```

[해석] 결정계수(r2CU)이 0.919로 나타나 추정 로지스틱 회귀모형이 데이터 셋의 분산을 약 91.9% 정도 설명하고 있다.

나 SPSS 프로그램 활용

1단계: 데이터 파일을 불러온다(분석파일: regression_anova_20190111.sav).

2단계: [Analyze] → [Regression] → [Binary Logistic] → [Dependent: Obesity_binary, Covariates: SubjectiveHealthLevel~ChronicDisease]를 지정한다.

3단계: [Options] → [CI for exp(B), Include constance in model]을 선택한다.

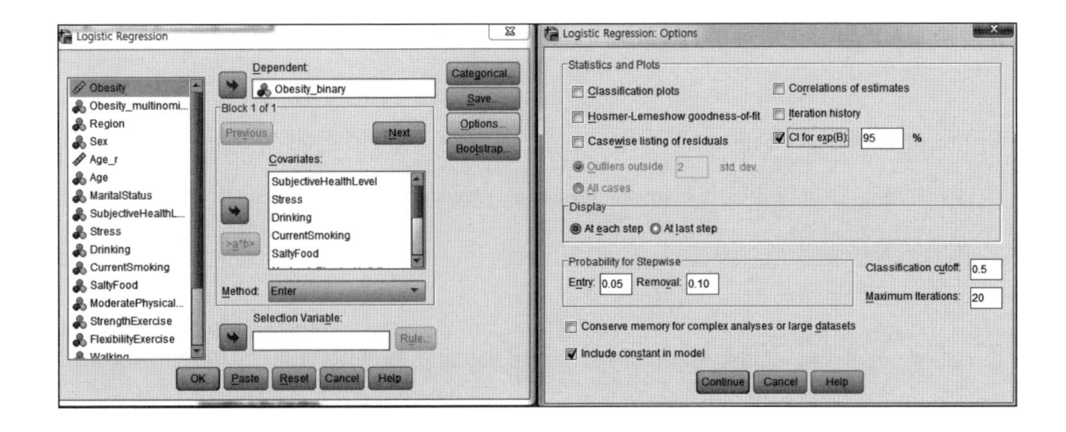

4단계: 결과를 확인한다.

Classification Table[a]

Observed			Predicted: Obesity_binary .00 Normal	Predicted: Obesity_binary 1.00 Obesity	Predicted: Percentage Correct
Step 1	Obesity_binary	.00 Normal	2308	21	99.1
		1.00 Obesity	817	31	3.7
	Overall Percentage				73.6

[해석] 로지스틱 회귀모형의 분류 정확도[(2308+31)/(2308+21+817+31)]는 73.6%로 나타났다.

Variables in the Equation

		B	S.E.	Wald	df	Sig.	Exp(B)	95% C.I.for EXP(B) Lower	95% C.I.for EXP(B) Upper
Step 1[a]	SubjectiveHealthLevel	-.070	.087	.643	1	.423	.932	.785	1.107
	Stress	.210	.090	5.465	1	.019	1.233	1.034	1.470
	Drinking	.051	.091	.315	1	.575	1.052	.881	1.257
	CurrentSmoking	.384	.091	17.881	1	.000	1.468	1.229	1.753
	SaltyFood	.206	.091	5.166	1	.023	1.229	1.029	1.467
	ModeratePhysicalActivity	.310	.108	8.228	1	.004	1.364	1.103	1.686
	StrengthExercise	.160	.118	1.820	1	.177	1.173	.930	1.479
	FlexibilityExercise	-.213	.095	4.992	1	.025	.808	.670	.974
	Walking	-.068	.104	.420	1	.517	.935	.762	1.147
	Arthritis	.214	.135	2.512	1	.113	1.239	.951	1.615
	ChronicDisease	.769	.089	74.017	1	.000	2.157	1.811	2.570
	Constant	-1.496	.134	123.967	1	.000	.224		

[해석] 95% 신뢰구간에서 Stress가 있을 경우 비만인 확률이 1.03-1.47배, CurrentSmoking가 있을 경우 비만인 확률이 1.23-1.75배, SaltyFood가 있을 경우 비만인 확률이 1.03-1.47배, ModeratePhysicalActivity가 있을 경우 비만인 확률이 1.10-1.68배, ChronicDisease가 있을 경우 비만인 확률이 1.81-2.57배로 나타났다. FlexibilityExercise 가 있을 경우 비만인 확률이 0.67-0.97배로 나타났다.

(19) 다항 로지스틱 회귀분석(multinomial logistic regression analysis)

다항(multinomial, polychotomous) 로지스틱 회귀분석은 독립변수들이 양적 변수를 가지며, 종속변수가 3개 이상의 범주[Obesity_multinomial(1=Underweight, 2=Normal, 3=Obesity)]를 가지는 회귀모형을 말한다.

연구문제: 지역사회 건강조사 자료에서 비만[Obesity_multinomial(1=Underweight, 2=Normal, 3=Obesity)]에 영향을 미치는 건강상태 요인(SubjectiveHealthLevel~ChronicDisease)은 무엇인가?

가 R 프로그램 활용

```
> install.packages('nnet')
```

- nnet 패키지는 multinom()함수를 사용하여 다항로지스틱 회귀분석을 실시한다.

```
> library(nnet)
> install.packages('foreign')
> library(foreign)
> rm(list=ls())
> setwd("c:/MachineLearning_ArtificialIntelligence")
> Learning_data=read.spss(file='regression_anova_20190111.sav',
  use.value.labels=T,use.missings=T,to.data.frame=T)
> attach(Learning_data)
> input=read.table('input_multiple_regression.txt',header=T,sep=",")
> output=read.table('output_multinomial_logistic.txt',header=T,sep=",")
> input_vars = c(colnames(input))
> output_vars = c(colnames(output))
> form = as.formula(paste(paste(output_vars, collapse = '+'),'~',
  paste(input_vars, collapse = '+')))
> form
> model=multinom(form,data=Learning_data)
```

- 다항로지스틱 회귀분석을 실시한다.

> summary(model): 다항로지스틱 회귀분석 결과를 화면에 출력한다.

```
R Console
> rm(list=ls())
> setwd("c:/MachineLearning_ArtificialIntelligence")
> Learning_data=read.spss(file='regression_anova_20190111.sav',
+  use.value.labels=T,use.missings=T,to.data.frame=T)
> input=read.table('input_multiple_regression.txt',header=T,sep=",")
Warning message:
In read.table("input_multiple_regression.txt", header = T, sep = ",") :
  incomplete final line found by readTableHeader on 'input_multiple_regression.txt'
> output=read.table('output_multinomial_logistic.txt',header=T,sep=",")
Warning message:
In read.table("output_multinomial_logistic.txt", header = T, sep = ",") :
  incomplete final line found by readTableHeader on 'output_multinomial_logistic.txt'
> input_vars = c(colnames(input))
> output_vars = c(colnames(output))
> form = as.formula(paste(paste(output_vars, collapse = '+'),'~',
+  paste(input_vars, collapse = '+')))
> form
Obesity_multinomial ~ SubjectiveHealthLevel + Stress + Drinking +
    CurrentSmoking + SaltyFood + ModeratePhysicalActivity + StrengthExercise +
    FlexibilityExercise + Walking + Arthritis + ChronicDisease
> model=multinom(form,data=Learning_data)
# weights:  39 (24 variable)
initial  value 3490.291241
iter  10 value 2938.330167
iter  20 value 2920.034436
iter  30 value 2916.286607
iter  30 value 2916.286602
iter  30 value 2916.286602
final  value 2916.286602
converged
> summary(model)
Call:
multinom(formula = form, data = Learning_data)

Coefficients:
        (Intercept) SubjectiveHealthLevel      Stress  Drinking CurrentSmoking   SaltyFood ModeratePhysicalActivity
Normal    0.8101212             0.2338649 -0.08458929 0.2664168      0.1930662 -0.09901995                0.0253417
Obesity  -0.3411940             0.1174609  0.14232035 0.2658819      0.5400103  0.12600859                0.3286094
        StrengthExercise FlexibilityExercise     Walking Arthritis ChronicDisease
Normal         0.5090293         -0.04291683 -0.09315742 0.2357900       1.133300
Obesity        0.5856074         -0.24731520 -0.14208005 0.4102343       1.715146

Std. Errors:
        (Intercept) SubjectiveHealthLevel    Stress  Drinking CurrentSmoking SaltyFood ModeratePhysicalActivity StrengthExercise
Normal    0.1643270             0.1079052 0.1145197 0.1095081      0.1222286 0.1187163                0.1475340        0.1637094
Obesity   0.1881474             0.1235549 0.1283948 0.1259779      0.1350888 0.1318768                0.1625467        0.1825186
        FlexibilityExercise   Walking Arthritis ChronicDisease
Normal            0.1166950 0.1361287 0.2150875      0.1505033
Obesity           0.1340547 0.1524996 0.2290349      0.1594389

Residual Deviance: 5832.573
AIC: 5880.573
> |
```

[해석] 비만율에 영향을 미치는 건강상태 요인에 대한 다항로지스틱 분석 결과는 다음과 같다.

SubjectiveHealthLevel, Drinking, StrengthExercise, ChronicDisease이 있을 경우 저체중(참조범주)보다 정상체중이 될 확률이 높다. Drinking, CurrentSmoking, ModeratePhysicalActivity, StrengthExercise, Arthritis, ChronicDisease이 있을 경우 저체중(참조범주)보다 비만일 확률이 높다. FlexibilityExercise이 있을 경우 저체중(참조범주)보다 비만일 확률이 낮다.

> z=summary(model)$coefficients/summary(model)$standard.errors

- multinom 함수는 p-value를 산출할 수 없으므로 z-tests(Wald tests)를 사용하여 p-value를 산출할 수 있다.

> p=(1-pnorm(abs(z), 0, 1))*2: p-value를 산출한다.

> p: p-value를 화면에 출력한다.

> exp(coef(model))

> exp(confint(model))

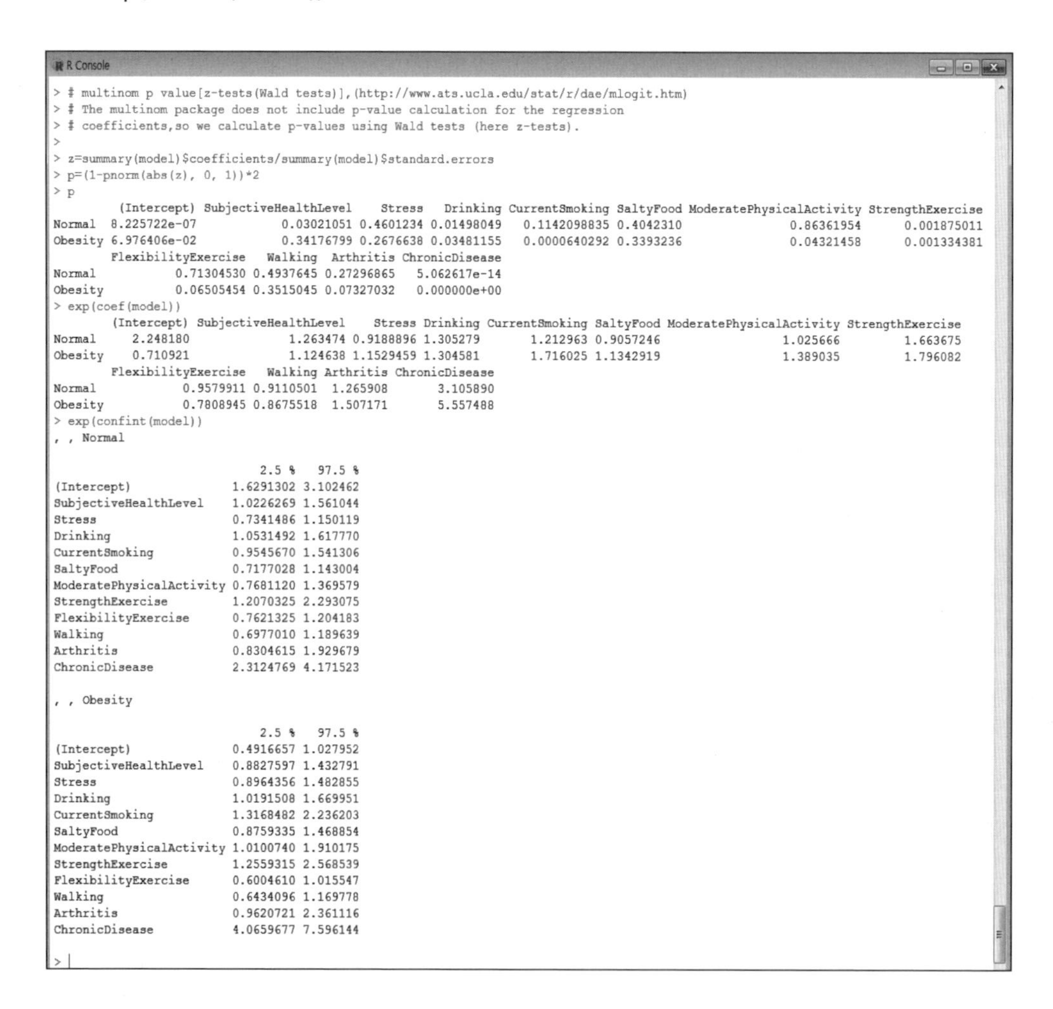

```
R Console
> # multinom p value[z-tests(Wald tests)],(http://www.ats.ucla.edu/stat/r/dae/mlogit.htm)
> # The multinom package does not include p-value calculation for the regression
> # coefficients,so we calculate p-values using Wald tests (here z-tests).
>
> z=summary(model)$coefficients/summary(model)$standard.errors
> p=(1-pnorm(abs(z), 0, 1))*2
> p
        (Intercept) SubjectiveHealthLevel    Stress   Drinking CurrentSmoking SaltyFood ModeratePhysicalActivity StrengthExercise
Normal  8.225722e-07            0.03021051 0.4601234 0.01498049   0.1142098835 0.4042310               0.86361954      0.001875011
Obesity 6.976406e-02            0.34176799 0.2676638 0.03481155   0.0000640292 0.3393236               0.04321458      0.001334381
        FlexibilityExercise   Walking  Arthritis ChronicDisease
Normal           0.71304530 0.4937645 0.27296865   5.062617e-14
Obesity          0.06505454 0.3515045 0.07327032   0.000000e+00
> exp(coef(model))
        (Intercept) SubjectiveHealthLevel    Stress Drinking CurrentSmoking SaltyFood ModeratePhysicalActivity StrengthExercise
Normal     2.248180              1.263474 0.9188896 1.305279       1.212963 0.9057246                 1.025666         1.663675
Obesity    0.710921              1.124638 1.1529459 1.304581       1.716025 1.1342919                 1.389035         1.796082
        FlexibilityExercise   Walking Arthritis ChronicDisease
Normal            0.9579911 0.9110501  1.265908       3.105890
Obesity           0.7808945 0.8675518  1.507171       5.557488
> exp(confint(model))
, , Normal

                             2.5 %   97.5 %
(Intercept)              1.6291302 3.102462
SubjectiveHealthLevel    1.0226269 1.561044
Stress                   0.7341486 1.150119
Drinking                 1.0531492 1.617770
CurrentSmoking           0.9545670 1.541306
SaltyFood                0.7177028 1.143004
ModeratePhysicalActivity 0.7681120 1.369579
StrengthExercise         1.2070325 2.293075
FlexibilityExercise      0.7621325 1.204183
Walking                  0.6977010 1.189639
Arthritis                0.8304615 1.929679
ChronicDisease           2.3124769 4.171523

, , Obesity

                             2.5 %   97.5 %
(Intercept)              0.4916657 1.027952
SubjectiveHealthLevel    0.8827597 1.432791
Stress                   0.8964356 1.482855
Drinking                 1.0191508 1.669951
CurrentSmoking           1.3168482 2.236203
SaltyFood                0.8759335 1.468854
ModeratePhysicalActivity 1.0100740 1.910175
StrengthExercise         1.2559315 2.568539
FlexibilityExercise      0.6004610 1.015547
Walking                  0.6434096 1.169778
Arthritis                0.9620721 2.361116
ChronicDisease           4.0659677 7.596144

> |
```

[해석] SubjectiveHealthLevel(p=0.03<.05), Drinking(p=0.015<.05), StrengthExercise(p=0.002<.01), ChronicDisease(p=0.00<.001)이 있을 경우 저체중보다 정상체중에 유의한 영향을 미치는 것으로 나타났다. Drinking(p=0.035<.05), CurrentSmoking(p=0.00<.001), ModeratePhysica lActivity(p=0.043<.05), StrengthExercise(p=0.001<.001), Arthritis(p=0.073<.1), Chronic Disease(p=0.000<.001)이 있을 경우 저체중보다 비만에 유의한 영향을 미치는 것으로 나타났다. FlexibilityExercise(p=0.065<.1)이 있을 경우 비만보다 저체중에 영향을 미치는 것으로 나타났다.

㉯ SPSS 프로그램 활용

1단계: 데이터 파일을 불러온다(분석파일: regression_anova_20190111.sav).

2단계: [Analyze] → [Regression] → [Multinomial Logistic] → [Dependent: Obesity_multinomial, Covariates: SubjectiveHealthLevel~ChronicDisease]를 지정한다.

- 다항 종속변수[Obesity_multinomial(1=Underweight, 2=Normal, 3=Obesity)] 선택

3단계: [Reference Category] → [First Category]을 선택한다.

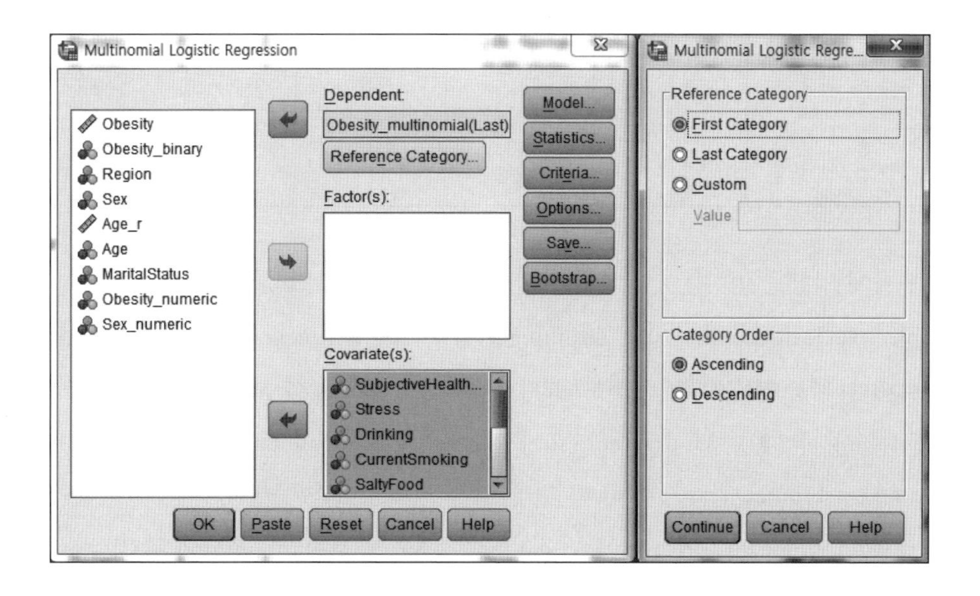

4단계: 결과를 확인한다.

Parameter Estimates

Obesity_multinomial[a]		B	Std. Error	Wald	df	Sig.	Exp(B)	95% Confidence Interval for Exp (B)	
								Lower Bound	Upper Bound
2.00 Normal	Intercept	.810	.164	24.305	1	.000			
	SubjectiveHealthLevel	.234	.108	4.697	1	.030	1.263	1.023	1.561
	Stress	-.085	.115	.546	1	.460	.919	.734	1.150
	Drinking	.266	.110	5.919	1	.015	1.305	1.053	1.618
	CurrentSmoking	.193	.122	2.495	1	.114	1.213	.955	1.541
	SaltyFood	-.099	.119	.696	1	.404	.906	.718	1.143
	ModeratePhysicalActivity	.025	.148	.029	1	.864	1.026	.768	1.370
	StrengthExercise	.509	.164	9.669	1	.002	1.664	1.207	2.293
	FlexibilityExercise	-.043	.117	.135	1	.713	.958	.762	1.204
	Walking	-.093	.136	.469	1	.494	.911	.698	1.190
	Arthritis	.236	.215	1.202	1	.273	1.266	.830	1.930
	ChronicDisease	1.133	.151	56.708	1	.000	3.106	2.313	4.172
3.00 Obesity	Intercept	-.341	.188	3.289	1	.070			
	SubjectiveHealthLevel	.117	.124	.904	1	.342	1.125	.883	1.433
	Stress	.142	.128	1.229	1	.268	1.153	.896	1.483
	Drinking	.266	.126	4.455	1	.035	1.305	1.019	1.670
	CurrentSmoking	.540	.135	15.981	1	.000	1.716	1.317	2.236
	SaltyFood	.126	.132	.913	1	.339	1.134	.876	1.469
	ModeratePhysicalActivity	.329	.163	4.087	1	.043	1.389	1.010	1.910
	StrengthExercise	.586	.183	10.295	1	.001	1.796	1.256	2.569
	FlexibilityExercise	-.247	.134	3.404	1	.065	.781	.600	1.016
	Walking	-.142	.153	.868	1	.351	.868	.643	1.170
	Arthritis	.410	.229	3.209	1	.073	1.507	.962	2.361
	ChronicDisease	1.715	.159	115.730	1	.000	5.558	4.066	7.597

a. The reference category is: 1.00 Underweight.

[해석] 비만율에 영향을 미치는 건강상태 요인에 대한 다항로지스틱 분석 결과는 다음과 같다. SubjectiveHealthLevel(p<.05), Drinking(p<.05), StrengthExercise(p<.01), Chronic Disease(p<.001)이 있을 경우 저체중(참조범주)보다 정상체중이 될 확률이 높다. Drinking(p<.05), CurrentSmoking(p<.001), ModeratePhysicalActivity(p<.05), StrengthExercise(p<.001), Arthritis(p<.1), ChronicDisease(p<.001)이 있을 경우 저체중(참조범주)보다 비만일 확률이 높다. FlexibilityExercise(p<.1)이 있을 경우 저체중(참조범주)보다 비만일 확률이 낮다.

연습문제

1. 과학적 연구의 목적은 무엇인가?

2. 연구의 개념적 정의와 조작적 정의는 무엇인가?

3. 측정의 정밀성에 따른 척도의 분류방법은 무엇인가?

4. 측정의 속성에 따른 척도의 분류방법은 무엇인가?

5. 종속변수, 독립변수, 매개변수, 조절변수에 대해 설명하시오?

6. 분석단위의 오류에 대해 설명하시오?

7. 확률표본 추출방법과 비확률표본 추출방법은 무엇인가?

8. 표본크기의 결정방법은 무엇인가?

9. 1종 오류와 2종 오류는 무엇인가?

10. 가설검정 절차는?

11. 중심위치와 산포도는 무엇인가?

12. 다음 사이버 학교폭력에 영향을 미치는 긴장요인[Strain_N(one: 1개, two_over: 2개 이상)]과 감정[Attitude(Negative:부정, Positive: 긍정)]의 교차분석의 올바른 해석은? (단, 유의수준 0.001).

```
                  Attitude Negative Positive
Strain_N
one       Count             33265.00 32431.00
          Row %                50.63    49.37
          Column %             48.15    38.91
          Total %              21.82    21.28
two_over Count              35818.00 50912.00
          Row %                41.30    58.70
          Column %             51.85    61.09
          Total %              23.50    33.40
> chisq.test(t1)

        Pearson's Chi-squared test with Yates' continuity correction

data:  t1
X-squared = 1314.5, df = 1, p-value < 2.2e-16
```

13. 다음 사이버 학교폭력 문서의 1주차 평균 확산수가 모집단의 평균 확산수인 100회와 차이가 있는지를 검정하는 일표본 T검정의 올바른 해석은? (단, 유의수준 0.001)

```
        One Sample t-test

data:  cyber_bullying[c("Onespread")]
t = -45.27, df = 68195, p-value < 2.2e-16
alternative hypothesis: true mean is not equal to 100
95 percent confidence interval:
 59.46971 62.83365
sample estimates:
mean of x
 61.15168
```

14. 다음 비만감정(Attitude) 두집단(group 0, group 1)간 1주 확산수(Onespread)의 평균의 차이를 검정하는 독립표본 T검정의 올바른 해석은? (단, 유의수준 0.001)

```
> var.test(Onespread~Attitude,data_spss)

        F test to compare two variances

data:  Onespread by Attitude
F = 1.2685, num df = 363350, denom df = 119760, p-value <
2.2e-16
alternative hypothesis: true ratio of variances is not equal to 1
95 percent confidence interval:
 1.256808 1.280238
sample estimates:
ratio of variances
          1.268483

> t.test(Onespread~Attitude,var.equal=T,data_spss)

        Two Sample t-test

data:  Onespread by Attitude
t = 19.532, df = 483110, p-value < 2.2e-16
alternative hypothesis: true difference in means is not equal to 0
95 percent confidence interval:
 44.35770 54.25314
sample estimates:
mean in group 0 mean in group 1
       181.1887        131.8833

> t.test(Onespread~Attitude,data_spss)

        Welch Two Sample t-test

data:  Onespread by Attitude
t = 20.734, df = 227720, p-value < 2.2e-16
alternative hypothesis: true difference in means is not equal to 0
95 percent confidence interval:
 44.64464 53.96620
sample estimates:
mean in group 0 mean in group 1
       181.1887        131.8833
```

15. 다음 채널(Channel)별 1주 확산수(Onespread)의 평균의 차이를 검정하는 다중비교 분석의 올바른 해석은? (단, 유의수준 0.05)

```
> tukey=glht(sel,linfct = mcp(Channel='Tukey'))
> summary(tukey)

         Simultaneous Tests for General Linear Hypotheses

Multiple Comparisons of Means: Tukey Contrasts


Fit: aov(formula = Onespread ~ Channel, data = data_spss)

Linear Hypotheses:
                   Estimate Std. Error t value Pr(>|t|)
BOARD - BLOG == 0  -0.08741   17.32195  -0.005   1.0000
CAFE - BLOG == 0   10.15632    3.74786   2.710   0.0399
NEWS - BLOG == 0    4.66614    3.42527   1.362   0.6016
SNS - BLOG == 0   246.27973    1.89138 130.212   <0.001
CAFE - BOARD == 0  10.24373   17.56130   0.583   0.9718
NEWS - BOARD == 0   4.75355   17.49530   0.272   0.9985
SNS - BOARD == 0  246.36714   17.26066  14.273   <0.001
NEWS - CAFE == 0   -5.49018    4.48129  -1.225   0.6929
SNS - CAFE == 0   236.12341    3.45352  68.372   <0.001
SNS - NEWS == 0   241.61358    3.10045  77.929   <0.001
```

16. 다음 걷기(Walking)와 다이어트 성공(Success)의 회귀분석 결과의 올바른 해석은? (단, 유의수준 0.01)

```
> summary(lm(Success~Walking,data=data_spss))

Call:
lm(formula = Success ~ Walking, data = data_spss)

Residuals:
   Min     1Q Median     3Q    Max
-91.66 -26.50 -10.75  18.86 244.35

Coefficients:
            Estimate Std. Error t value     Pr(>|t|)
(Intercept)   25.995      4.517   5.755 0.0000000184
Walking        4.376      0.334  13.104      < 2e-16
---
Signif. codes:  0 '***' 0.001 '**' 0.01 '*' 0.05 '.' 0.1 ' ' 1

Residual standard error: 40.96 on 363 degrees of freedom
Multiple R-squared:  0.3211,    Adjusted R-squared:  0.3193
F-statistic: 171.7 on 1 and 363 DF,  p-value: < 2.2e-16
```

17. 다음 다이어트 성공(Success)과 독립변수(Walking, Aerobic, Flexibility, Sport, Bike)의 다중 회귀분석 결과의 올바른 해석은? (단, 유의수준 0.01)

```
> summary(lm(Success~.,data=data_spss,use='pairwise.complete.obs'))
Warning: In lm.fit(x, y, offset = offset, singular.ok = singular.ok, ...) :
 extra argument 'use' will be disregarded

Call:
lm(formula = Success ~ ., data = data_spss, use = "pairwise.complete.obs")

Residuals:
     Min       1Q   Median       3Q      Max
-105.155  -23.110   -6.985   11.705  239.846

Coefficients:
             Estimate Std. Error t value       Pr(>|t|)
(Intercept)    9.9476     4.7936   2.075         0.0387
Walking        2.3896     0.3891   6.141 0.00000000217
Aerobic        0.1866     0.5502   0.339         0.7347
Flexibility    2.1769     0.4036   5.393 0.00000012583
Sport          2.8002     0.6433   4.353 0.00001754677
Bike           1.1898     0.6017   1.977         0.0488
---
Signif. codes:  0 '***' 0.001 '**' 0.01 '*' 0.05 '.' 0.1 ' ' 1

Residual standard error: 37.28 on 359 degrees of freedom
Multiple R-squared:  0.4438,    Adjusted R-squared:  0.4361
F-statistic: 57.29 on 5 and 359 DF,  p-value: < 2.2e-16
```

18. 다음 사이버 학교폭력 감정[Attitude(Negative, Positive)]에 영향을 미치는 독립변수 (Strain-Delinquency)의 로지스틱 회귀분석 결과의 올바른 해석은? (단, 기준 범주는 Negative, 유의수준은 0.001)

```
> summary(glm(form, family=binomial,data=cyber_bullying))

Call:
glm(formula = form, family = binomial, data = cyber_bullying)

Deviance Residuals:
    Min       1Q   Median       3Q      Max
-2.5935  -0.9738   0.6034   0.8986   2.1494

Coefficients:
              Estimate Std. Error z value Pr(>|z|)
(Intercept)   -0.21808    0.01114  -19.58   <2e-16
Strain        -0.28179    0.01167  -24.14   <2e-16
Physical      -0.18361    0.01395  -13.16   <2e-16
Psychological -0.61098    0.01719  -35.54   <2e-16
Self_control   1.43496    0.02084   68.86   <2e-16
Attachment     1.25221    0.01213  103.26   <2e-16
Passion        0.85885    0.01289   66.64   <2e-16
Perpetrator   -0.18098    0.01796  -10.08   <2e-16
Delinquency   -0.72930    0.01198  -60.89   <2e-16
---
Signif. codes:  0 '***' 0.001 '**' 0.01 '*' 0.05 '.' 0.1 ' ' 1

(Dispersion parameter for binomial family taken to be 1)

    Null deviance: 209971  on 152425  degrees of freedom
Residual deviance: 181309  on 152417  degrees of freedom
AIC: 181327

Number of Fisher Scoring iterations: 4
```

19. 성인의 자살검색에 영향을 미치는 요인(자살률: Suicide rate, 음주검색: Drinking, 이혼률: Divorce, 출산률: Fertility, 평균습도: Humidity)을 알아보기 위한 다중회귀 분석결과의 올바른 해석은? (단, 유의수준: 0.05.)

Independent Variable	Model1		Model2		Model3		Model4		Model5	
	β	t	β	t	β	t	β	t	β	t
(Constant)	1.326	3.98***	1.423	4.80***	-24.590	-9.68***	1.716	0.393	-0.699	-0.16
Suicide rate	0.869	4.26***	0.626	3.50***	0.744	4.75**	0.559	3.78***	0.475	3.21***
Drinking			0.531	10.81***	0.416	9.45***	0.382	9.28***	0.351	8.39***
Divorce					6.508	10.30***	4.513	6.94***	4.358	6.78***
Fertility							-3.929	-7.16***	-3.481	-6.23***
Humidity									0.619	3.19***
Adjusted R^2	0.046		0.297		0.470		0.543		0.555	
F	18.153***		68.897***		96.334***		96.479***		81.442***	

***p<0.01, **p<0.05, *p<0.1

20. 다음 청소년 범죄지속에 영향을 미치는 요인을 알아보기 위한 로지스틱 회귀분석의 올바른 해석은? (단, 유의수준: 0.05).

구분	변수명	변수설명
종속변수	범죄지속여부	범죄중단=0, 범죄지속=1
독립변수	재학시비행	없음=0, 있음(강도, 살인, 우범, 절도, 폭행 등)=1
	가정결손친구유무	없음=0, 있음=1
	비행친구유무	없음=0, 있음=1
	부모에 대한 태도	온정적(의존적, 존경)=0, 반항적(무관심, 감정적, 두려움 등)=1
	지능지수	69이하=1, 70~79=2, 80~89=3, 90~109=4, 110~119=5, 120~129=6, 130 이상=7 (1~4(낮음)=0, 5~7(높음)=1)
	성장지역	주택가=0, 우범가=1

변수	b[a]	S.E.[b]	OR[c]	p
재학시비행(있음)	.191	.101	1.211	0.059
가정결손친구유무(있음)	.215	.096	1.239	0.025
부모에 대한태도(반항적)	.201	.108	1.223	0.023
지능지수(높음)	-.636	.164	.529	0.000
성장지(우범가)	.319	.180	1.376	0.046

주: 기준범주: 범죄중단, [a] Standardized coefficients, [b] Standard error, [c] odds ratio

참고문헌 REFERENCES

1. 박정선(2003). 다수준 접근의 범죄학적 활용에 대한 연구. 형사정책연구, 14(4), 281−314.
2. 송태민·송주영(2015). 빅데이터 연구 한 권으로 끝내기. 한나래아카데미.
3. 송태민·송주영(2017). 머신러닝을 활용한 소셜 빅데이터 분석과 미래신호 예측. 한나래아카데미.
4. 송주영·송태민(2018). 빅데이터를 활용한 범죄예측. 황소걸음아카데미.
5. Baron, R. M. & Kenny, D. A. (1986). The moderator−mediator variable in social psychological research: conceptual, strategic, and statistics considerations. *Journal of Personality and Social Psychology, 51(6)*, 1173−1182.
6. Kline, R. B. (2010). *Principles and Practice of Structural Equation Modeling(3rd ed.)*. NY: Guilford Press.
7. Montgomery, Douglas C. & Runger, George C. (2003). *Applied Statistics and Probability for Engineers*. John Wiley & Sons, Inc.

[기호]

[번호]

[영어]

A

B

C

D

F

H

I

[한글]

나

다

라

마

바

사

아

자

차

카

타

파

하